eXamen.press

eXamen.press ist eine Reihe, die Theorie und Praxis aus allen Bereichen der Informatik für die Hochschulausbildung vermittelt.

Folkmar Bornemann

Konkrete Analysis

für Studierende der Informatik

 Springer

Prof. Dr. Folkmar Bornemann
Zentrum Mathematik - M3
Technische Universität München
85747 Garching bei München

ISBN 978-3-540-70845-2   ISBN 978-3-540-70854-4 (eBook)

DOI 10.1007/978-3-540-70854-4

eXamen.press ISSN 1614-5216

Bibliografische Information der Deutschen Nationalbibliothek
Die Deutsche Nationalbibliothek verzeichnet diese Publikation in der Deutschen Nationalbibliografie;
detaillierte bibliografische Daten sind im Internet über http://dnb.d-nb.de abrufbar.

Additional material to this book can be downloaded from http://extra.springer.com.

Einbandgestaltung: WMX Design GmbH, Heidelberg

Gedruckt auf säurefreiem Papier

9 8 7 6 5 4 3 2 1

springer.de

Vorwort

Die Vorlesung „Analysis für Informatiker" wird von den Bachelor-Studenten der Technischen Universität München als dritte Mathematikvorlesung nach den „Diskreten Strukturen"[1] und der „Linearen Algebra für Informatiker" gehört. Diese unkonventionell späte Begegnung mit den Konzepten und Techniken der Analysis bringt neue Herausforderungen mit sich: Analytische Begriffe sind bereits in den beiden vorangehenden Vorlesungen verstreut aufgetreten (etwa der Körper der reellen Zahlen $\mathbb{R}$, die Landau'sche O-Notation, einzelne Grenzwerte und unendliche Reihen), wenn auch eher „intuitiv", ohne Vertiefung und Einübung; das gängige Lehrbuchmaterial spricht prinzipiell Studienanfänger an und behandelt viele Themen *ab ovo*. Um dem Vorwissen auf der einen Seite und den (von mir antizipierten) Bedürfnissen der Zielgruppe auf der anderen Seite Rechnung zu tragen, habe ich mich entschlossen, die Vorlesung neu zu konzipieren und gleichzeitig ein Lehrbuch auszuarbeiten, welches in jenen grundlegenden Dreiklang konkreter analytischer Werkzeuge einführt, mit dessen Hilfe sich komplexe quantitative Zusammenhänge vereinfachen und verstehen lassen:

Abschätzung, Approximation, Asymptotik.

Das Buch richtet sich zwar in erster Linie an Studierende der Informatik, sollte aber auch für Studierende der Mathematik und Naturwissenschaften als willkommene ergänzende oder vertiefende Einführung dienen können. Leitprinzipien meiner Neukonzeption sind:

1. Die Betonung von Ideenbildung und Argumentationshierarchien (von der Graphik zum Beweis).

2. Die Bevorzugung konkreter Aufgabenstellungen (wir wollen mit den Werkzeugen der Analysis schließlich etwas Interessantes „ausrechnen").

---

[1] Im Umfang des Buches von Angelika Steger: *Diskrete Strukturen 1: Kombinatorik, Graphentheorie, Algebra*, 2. Auflage, Springer, Berlin, 2007.

3. Ausgewählte Beweise weniger zur logischen Absicherung der Ergebnisse, sondern vielmehr zur Einübung analytischer Begriffe und Techniken.

4. Der Einsatz von Computeralgebra-Systemen für rein kalkulatorische Aufgaben; die Diskussion ihrer Stärken, Schwächen und Grenzen.

5. Das wiederholte Aufgreifen von Beispielen mit sukzessive verfeinerten Techniken und veränderten Blickwinkeln: „Wider den Methodenzwang".

6. Extrinsische Motivation mit Beispielen aus der Informatik (und nicht, wie so oft, aus den Natur-, Ingenieur- und Wirtschaftswissenschaften).

Stil und Zielrichtung sind ganz maßgeblich durch „Concrete Mathematics: A Foundation for Computer Science" von Ronald Graham, Donald Knuth und Oren Patashnik [GKP94] beeinflusst. Im gewissen Sinne lässt sich mein Buch daher als „analytischer Begleiter" zu jenem großartigen Werk verstehen.

Ich rate grundsätzlich, sich den Stoff auch aus einer zweiten, unabhängigen Perspektive erklären zu lassen.[2] Zur Vertiefung seien die Bücher [Kö4a, Kö4b] von Konrad Königsberger genannt, in denen sich auch all jene Resultate finden, die ich hier ohne Beweis und Referenz vortrage. Zur Einführung in das Computeralgebra-System Maple verweise ich auf [Hec03]. Weitere Literaturangaben werden im Laufe der Lektüre angegeben. Zum aktiven Lernen gehört – man kann leider nicht oft genug darauf hinweisen – ganz wesentlich die regelmäßige Bearbeitung von Übungsaufgaben, wie sie sich am Ende eines jeden Kapitels finden. Der Mathematiker Carl Runge hat dazu einmal sinngemäß das folgende schöne Bild geprägt: Kein Mensch könne das Klavierspiel nur aus dem Besuch von Konzerten erlernen.

Korrektur- und Verbesserungsvorschläge nehme ich sehr gerne per E-Mail entgegen. Ansonsten hoffe ich natürlich, dass das Experiment meiner Neukonzeption einer Analysisvorlesung für Studierende der Informatik schlussendlich „funktioniert". Viel Spaß bei der Lektüre.

München, im Juni 2008   Folkmar Bornemann

Die begleitende CD enthält das Buch in Form eines PDF-Dokuments als Hypertext mit farbigen Graphiken zur Benutzung am Bildschirm. Interne Verweise sind in blau gehalten, externe Verweise in rot. Letztere führen etwa auf Erläuterungen von Begriffen und Sachverhalten, die ich aus der Schule und den Anfängervorlesungen als bekannt voraussetze, sowie auf weiterführendes Material und biographische Informationen.

---

[2] Für die Zielgruppe der Informatikstudenten sind folgende Lehrbücher gedacht, die ich gerne als Begleitlektüre empfehle: Michael Oberguggenberger, Alexander Ostermann: *Analysis für Informatiker*, Springer, Berlin, 2006; Christian Blatter: *Ingenieuranalysis 1 & 2*, 2. Auflage, Springer, Berlin, 1996.

Inhaltsverzeichnis

Vorwort   V

I   **Grundlagen**   1
  1   Reelle Zahlen   1
    1.1   Warum Analysis *für Informatiker*?   1
    1.2   Axiomatische Charakterisierung der reellen Zahlen . . .   4
    1.3   Einige nützliche Bezeichnungen   6
    1.4   Rechenregeln für Suprema   7
    1.5   Archimedizität der reellen Zahlen   8
    1.6   Dichtheit der rationalen Zahlen   8
    1.7   Dezimalzahldarstellung   9
    1.8   Überabzählbarkeit der reellen Zahlen   11
    1.9   Algebraische und transzendente Zahlen   12
    1.10 Berechenbare Zahlen   13
  2   Ungleichungen: Ein Primer   15
    2.1   Elementare Ungleichungen   15
    2.2   Cauchy–Schwarz'sche Ungleichung   16
    2.3   Euklidische Norm   17
  Aufgaben   19

II   **Grenzwerte**   21
  3   Folgen   21
    3.1   Konvergenz von Folgen   21
    3.2   Beschränktheit konvergenter Folgen   23
    3.3   Stetigkeit: Rechnen mit Grenzwerten   23
    3.4   Monotone Folgen   25
    3.5   Beschränkte Folgen   29
    3.6   Exponentialfunktion   32
    3.7   Allgemeine AM-GM-Ungleichung   35

3.8   Harmonische Zahlen 36

4   Reihen 39
4.1   Konvergenz von Reihen 39
4.2   Vergleichskriterien 40
4.3   Alternierende Reihen 42
4.4   Konvergenzbeschleunigung 44
4.5   Umordnung 45

5   Konsequenzen der Stetigkeit 48
5.1   Zwischenwertsatz 48
5.2   Existenz von Maximum und Minimum 50
5.3   Anwendung: Fundamentalsatz der Algebra 51

Aufgaben 54

III Differentiation 57
6   Die Ableitung einer Funktion 57
6.1   Begriff der Ableitung 57
6.2   Kalkül der Ableitungsregeln 61
6.3   Höhere Ableitungen und der Satz von Schwarz 65
6.4   Differentiation von Reihen 67
6.5   Trigonometrische Funktionen 69

7   Anwendungen der Ableitung 73
7.1   Kurvendiskussion und Mittelwertsatz 73
7.2   Berechnung von Grenzwerten 78
7.3   Konvexität und die Jensen'sche Ungleichung 81

Aufgaben 85

IV   Integration 87
8   Das Integral einer Funktion 87
8.1   Begriff des bestimmten Integrals 87
8.2   Stammfunktionen und der Hauptsatz 92
8.3   Computergestützte symbolische Integration 95
8.4   Vertauschung von Integration und Grenzwerten 103

9   Anwendungen des Integrals 108
9.1   Ungleichungen 108
9.2   Abschätzungen von Summen und Reihen 109
9.3   Produktdarstellung der Sinusfunktion 113

Aufgaben 117

V   Potenzreihen 121
10   Entwicklung von Funktionen in Potenzreihen 121
10.1   Die Taylor'sche Formel 121
10.2   Potenzreihen im Komplexen 127
10.3   Kalkül der Potenzreihen 129

10.4   Die Bernoulli'schen Zahlen 132
11   Erzeugende Funktionen von Zahlenfolgen 136
    11.1   Beispiel 1: Das Geldwechselproblem 136
    11.2   Beispiel 2: Alternierende Permutationen 139
Aufgaben 143

VI Differentialgleichungen 147
12   Anfangswertprobleme 148
    12.1   Erste Beispiele: Zurückführung auf Integrale 148
    12.2   Existenz und Eindeutigkeit 151
    12.3   Gleichungen höherer Ordnung 154
    12.4   Computergestützte Lösung: numerisch/symbolisch . . 158
13   Anwendungen von Differentialgleichungen 162
    13.1   Koeffizientenabschätzung für „arme Leute" 162
    13.2   Funktionalgleichungen 166
Aufgaben 169

VII Asymptotik 171
14   Zwei asymptotische Tricks 172
    14.1   Bootstrapping 172
    14.2   Trading Tails 176
15   Euler–Maclaurin'sche Summenformel 182
    15.1   Der Operatorkalkül von Lagrange 182
    15.2   Die Summenformel mit Restglied 186
    15.3   Strategien zur Anwendung der Summenformel 188
    15.4   Harmonische Zahlen und die Euler'sche Konstante . . . 189
    15.5   Die Stirling'sche Formel 192
Aufgaben 195

Literaturverzeichnis 197

Stichwortverzeichnis 199

I

Grundlagen

1 Reelle Zahlen

1.1 Warum Analysis *für Informatiker*?

Die drei grundlegenden Mathematikvorlesungen eines Informatikstudiengangs – Diskrete Strukturen, Lineare Algebra und Analysis – ließen sich einheitlicher wie folgt bezeichnen: diskrete, lineare und *kontinuierliche* Strukturen. (Statt „diskret" könnte man auch „digital", statt „kontinuierlich" dann entsprechend „analog" sagen.)

Nun liegt der Einwand nahe, dass digitale Computer doch nur mit *diskreten*, endlichen Objekten arbeiteten und daher eine Beschäftigung mit kontinuierlichen Strukturen für die meisten Informatiker eigentlich verzichtbar sein dürfte. (Etliche Physiker sind der Ansicht, dass das ganze Universum diskret und endlich ist. Manche sprechen gar vom „rechnenden Raum". Also müsste der Einwand auch für die Natur- und Ingenieurwissenschaften gelten ...) Warum also Analysis für Informatiker?

Meine einfache Entgegnung lautet: Weil Analysis neben einem wertvollen Training in Abstraktion und Begriffsbildung auch für Informatiker ein enorm nützliches *Werkzeug* darstellt. „Diskret" kann nämlich *sehr dicht* (= fast kontinuierlich) sein, oder sehen Sie etwa die einzelnen Pixel von ausbelichteten Digitalfotos? Und „endlich" kann *sehr groß* sein. Der Übergang ins Kontinuierliche ist schlichtweg ein sehr praktischer Schritt, um mit solchen Fällen bequemer umzugehen. Ich will dafür zwei Beispiele geben.

Beispiel. In Abb. 1 sehen Sie, wie aus einem Digitalfoto überlagerter Text „herausgerechnet" wird. (Der Fachausdruck für solches Herausrechnen von zerstörten Bildflächen lautet „Image Inpainting".) Ein besonders schneller Algorithmus hierfür stammt ganz frisch aus meiner eigenen Forschung [BM07] – und benutzt fortgeschrittene Werkzeuge der Analysis. Der Arbeitsablauf war dabei ungefähr folgender:

a Originalfoto: 437×296 Pixel; Text auf 20 705 Pixel   b Textentfernung mit *Fast Image Inpainting*: Laufzeit 1 s

Abb. 1. „Fast Image Inpainting" mittels Analysis (partielle Differentialgleichungen).

Digitalfoto (diskret) $\xrightarrow{\text{Abstraktion: unendlich feine Auflösung}}$ analoges Foto

$\xrightarrow{\text{math. Modell fürs Inpainting}}$ partielle Differentialgleichung

$\xrightarrow{\text{„Numerik": Diskretisierung}}$ implementierbarer diskreter Algorithmus

Der Weg über das Kontinuierliche ist dabei kein Umweg, sondern eine kraftvolle Methode, um den Überblick zu wahren, das Wesentliche zu sehen und die richtige Idee zu bekommen. Er funktioniert, da die im Zwischenschritt benutzte „unendlich feine" Auflösung bereits eine gute Approximation der heutigen Auflösung von Digitalfotos darstellt.

Beispiel. [GKP94, S. 439] Als Lösung eines kombinatorischen Problems erhalte ich in Abhängigkeit vom Parameter $n \in \mathbb{N}$ die *natürlichen* Zahlen

$$A_n = \sum_{k=0}^{n} \binom{3n}{k}, \qquad B_n = f_{4n}.$$

(Zur Erinnerung: f_n bezeichnet die n-te Fibonacci-Zahl.) Frage: Wie vergleichen sich A_n und B_n – *für große n*? Es ist zwar $A_2 = 22 > B_2 = 21$, aber

$$A_{20} = 7\,776\,048\,412\,324\,714 < B_{20} = 23\,416\,728\,348\,467\,685.$$

Für größere n betrachten wir Tabelle 1, aus der wir zwei Dinge lernen. Zum einen, dass die Berechnung von A_n für große n unverhältnismäßig teuer ist und zum anderen, dass die genaue Kenntnis der $82\,928$ Ziffern von $A_{100\,000}$ völlig unnötig ist, um unsere Frage zu beantworten. $B_{100\,000}$ besitzt 667 Ziffern mehr, ist also in jedem Fall größer. Merken Sie, was bei dieser Argumentation passiert? Wir approximieren, nämlich

$$A_{100\,000} \approx 10^{82\,927} < 10^{83\,594} \approx B_{100\,000}.$$

Tabelle 1. Einige Laufzeiten der Berechnung von A_n und B_n mit *Mathematica*.

n	Laufzeit(A_n)	#Ziffern(A_n)	Laufzeit(B_n)	#Ziffern(B_n)
1 000	0.1 s	828	0.17 ms	836
10 000	52 s	8 292	0.76 ms	8 360
100 000	5 h 40 min	82 928	14 ms	83 595

Wie steht es mit $A_{1\,000\,000}$ und $B_{1\,000\,000}$? Wir können leicht prognostizieren, dass die Berechnung des *exakten* Werts von $A_{1\,000\,000}$ knapp 92 Tage kosten wird. Auf der anderen Seite gehört nicht mehr viel Fantasie zur Vermutung, dass $A_{1\,000\,000}$ – ich approximiere weiter – *in etwa* 829 000 Ziffern, $B_{1\,000\,000}$ hingegen in etwa 836 000 Ziffern besitzen wird und damit größer ist. Aber können wir uns darauf verlassen?

In dieser Vorlesung werden wir lernen, solche Zusammenhänge nicht nur aufgrund eines Experiments mit kleineren n zu vermuten, sondern sie ohne größere Mühe in einem ganz *präzisen Sinn* herzuleiten. Genauer werden wir im konkreten Fall lernen (siehe Abschnitt 14.2), dass für $n \to \infty$

$$A_n \simeq \sqrt{\frac{3}{\pi n}}(6.75)^n, \qquad B_n \simeq \frac{1}{\sqrt{5}}(6.85410\cdots)^n. \tag{1.1}$$

Nun ist aber $6.75 < 6.85410\cdots$ und wir können (mit den Kenntnissen aus dieser Vorlesung) *sofort* ablesen, dass $A_n < B_n$ für *fast alle* $n \in \mathbb{N}$, d.h. für alle $n \geqslant n_0$ ab einer „gewissen" Zahl n_0. (Dieses n_0 zu bestimmen erfordert eine etwas feinere Argumentation, im vorliegenden Fall ist $n_0 = 3$.)

Wir wollen noch eine letzte wichtige Beobachtung aus diesem Beispiel festhalten: Obwohl A_n und B_n natürliche Zahlen sind, tauchen in ihrer asymptotischen Beschreibung *irrationale* Zahlen wie $\sqrt{3}$, $\sqrt{5}$ und π auf, also Zahlen, die nicht zu $\mathbb{Q}$ gehören.[3] (Sie erinnern sich möglicherweise an Euklids Beweis für die Irrationalität von $\sqrt{2}$?) Wir kommen demnach mit den rationalen Zahlen $\mathbb{Q}$ nicht aus und müssen ihre „Lücken füllen", was uns zu den reellen Zahlen $\mathbb{R}$ als Grundlage der Analysis führt.

Merke:

Analysis ist ein nützliches Werkzeug zur Vereinfachung komplizierter diskreter Zusammenhänge. Zwei wichtige Techniken sind hierbei *Abschätzung* und *Approximation*.

---

[3] Gleiches gilt auch für die Ihnen eventuell der Form nach bereits bekannte Stirling'sche Formel

$$n! \simeq \sqrt{2\pi n}\left(\frac{n}{e}\right)^n \qquad (n \to \infty).$$

Die Herleitung dieses Klassikers wird uns in Abschnitt 15.5 beschäftigen.

1.2 Axiomatische Charakterisierung der reellen Zahlen

Ich werde die reellen Zahlen nicht über die Angabe ihrer Elemente definieren („das ist eine reelle Zahl"), sondern operativ einführen, indem ich charakterisiere, was man alles mit ihnen machen kann. Der Punkt ist hierbei, dass eine vollständige Charakterisierung die reellen Zahlen eindeutig festlegt: „Nur mit ihnen kann man genau das alles machen."

Arithmetik

In $\mathbb{R}$ gelten die vertrauten Rechenregeln der „vier Grundrechenarten". Sie wissen bereits, wie man das mathematisch gebildet ausdrückt: $(\mathbb{R}, +, \cdot)$ ist ein (kommutativer) Körper. Das neutrale Element der Addition heißt „0", das der Multiplikation „1", usw. Halt, ich werde Sie jetzt nicht mit der Angabe der Rechenregeln langweilen, die haben Sie bereits in den letzten beiden Semestern mehrfach gesehen.

Wir kennen natürlich weitere Körper: Die rationalen Zahlen $\mathbb{Q}$, die komplexen Zahlen $\mathbb{C}$ und der Restklassenkörper $\mathbb{Z}_p$, wobei $p \in \mathbb{N}$ eine Primzahl ist. Die Charakterisierung von $\mathbb{R}$ ist also noch nicht abgeschlossen.

Anordnung

Sie haben schon oft rationale oder reelle Zahlen in ihrer Größe verglichen; Aussagen wie $7/4 > 5/3$ oder $\pi > 3$ sollten Sie nicht weiter überraschen. Sie wissen im Prinzip auch, wie sich solche Vergleiche beim Rechnen verändern, wie sich Vergleich und Arithmetik also „vertragen". Der Mathematiker fasst das in der folgenden Definition zusammen.

Definition. Ein Körper $(\mathbb{K}, +, \cdot)$ heißt *angeordnet*, wenn es auf ihm ein Prädikat „$a > 0$" (in Worten: a ist positiv) mit den folgenden Rechenregeln gibt:

(i) Für jedes $a \in \mathbb{K}$ gilt *genau eine* der drei Aussagen

$$a = 0, \; a > 0 \; \text{oder} \; -a > 0.$$

(ii) Für $a, b \in \mathbb{K}$ mit $a > 0$ und $b > 0$ gilt: $a + b > 0$ und $a \cdot b > 0$.

Tabelle 2 zeigt die Definitionen vertrauter Schreibweisen für den Vergleich zweier Zahlen. Rechnen Sie wie gewohnt: „$\leqslant$" ist eine *Totalordnung*.

Einige Konsequenzen der Anordnung

Da für $a \neq 0$ nach Teil (i) der Definition entweder $a > 0$ oder $-a > 0$ gilt, muss nach Teil (ii) gelten

$$a^2 = (-a)^2 > 0.$$

Tabelle 2. Definition vertrauter Schreibweisen bei angeordneten Körpern.

Schreibweise	steht für
$a > b$	$a - b > 0$
$a < b$	$b - a > 0$
$a \geqslant b$	$a > b$ oder $a = b$
$a \leqslant b$	$a < b$ oder $a = b$

Quadratzahlen eines angeordneten Körpers sind somit stets positiv. Insbesondere gilt $1 = 1^2 > 0$ und damit $-1 < 0$. Hier trennen sich also die Wege von $\mathbb{R}$ und $\mathbb{C}$: $\mathbb{C}$ *ist kein angeordneter Körper*, da $i^2 = -1 < 0$ im Widerspruch zur Anordnung stände.

Mit $1 > 0$ gilt in einem angeordneten Körper nach Teil (ii) der Definition auch die Kette von Ungleichungen

$$0 < 1 < 1 + 1 < 1 + 1 + 1 < \cdots < \underbrace{1 + \cdots + 1}_{n\text{-fach, } n \in \mathbb{N}}.$$

Wenn wir die ganz rechts stehende Summe als Element von $\mathbb{K}$ mit der natürlichen Zahl n einfach *identifizieren*, so fassen wir $\mathbb{N}$ als Teilmenge von $\mathbb{K}$ auf. Mit Hilfe der Körperarithmetik erweitern wir diese Einbettung zur Teilkörperbeziehung

$$(\mathbb{Q}, +, \cdot) \subseteq (\mathbb{K}, +, \cdot).$$

Jetzt wissen wir also auch, dass für eine Primzahl p der *endliche* Restklassenkörper $\mathbb{Z}_p$ kein angeordneter Körper sein kann.

Vollständigkeit

Wir kennen jetzt zwei angeordnete Körper $\mathbb{Q}$ und $\mathbb{R}$. Wir benötigen noch ein weiteres Axiom, das $\mathbb{R}$ von $\mathbb{Q}$ trennt und etwa die irrationale Zahl $\sqrt{2} \notin \mathbb{Q}$ in $\mathbb{R}$ heimisch macht, das $\mathbb{R}$ also zwingt, keine „Lücken" zu haben.

Definition. Wir betrachten einen angeordneten Körper $\mathbb{K}$.

(i) Eine Teilmenge $M \subseteq \mathbb{K}$ heißt *nach oben beschränkt*, wenn es eine Zahl $s_0 \in \mathbb{K}$ gibt mit

$$a \in M \quad \Rightarrow \quad a \leqslant s_0.$$

Eine solche Zahl s_0 heißt *obere Schranke* von M.

(ii) $\mathbb{K}$ ist *ordnungsvollständig*,[4] wenn jede nichtleere, nach oben beschränkte Teilmenge $M \subset \mathbb{K}$ eine kleinste obere Schranke $\sup M \in \mathbb{K}$, das *Supremum* von M, besitzt. Das Supremum $\sup M$ ist also einerseits eine obere Schranke von M und andererseits kann jede obere Schranke s_0 von M durch $\sup M \leqslant s_0$ nach unten abgeschätzt werden.

---

[4] Man sagt auch: $\mathbb{K}$ erfüllt das *Supremumsaxiom*.

Damit sind wir am Ziel. Denn es gilt der Satz,[5] dass es (bis auf „ord-nungstreue Isomorphie", also Umbenennung der Elemente) nur einen einzigen ordnungsvollständigen Körper gibt, nämlich den Körper $\mathbb{R}$ der reellen Zahlen. Was ist nun die Zahl $\sqrt{2} \in \mathbb{R} \setminus \mathbb{Q}$? Nichts leichter als das:

$$\sqrt{2} = \sup\{a \in \mathbb{R} : a^2 \leqslant 2\}. \tag{1.2}$$

Man kann durchaus „zu Fuß" – also nur aufgrund der bisher eingeführten Regeln – ausrechnen, dass die so definierte Zahl die gewünschte Beziehung

$$(\sqrt{2})^2 = 2$$

erfüllt. Eleganter geht es später mit den allgemeineren Werkzeugen aus Kapitel II.

1.3 Einige nützliche Bezeichnungen

Bezeichnungen und Notation erleichtern das mathematische Sprechen und Schreiben. Leider gibt es keinen von allen akzeptierten Standard, passen Sie also bitte auf die kleinen Unterschiede zwischen Autoren, Dozenten und dem Rest der Welt auf.

Die Symbole $\pm\infty$

Nach unserer Definition besitzen die leere Menge $\emptyset$ und Mengen ohne obere Schranke jeweils *keine* reelle Zahl als Supremum. Zur Verkürzung der Sprechweise führen wir die beiden Symbole $-\infty$ und ∞ ein, welche *keine* reelle Zahlen sind und für die folgende konsistente Konventionen gelten:

- $\sup \emptyset = -\infty$,
- $\sup M = \infty$ steht für „$M \subseteq \mathbb{R}$ besitzt keine obere Schranke",
- für jedes $a \in \mathbb{R}$ gilt $-\infty < a < \infty$.

Intervalle

Für $a, b \in \mathbb{R}$ mit $a \leqslant b$ definieren wir

- das abgeschlossene Intervall $[a, b] = \{x \in \mathbb{R} : a \leqslant x \leqslant b\}$,
- das offene Intervall $(a, b) = \{x \in \mathbb{R} : a < x < b\}$,
- und die halboffenen Intervalle $[a, b) = \{x \in \mathbb{R} : a \leqslant x < b\}$ bzw. $(a, b] = \{x \in \mathbb{R} : a < x \leqslant b\}$.

An den offenen Enden darf auch eines der Symbole $\pm\infty$ stehen. So ist etwa

$$[a, \infty) = \{x \in \mathbb{R} : a \leqslant x\}, \quad (-\infty, b) = \{x \in \mathbb{R} : x < b\}, \quad (-\infty, \infty) = \mathbb{R}.$$

Überzeugen Sie sich von $\sup[a, b] = \sup(a, b] = \sup[a, b) = \sup(a, b) = b$.

---

[5] Für einen Beweis verweise ich auf [vdW71, §78] oder [Lor90, §20*].

Infimum, Maximum und Minimum

Analog zu oberen Schranken und zum Supremum gibt es untere Schranken und das Infimum. Wir können es für jede Teilmenge $M \subseteq \mathbb{R}$ einfach (und wegen der Symbole $\pm\infty$ ohne einschränkende Voraussetzungen) durch

$$\inf M = -\sup(-M)$$

definieren. Sind das Supremum oder das Infimum einer Menge $M \subseteq \mathbb{R}$ selbst Element dieser Menge, so sprechen wir von der Existenz des Maximums bzw. Minimums,

$$\sup M \in M \ \Rightarrow\ \max M = \sup M, \qquad \inf M \in M \ \Rightarrow\ \min M = \inf M.$$

1.4 Rechenregeln für Suprema

Der Umgang mit Suprema (und entsprechend auch Infima) wird durch folgenden Satz erleichtert.

Satz. *Es seien $X, Y \subset \mathbb{R}$ mit $\sup X, \sup Y \in \mathbb{R}$ und $\lambda \in \mathbb{R}$. Dann gilt*

(i) $\sup(X + Y) = \sup(X) + \sup(Y)$,

(ii) $\lambda > 0 \ \Rightarrow\ \sup(\lambda X) = \lambda \sup X$,

(iii) $X, Y \subset [0, \infty) \ \Rightarrow\ \sup(X \cdot Y) = \sup(X) \cdot \sup(Y)$,

(iv) $X \subseteq Y \ \Rightarrow\ \sup X \leqslant \sup Y$.

Beweis. Um den Umgang mit Suprema zu üben, beweisen wir Teil (ii).

Schritt 1: $\sup(\lambda X) \leqslant \lambda \sup X$.

Für $a \in X$ gilt $a \leqslant \sup X$, also auch $\lambda a \leqslant \lambda \sup X$. Daher ist $\lambda \sup X$ eine obere Schranke der Menge λX, so dass das Supremum dieser Menge als kleinste obere Schranke $\sup(\lambda X) \leqslant \lambda \sup X$ erfüllt.

Schritt 2: $\lambda \sup X \leqslant \sup(\lambda X)$.

Wir führen einen Widerspruchsbeweis und nehmen im Gegenteil an, dass $\sup(\lambda X) < \lambda \sup X$, es also einen positiven Überschuss $\Delta > 0$ gibt mit

$$\lambda \sup X = \sup(\lambda X) + \Delta.$$

Da die Zahl $\sup X - \Delta/\lambda$ dann kleiner als das Supremum von X ist, also kleiner als die kleinste obere Schranke, gibt es ein $a_\Delta \in X$ mit

$$a_\Delta > \sup X - \Delta/\lambda, \text{ also} \qquad \lambda a_\Delta > \lambda \sup X - \Delta = \sup(\lambda X).$$

Mit $\lambda a_\Delta \in \lambda X$ wäre dann aber $\sup(\lambda X)$ keine obere Schranke der Menge λX mehr – im Widerspruch zur Definition des Supremums. $\qquad \square$

Merke:

In der Analysis wird der Nachweis einer Gleichheit $a = b$ oft über die beiden Abschätzungen $a \leqslant b$ und $b \leqslant a$ geführt.

1.5 Archimedizität der reellen Zahlen

Das in Abschnitt 1.3 eingeführte Symbol ∞ ist keine reelle Zahl. Haben Sie sich gefragt, woher ich das weiß? Gibt es in $\mathbb{R}$ wirklich keine unendlich großen Zahlen? (Man nennt diese Eigenschaft die Archimedizität von $\mathbb{R}$.)

Satz. $\mathbb{R}$ *ist ein archimedisch geordneter Körper, d.h. zu jedem $a \in \mathbb{R}$ gibt es eine natürliche Zahl $n \in \mathbb{N}$ mit $a < n$.*

Beweis. Auch dieser Beweis dient der Übung des Rechnens mit Suprema. Wiederum führen wir einen Widerspruchsbeweis[6] und nehmen an, der Satz wäre falsch. Dann wäre $\mathbb{N}$ in $\mathbb{R}$ nach oben beschränkt und es existierte die positive reelle Zahl $0 < \sup \mathbb{N} < \infty$. Nach Satz 1.4, Teil (ii) und (iv), erhielten wir somit wegen $2\mathbb{N} \subset \mathbb{N}$ die Ungleichungskette

$$0 < \sup \mathbb{N} < 2 \sup \mathbb{N} = \sup(2\mathbb{N}) \leqslant \sup \mathbb{N} < \infty,$$

ein klarer Widerspruch (zur Irreflexivität der „<"-Relation in $\mathbb{R}$). □

Genausowenig gibt es unendlich kleine Zahlen in $\mathbb{R}$: Zur positiven reellen Zahl $0 < a \in \mathbb{R}$ gibt es nämlich eine natürliche Zahl $n \in \mathbb{N}$ mit $1/n < a$. Zum Nachweis wendet man obigen Satz auf die reelle Zahl $1/a$ an.

1.6 Dichtheit der rationalen Zahlen

Aus der Archimedizität von $\mathbb{R}$ folgt unmittelbar eine weitere wichtige Eigenschaft: Die rationalen Zahlen $\mathbb{Q}$ liegen dicht in $\mathbb{R}$. Das heißt, dass sich zwischen zwei verschiedenen reellen Zahlen stets ein Bruch finden lässt.

Satz. *Zu $a < b$ aus $\mathbb{R}$ gibt es $r \in \mathbb{Q}$ mit $a < r < b$.*

Beweis. Zur Abwechslung wollen wir eine solche Zahl $r \in \mathbb{Q}$ konstruieren. Dazu nehmen wir – wie im letzten Abschnitt erklärt – ein $q \in \mathbb{N}$ mit $1/q < b - a$. Dieses q wird der Nenner unseres Bruchs r werden. Den Zähler p finden wir als

$$p = \min\{n \in \mathbb{Z} : n > q \cdot a\}.$$

---

[6] Widerspruchsbeweise sind leider stets *nichtkonstruktiv*. Das bedeutet, dass wir kein Verfahren ableiten können, um für gegebenes $a \in \mathbb{R}$ ein solches $n \in \mathbb{N}$ zu konstruieren.

Denn nach Satz in Abschnitt 1.5 gibt es ganze Zahlen oberhalb von $q \cdot a$ und daher natürlich auch eine kleinste. Damit gilt für $r = p/q$ sicher schon einmal $a < r$. Wäre nun aber $b \leqslant r$ (statt wie gewünscht $r < b$), so wäre (wegen $p - 1 \leqslant q\,a$)

$$b - a \leqslant \frac{p}{q} - \frac{p-1}{q} = \frac{1}{q},$$

im Widerspruch zur Konstruktion von q. □

Insbesondere können wir eine gegebene reelle Zahl $a \in \mathbb{R}$ beliebig gut durch Brüche *approximieren*. Geben wir etwa eine *Genauigkeit* 10^{-n}, $n \in \mathbb{N}$, vor, so findet sich ein $r \in \mathbb{Q}$ mit

$$a - 10^{-n} < r < a, \text{ also} \qquad a \in (r, r + 10^{-n}).$$

Dieser Prozess heißt auch *Intervallschachtelung*.

1.7 Dezimalzahldarstellung

Aus der Schule ist Ihnen die Dezimalzahldarstellung reeller Zahlen vertraut, etwa

$$\pi = 3.14159\,26535\,89793\,23846\,26433\,83 \cdots.$$

Die Punkte „$\cdots$" deuten an, dass da noch abzählbar unendlich viele weitere Ziffern kommen. Jede von ihnen ist für π konstitutiv. Sobald wir diese Dezimalzahl bei einer Ziffer abbrechen, approximieren wir π nur noch. Allgemein ist die Dezimalzahldarstellung einer reellen Zahl ein Ausdruck der Form

$$\pm d_0.d_1 d_2 d_3 \cdots$$

mit dem ganzzahligen Anteil $d_0 \in \mathbb{N}_0$ und den Nachkommaziffern $d_k \in \{0, \ldots, 9\}$, $k \in \mathbb{N}$. Wie verträgt sich diese Darstellung reeller Zahlen mit der axiomatischen Charakterisierung von $\mathbb{R}$ als ordnungsvollständigem Körper? Wir müssen dazu zwei Dinge zeigen: Jede Dezimalzahl repräsentiert eine reelle Zahl und jede reelle Zahl lässt sich als eine solche Dezimalzahl darstellen. Wir können uns hierbei auf positive Zahlen beschränken. (Negative Zahlen macht man zunächst positiv und gibt ihnen erst zum Schluss ihr Vorzeichen zurück.)

Wir beginnen mit einer speziellen Klasse: Jede abbrechende Dezimalzahl, für die also ab einer Nachkommastelle d_n nur noch Nullen kommen (die man dann nicht mehr hinschreibt), lässt sich als rationale Zahl mit dem Nenner 10^n schreiben und umgekehrt:

$$d_0.d_1 d_2 d_3 \ldots d_n = \frac{p_n}{10^n} \quad \text{mit } p_n \in \mathbb{N}_0.$$

Der Zähler p_n besitzt natürlich die Dezimalziffern „$d_0 d_1 \cdots d_n$".

Damit können wir definieren, welche positive reelle Zahl zu einer positiven Dezimalzahl gehört:

$$d_0.d_1d_2d_3\cdots = \sup\{r_n \in \mathbb{Q} : r_n = d_0.d_1d_2d_3\cdots d_n, n \in \mathbb{N}\}.$$

Sie ist also das Supremum über alle aus den Teilzeichenketten erzeugten abbrechenden Dezimalzahlen.

Es sei nun umgekehrt eine reelle Zahl $a \geqslant 0$ gegeben. Wir *entwickeln* sie in jene Dezimalzahl $d_0.d_1d_2d_3\cdots$, deren Anfänge $d_0.d_1\cdots d_n$, $n \in \mathbb{N}_0$, durch die rationalen Zahlen $p_n/10^n$ mit den Zählern

$$p_n = \max\{p \in \mathbb{N}_0 : p \leqslant 10^n \cdot a\}$$

gegeben sind. Das Maximum existiert, da die Menge von natürlichen Zahlen auf der rechten Seite wegen der Archimidizität von $\mathbb{R}$ beschränkt ist.

Machen Sie sich bitte klar, dass für $a \geqslant 0$ der beschriebene Prozess

$$a \xrightarrow{\text{Dezimalzahlentwicklung}} d_0.d_1d_2d_3\cdots \xrightarrow{\text{definiert}} a'$$

wirklich wieder zur *gleichen* reellen Zahl $a' = a$ führt. Insbesondere haben wir eine bijektive Beziehung zwischen den *durch Entwicklung entstandenen* Dezimalzahlen und den reellen Zahlen. Die Betonung von „durch Entwicklung entstanden" verweist auf eine oft vernachlässigte *Subtilität* von Dezimalzahlen. Es ist nämlich etwa

$$1.0000\cdots = 0.99999\cdots.$$

(Preisfrage: Welche der beiden Dezimalzahldarstellungen ist durch Entwicklung von $1 \in \mathbb{R}$ entstanden?) Halten wir also fest: Der Prozess

$$d_0.d_1d_2d_3\cdots \xrightarrow{\text{definiert}} a \xrightarrow{\text{Dezimalzahlentwicklung}} d_0'.d_1'd_2'd_3'\cdots$$

kann zunächst zu einer anderen Ziffernfolge führen, die aber die gleiche reelle Zahl repräsentiert. Erst beim erneuten Durchlaufen des Prozesses ändert sich nichts mehr. Wie sieht man, ob eine Dezimalzahl durch Entwicklung entstanden ist? Sie enthält *keinen* „Schwanz" aus sich wiederholenden Ziffern „9", es darf also *nicht* $d_n = 9$ für $n \geqslant n_0$ gelten.

Bemerkung. Warum habe ich $\mathbb{R}$ nicht als Menge der Dezimalzahlen definiert? Diese Definition sieht zwar bestechend einfach aus, wirft aber einige Probleme auf, die nur durch längliche und langweile Argumentationen zu beseitigen sind. Wir müssten ja für die so definierte Menge den Nachweis führen, dass es sich um einen ordnungsvollständigen Körper handelt. Dazu müssten die arithmetischen Operation „+" und „·" und die Ordnungsrelation „<" zuerst *explizit* definiert werden. Danach müsste die Gültigkeit

der Körperaxiome, der Ordnungsaxiome und des Supremumsaxioms nachgewiesen werden. Machen Sie sich bitte klar, dass schon die ach so simple
Definition der Summe $a'' = a + a'$ zweier Dezimalzahlen

$$a = d_0.d_1d_2d_3 \cdots , \qquad a' = d_0'.d_1'd_2'd_3' \cdots$$

nicht ganz offensichtlich ist. Oder sehen Sie eine einfache Regel für die
Ziffern d_k'' von $a'' = d_0''.d_1''d_2''d_3'' \cdots$? (Überträge könnten ja von ganz weit
rechts kommen, wovon hängt also d_k'' genau ab?) Wer näheres über diesen
Zugang zu den reellen Zahlen erfahren möchte, dem sei das neue Buch
[Rau07] von Wolfgang Rautenberg empfohlen.

1.8 Überabzählbarkeit der reellen Zahlen

Mit Hilfe der Dezimalzahldarstellung können wir einen Klassiker mathema-
tischer Bildung beweisen, nämlich den 1872 von Georg Cantor gefundenen
Satz, dass sich die reellen Zahlen *nicht* abzählen lassen.

Wir führen einen Widerspruchsbeweis und nehmen an, dass sich die
reellen Zahlen des halboffenen Intervalls $[0,1)$ abzählen lassen: $[0,1) = \{a_1, a_2, a_3, \ldots\}$. Dann können wir uns *alle* ihre Entwicklungen in Dezimalzahlen als folgende Tabelle angeordnet denken:

$$
\begin{array}{ll}
a_1 & 0.d_{11}\,d_{12}\,d_{13}\,d_{14}\cdots \\
a_2 & 0.d_{21}\,d_{22}\,d_{23}\,d_{24}\cdots \\
a_3 & 0.d_{31}\,d_{32}\,d_{33}\,d_{34}\cdots \\
a_4 & 0.d_{41}\,d_{42}\,d_{43}\,d_{44}\cdots \\
\vdots & \quad\vdots
\end{array}
$$

Mit Hilfe dieser Tabelle definieren wir eine reelle Zahl $x = 0.d_1d_2d_3d_4 \cdots \in [0,1)$ durch Angabe folgender Nachkommastellen:

$$
d_k = \begin{cases} 1, & \text{falls } d_{kk} = 2, \\ 2, & \text{sonst.} \end{cases}
$$

Da die Ziffer „9" nicht auftaucht, handelt es sich hierbei genau um jene
Ziffern, welche die Entwicklung von x in eine Dezimalzahl liefert. Als
Zahl aus $[0,1)$ müsste x in unserer Tabelle auftauchen, also $x = a_n$ für ein
$n \in \mathbb{N}$. Dann müsste aber auch die n-te Ziffer der jeweiligen Dezimalzahl-
entwicklung übereinstimmen: $d_n = d_{nn}$. Das steht aber im Widerspruch
zur Konstruktion, die $d_n \neq d_{nn}$ bewusst erzwingt. (Da das Diagonalele-
ment d_{nn} die zentrale Beweislast trägt, nennt man die Beweisidee auch das
„Cantor'sche Diagonalargument". Es stammt aus dem Jahre 1877.)

1.9 Algebraische und transzendente Zahlen

Wir kennen bereits die rationalen Zahlen $\mathbb{Q}$ sowie ihren Gegenpart, die irrationalen Zahlen $\mathbb{R} \setminus \mathbb{Q}$ wie etwa $\sqrt{2}$. Es gibt noch eine weitere Dichotomie von erheblichem mathematischen Interesse, nämlich die zwischen den *algebraischen* Zahlen $\mathbb{A}$ und den *transzendenten* Zahlen $\mathbb{C} \setminus \mathbb{A}$. Die algebraischen Zahlen sind als (möglicherweise komplexe) Nullstellen von Polynomen mit ganzzahligen Koeffizienten definiert:

$$\mathbb{A} = \{a \in \mathbb{C} : \text{es gibt ein Polynom } p \in \mathbb{Z}[x] \text{ mit } p(a) = 0\}.$$

(Zur Erinnerung: für einen Ring R bezeichnet $R[x]$ den zugehörigen Polynomring.) Da ein Bruch $a = m/n$ mit $m \in \mathbb{Z}, n \in \mathbb{N}$, Nullstelle des lineare Polynoms $nx - m$ aus $\mathbb{Z}[x]$ ist, gilt $\mathbb{Q} \subset \mathbb{A}$. Weiter sind – als Nullstellen der quadratischen Polynome $x^2 - 2$ bzw. $x^2 + 1$ – auch $\sqrt{2} \in \mathbb{A}$ und $i = \sqrt{-1} \in \mathbb{A}$.

In der Algebra lernt man (siehe z.B. [Lor92, §2.F9]), dass $\mathbb{A}$ ein *algebraisch abgeschlossener* Körper ist: Erstens ist $\mathbb{A}$ also ein Körper und zweitens liegen die Nullstellen von Polynomen aus $\mathbb{A}[x]$ wieder in $\mathbb{A}$.

Es gibt nun ein ganz einfaches Argument für die *Existenz* transzendenter Zahlen: $\mathbb{A}$ ist abzählbar.[7] Denn dann folgt aus der Überabzählbarkeit von $\mathbb{R}$ (und damit von $\mathbb{C} = \mathbb{R} + i\mathbb{R}$), dass es im Sinne der Mächtigkeit von Mengen *sehr viel mehr* transzendente als algebraische Zahlen gibt. So viele mehr, dass eine zufällig herausgegriffene reelle Zahl mit Wahrscheinlichkeit 1 transzendent ist.

Trotzdem ist der Nachweis der Transzendenz konkreter Zahlen richtig tiefliegende Mathematik. So weiß man etwa, dass die Euler'sche Zahl e (Hermite 1873), die Kreiszahl π (Lindemann 1882), e^{π} (Siegel 1929), $2^{\sqrt{2}}$ (Gelfond und Schneider 1934), und die folgende Zahl (Mahler 1946)

$$0.12345678910111213141516171819202 1 \cdots$$

transzendent sind. (Für Aficionados: Die Beweise finden sich in dem sehr lesbaren Buch [BT04].) Der Status von π^e, $\pi + e$ und $\pi \cdot e$ ist hingegen eine notorisch offene Frage. Man weiß noch nichteinmal, ob diese Zahlen irrational sind.

---

[7] Die Abzählbarkeit von $\mathbb{A}$ zeigt man wie folgt. Für ein Polynom $p(x) = c_0 + c_1 x + \cdots + c_n x^n$ aus $\mathbb{Z}[x]$ vom Grad $n \in \mathbb{N}$ ($c_n \neq 0$) definiert man die *Höhe* $h(p) = n + |c_0| + \cdots |c_n| \in \mathbb{N}$. Zu einem vorgegebenen $h \in \mathbb{N}$ gibt es sicher nur endlich viele Polynome $p \in \mathbb{Z}[x]$ mit dieser Höhe $h(p) = h$, welche wiederum nur endlich viele Nullstellen besitzen können. Daher ist $\mathbb{A}$ abzählbare Vereinigung endlicher Mengen, nämlich

$$\mathbb{A} = \bigcup_{h \in \mathbb{N}} \{a \in \mathbb{C} : \text{es gibt ein Polynom } p \in \mathbb{Z}[x] \text{ mit } h(p) = h \text{ und } p(a) = 0\},$$

und damit selbst abzählbar.

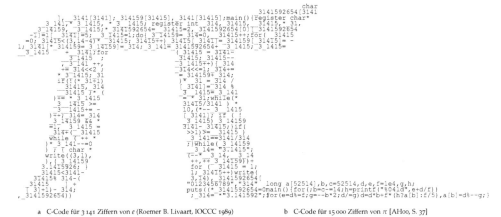

a C-Code für 3 141 Ziffern von *e* (Roemer B. Livaart, IOCCC 1989)   b C-Code für 15 000 Ziffern von π [AH00, S. 37]

Abb. 2. C-Programme für die Berechnung von tausenden Ziffern von *e* und π.

1.10 Berechenbare Zahlen

Die in Abschnitt 1.7 angegebene konstruktive Methode der Dezimalzahl-entwicklung einer reellen Zahl $a > 0$ sieht auf den ersten Blick wie ein im Prinzip programmierbares Verfahren aus, müssen doch im wesentlichen nur die ganzen Zahlen

$$p_n = \max\{p \in \mathbb{N}_0 : p \leqslant 10^n \cdot a\}$$

bestimmt werden. Hierzu könnte man eine Schleife programmieren, die wegen der Archimedizität von $\mathbb{R}$ terminieren muss. Aber der Schein trügt. Lesen Sie noch nicht weiter und nehmen Sie sich ein paar Minuten Zeit, um zu überlegen, wo das Problem liegen könnte.

Das Problem liegt in der Entscheidbarkeit des Prädikats „$p \leqslant 10^n \cdot a$" für eine ganze Zahl p. Diese Entscheidung müsste ja auch effektiv hergestellt werden, also programmiert werden. Nichts leichter als das, werden Sie sagen. Man nehme die Dezimalzahldarstellung von a ..., aber halt, da landen wir in einem logischen Zirkelschluss. Wir sollten uns ernsthaft überlegen, welche reellen Zahlen überhaupt berechenbar sind.

Eine reelle Zahl $a = \pm d_0.d_1 d_2 d_3 \cdots$ wollen wir berechenbar nennen, wenn es ein festes Programm P gibt, das auf die Eingabe von $n \in \mathbb{N}_0$ die Ziffernfolge $\pm d_0.d_1 d_2 \cdots d_n$ abliefert. In Abb. 2 finden Sie entsprechende Programme der Sprache C für e und π (richtig: das „π-förmige" Programm auf der linken Seite berechnet die Euler'sche Zahl $e = 2.71828\,18284 \cdots$).[8] Die Menge der berechenbaren reellen Zahlen bezeichnen wir mit $\mathbb{B}$, auch sie bilden einen Körper. Algorithmen zur Nullstellenbestimmung von Polynomen

---

[8] In beiden Programmen ist zwar $n = 3141$ bzw. $n = 15000$ fest eingestellt; aber indem man im Programmtext die richtigen Zahlen (welche?) geeignet ersetzt (wie?), kann man sie dazu bringen, ein beliebiges anderes $n \in \mathbb{N}$ auszuwerten.

zeigen, dass die algebraischen Zahlen berechenbar sind:

$$\mathrm{Re}\mathbb{A} \cup \mathrm{Im}\mathbb{A} \subset \mathbb{B}.$$

Offenbar gilt $e, \pi \in \mathbb{B}$, es sind also auch bestimmte transzendente Zahlen berechenbar. Gibt es nun reelle Zahlen, die nicht berechenbar sind?

Auch bei dieser Frage liefert uns die Überabzählbarkeit von $\mathbb{R}$ die Antwort. Da jedes Programm (einer gegebenen universellen Maschine) eine endliche Zeichenkette mit Zeichen aus einem endlichen Alphabet ist, kann es grundsätzlich nur abzählbar viele Programme geben. Also ist auch der Körper $\mathbb{B}$ nur abzählbar; es gibt daher sehr viel mehr reelle Zahlen, die *nicht* berechenbar sind, als berechenbare. So viele mehr, dass eine zufällig herausgegriffene reelle Zahl mit Wahrscheinlichkeit 1 nicht berechenbar ist.[9]

Lassen Sie sich bitte nicht in die Irre führen: Obwohl die meisten Objekte der Analysis in diesem Sinne *nicht* berechenbar sind, ist die zu diesem Preis erkaufte Bequemlichkeit der Argumentation so überzeugend, dass kein vernünftiger Mensch darauf – etwa für Abschätzungen wie im zweiten Beispiel des Abschnitts 1.1 – verzichten würde. Die in $\mathbb{R}$ steckende Kraft der Abstraktion hat sich gerade zur Lösung sehr konkreter Probleme durchgesetzt. Eine Analysis über $\mathbb{B}$ wäre hingegen absolut monströs.

Beispiel. Ich möchte diesen Abschnitt mit einem Beispiel für eine nicht berechenbare Zahl abschließen, nämlich mit der von Gregory Chaitin 1975 eingeführten Haltewahrscheinlichkeit

$$\Omega_U = \sum_{p:U(p)\text{hält an}} 2^{-\#\mathrm{bits}(p)}$$

einer „universellen selbstbegrenzenden Präfixmaschine" U. Die Summe erstreckt sich dabei über alle als Bitfolge aufgefassten Programme p der Maschine. Es lässt sich zeigen, dass $0 < \Omega_U < 1$ gilt und diese Zahl als die Wahrscheinlichkeit gedeutet werden kann, dass die Ausführung eines zufällig gewählten Programms auf dieser Maschine terminiert. Ω_U ist grundsätzlich nicht berechenbar (sonst wäre das Halteproblem entscheidbar) und daher notwendigerweise transzendent. Mehr noch: Ω_U ist eine echte Zufallszahl im Sinne der Kolmogoroff'schen Komplexitätstheorie [LV97]. Sie ist „mathematisch nicht komprimierbar": Es gibt eine Konstante c, so dass die Berechenbarkeit der ersten n Binärstellen von Ω_U eine Theorie verlangt, deren Axiome – als Programm für U geeignet formalisiert – mindestens $n + c$ Bits benötigen. (Vergleichen Sie das mit der Berechnung von π: das zugrundeliegende Axiomensystem besitzt *konstante* Länge.) Für eine konkrete universelle Maschine (basierend auf der Programmiersprache LISP) hat Chaitin [Cha98, S. 53] diese Konstante sogar ermittelt: $c = 15328$.

---

[9] Das bedeutet umgekehrt, dass sich keine reellen Zufallszahlen berechnen lassen. Zufallszahlengeneratoren sind nie wirklich zufällig.

2 Ungleichungen: Ein Primer

Ungleichungen sind ein wichtiges Hilfsmittel zur „Vereinfachung durch Abschätzung". Der Umgang mit ihnen bedarf einiger Übung; das Auffinden besonders nützlicher Ungleichungen ist oft ideenreich und wird manchmal damit geehrt, dass der Name des Finders mit der Ungleichung verknüpft wird. Zu jeder Ungleichung gehört die Frage: Ist sie „scharf"? Das bedeutet: Sind die vorhandene Konstanten bestmöglich; gibt es Fälle von Gleichheit, wenn ja, welche?

2.1 Elementare Ungleichungen

Wir sammeln hier zur Einführung – ohne Beweis – einige besonders nützliche elementare Ungleichungen reeller Zahlen. Einge kennen Sie bestimmt schon; zur Übung sollten Sie am besten alle beweisen (siehe Aufgabe 3 auf S. 19). Vorab führen wir noch den Absolutbetrag einer Zahl $a \in \mathbb{R}$ ein (es gibt ihn in jedem angeordneten Körper):

$$|a| = \max(a, -a) \geqslant 0.$$

- **Dreiecksungleichung:**

$$|a + b| \leqslant |a| + |b|,$$

Gleichheit genau für $a \cdot b \geqslant 0$ (a, b besitzen gleiches Vorzeichen).
- **umgekehrte Dreiecksungleichung:**

$$|a + b| \geqslant \big||a| - |b|\big|,$$

Gleichheit genau für $a \cdot b \leqslant 0$ (a, b entgegengesetztes Vorzeichen).
- **Ungleichung für geometrische Summen:**

$$1 + x + x^2 + \cdots + x^n \leqslant \frac{1}{1 - x} \qquad (n \in \mathbb{N}_0, 0 \leqslant x < 1),$$

Gleichheit genau für $x = 0$.
- **Bernoulli'sche Ungleichung:**

$$(1 + x)^n \geqslant 1 + n \cdot x \qquad (n \in \mathbb{N}_0, x > -1),$$

Gleichheit genau für $n \cdot x = 0$.
- **Ungleichung zwischen geometrischem und arithmetischem Mittel:**

$$\sqrt{a \cdot b} \leqslant \frac{a + b}{2} \qquad (a, b \geqslant 0),$$

Gleichheit genau für $a = b$.
- **Ungleichung vom mittleren Verhältnis (Cauchy):** Für $b_1, \ldots, b_n > 0$ ist

$$\min\left(\frac{a_1}{b_1}, \ldots, \frac{a_n}{b_n}\right) \leqslant \frac{a_1 + \cdots + a_n}{b_1 + \cdots + b_n} \leqslant \max\left(\frac{a_1}{b_1}, \ldots, \frac{a_n}{b_n}\right),$$

Gleichheit genau dann, wenn $a_1/b_1 = \cdots = a_n/b_n$.

2.2 Cauchy–Schwarz'sche Ungleichung

Diese Ungleichung, eine der wichtigsten der Mathematik, wurde für Summen 1821 von Cauchy angegeben und von Schwarz 1885 auf Integrale verallgemeinert. (Der Russe Bunjakowski hatte die Integralform zwar bereits 1859 aufgeschrieben, wird im Westen aber traditionell ignoriert.)

Satz. *Es seien* $x_1, \ldots, x_n, y_1, \ldots, y_n \in \mathbb{R}$. *Dann gilt*

$$\sum_{k=1}^{n} x_k \cdot y_k \ \leqslant \ \sqrt{\sum_{k=1}^{n} x_k^2} \cdot \sqrt{\sum_{k=1}^{n} y_k^2} \,.$$

Gleichheit gilt genau dann, wenn es zwei Zahlen $\lambda, \mu \geqslant 0$ *gibt, die nicht beide Null sind, mit* $\lambda x_k = \mu y_k$ *für alle* $k = 1, \ldots, n$.

Beweis. Wenn $x_1 = \cdots = x_n = 0$ oder $y_1 = \cdots = y_n = 0$ gilt, dann ist die Ungleichung sofort mit Gleichheitszeichen erfüllt (im ersten Fall liefert $(\lambda, \mu) = (1, 0)$, im zweiten $(\lambda, \mu) = (0, 1)$ den Zusatz). Wir können uns also auf den Fall beschränken, dass

$$s_x = \sqrt{\sum_{k=1}^{n} x_k^2} > 0, \qquad s_y = \sqrt{\sum_{k=1}^{n} y_k^2} > 0.$$

Nun versuchen wir, die Summe $\sum_{k=1}^{n} x_k y_k$ zunächst durch *irgendeinen* möglichst einfachen Ausdruck in s_x und s_y abzuschätzen (das Ziel wäre $s_x \cdot s_y$). Ausgangspunkt ist die triviale Ungleichung $(x_k - y_k)^2 \geqslant 0$, die wir zu

$$x_k \cdot y_k \leqslant \frac{1}{2} \left(x_k^2 + y_k^2 \right)$$

umschreiben und dann über alle k summieren, um folgende Zwischenetappe zu erreichen:

$$\sum_{k=1}^{n} x_k \cdot y_k \leqslant \frac{1}{2} \left(s_x^2 + s_y^2 \right).$$

(Gleichheit besteht offenbar genau dann, wenn $x_k = y_k$ für alle $k = 1, \ldots, n$.) Leider gilt natürlich auch

$$s_x \cdot s_y \leqslant \frac{1}{2} \left(s_x^2 + s_y^2 \right),$$

wir scheinen also über das Ziel $s_x \cdot s_y$ „hinausgeschossen" zu sein. Moment mal, für $s_x = s_y$ sind das Ziel und die Schranke unserer Zwischenetappe doch aber gleich. Können wir das nutzen? Ja, für die *normalisierten* Zahlen

$$\tilde{x}_k = x_k / s_x, \qquad \tilde{y}_k = y_k / s_y, \qquad (k = 1, \ldots, n)$$

gilt $s_{\tilde{x}} = s_{\tilde{y}} = 1$ und daher mit der Schranke unserer Zwischenetappe

$$\sum_{k=1}^{n} \tilde{x}_k \cdot \tilde{y}_k \leqslant 1, \text{ also ausgeschrieben:} \qquad \frac{\sum_{k=1}^{n} x_k \cdot y_k}{s_x \cdot s_y} \leqslant 1.$$

Damit sind wir bereits am Ziel. (Gleichheit gilt genau dann, wenn $\tilde{x}_k = \tilde{y}_k$, also $s_y \cdot x_k = s_x \cdot y_k$, für alle $k = 1, \ldots, n$. Der Zusatz ist demnach gültig für $(\lambda, \mu) = (s_y, s_x)$). $\qquad\qquad\qquad\qquad\qquad\qquad\qquad\qquad\qquad\qquad\quad\square$

Die im Beweis verwendete Technik der *Normalisierung* ist recht allgemein anwendbar, um die Qualität von Abschätzungen zu verbessern, in welche die Variablen nur mittelbar über homogene Ausdrücke eingehen. Wir werden hierfür in Abschnitt 3.7 noch ein weiteres Beispiel kennenlernen.

2.3 Euklidische Norm

Die Cauchy–Schwarz'sche Ungleichung wird in den Sprech- und Schreibweisen der linearen Algebra besonders übersichtlich. Wir betrachten den n-dimensionalen Vektorraum $\mathbb{R}^n$ und fassen die reellen Zahlen $x_1, \ldots, x_n$ zum Vektor $x = (x_1, \ldots, x_n) \in \mathbb{R}^n$ zusammen. Ich erinnere an das *Euklidische Skalarprodukt*

$$\langle x, y \rangle = \sum_{k=1}^{n} x_k \cdot y_k$$

zweier Vektoren $x, y \in \mathbb{R}^n$ und an die *Euklidische Norm*

$$\|x\| = \sqrt{\sum_{k=1}^{n} x_k^2}$$

eines Vektors $x \in \mathbb{R}^n$. (Das ist genau jene Zahl, die wir im Beweis der Cauchy-Schwarz'schen Ungleichung mit s_x bezeichnet hatten.) Somit lässt sich die Cauchy–Schwarz'sche Ungleichung ganz kurz in der Form

$$\langle x, y \rangle \leqslant \|x\| \cdot \|y\| \qquad (x, y \in \mathbb{R}^n)$$

schreiben. Die Euklidische Norm misst die „Länge" eines Vektors und besitzt folgende Eigenschaften ($x, y \in \mathbb{R}^n, \lambda \in \mathbb{R}$):

(i) $\|x\| = 0 \Leftrightarrow x = 0$

(ii) $\|\lambda \cdot x\| = |\lambda| \cdot \|x\|$

(iii) $\|x + y\| \leqslant \|x\| + \|y\|$

Mit Hilfe einer Längenmessung lassen sich auch Abstände messen. Der *Euklidische Abstand* zweier Vektoren $x, y \in \mathbb{R}^n$ ist $\|x - y\|$.

Von den drei Eigenschaften der Euklidischen Norm ist nur die letzte, die *Dreiecksungleichung*, nicht ganz offensichtlich. Sie folgt aber unmittelbar aus der Cauchy-Schwarz'schen Ungleichung:

$$\|x+y\|^2 = \sum_{k=1}^{n}(x_k+y_k)^2 = \sum_{k=1}^{n}x_k^2 + 2\sum_{k=1}^{n}x_k \cdot y_k + \sum_{k=1}^{n}y_k^2$$

$$= \|x\|^2 + 2\langle x,y\rangle + \|y\|^2$$

$$\leqslant \|x\|^2 + 2\|x\|\cdot\|y\| + \|y\|^2 = (\|x\|+\|y\|)^2.$$

Gleichheit besteht in der Dreiecksungleichung also genau dann, wenn sie in der Cauchy–Schwarz'schen Ungleichung vorliegt. Die Bedingungen hierfür haben wir in Satz 2.2 notiert.

Übrigens definiert jede Funktion $\mathbb{R}^n \to \mathbb{R}$, welche die drei Eigenschaften (i)–(iii) besitzt, eine *Norm* und kann als Alternative zur Euklidischen Norm für die „Längenmessung" von Vektoren herangezogen werden. Häufige Verwendung finden

- **Maximumsnorm**

$$\|x\|_\infty = \max\{|x_k| : k = 1,\dots,n\},$$

- ℓ^1**-Norm**

$$\|x\|_1 = \sum_{k=1}^{n}|x_k|.$$

Letztere spielt eine prominente Rolle bei einem besonders heißen Thema an der Schnittstelle von Mathematik, Informatik und E-Technik: Dem *Compressed Sensing*, Grundlage der „Single-Pixel Camera".

Anwendung: Absolutbetrag komplexer Zahlen

Die komplexen Zahlen $\mathbb{C} = \mathbb{R} + i\mathbb{R}$ können ja mit dem Vektorraum $\mathbb{R}^2$ identifiziert werden. Die Euklidische Norm nennt man hier den *Absolutbetrag* der komplexen Zahl z und bezeichnet ihn wie in $\mathbb{R}$ mit $|z|$. Zerlegt man $z = a + ib$ ($a, b \in \mathbb{R}$) in Real- und Imaginärteil, so gilt daher

$$|z| = \sqrt{a^2+b^2} \in \mathbb{R}.$$

Aus den Eigenschaften (i)–(iii) der Euklidischen Norm folgt insbesondere die Dreiecksungleichung $|z+w| \leqslant |z| + |w|$ ($z, w \in \mathbb{C}$). Nun ist auf dem Körper $\mathbb{C}$ aber auch eine Multiplikation definiert und es ist sicher beruhigend zu wissen, dass genau wie beim Absolutbetrag in $\mathbb{R}$ gilt:

$$|z \cdot w| = |z| \cdot |w| \qquad (z, w \in \mathbb{C}).$$

Diese Gleichung ist äquivalent zur Lagrange'schen Identität reeller Zahlen

$$(a^2+b^2)(c^2+d^2) = (ac+bd)^2 + (ad-bc)^2 \qquad (a,b,c,d \in \mathbb{R}).$$

Aufgaben

1. Definieren Sie das Infimum inf M einer nichtleeren, nach unten beschränkten Menge $M \subseteq \mathbb{R}$ und geben Sie seine Eigenschaften in Analogie zum Supremumsbegriff an.

2. Die Zahlen π und e sind transzendent. Man weiß weder von der Zahl $\pi + e$ noch von $\pi \cdot e$, ob sie irrational ist. Begründen Sie, warum aber wenigstens eine dieser beiden Zahlen transzendent sein muss.

3. Beweisen Sie die elementaren Ungleichungen aus Abschnitt 2.1 und untersuchen Sie die Fälle, in welchen Gleichheit besteht.

Hinweis. Für die Bernoulli'sche Ungleichung hilft *vollständige Induktion*.

4. Geben Sie ein anschauliches Beispiel für die Bedeutung der Ungleichung vom mittleren Verhältnis aus Abschnitt 2.1; betrachten Sie z.B. den Nettodurchsatz eines Netzwerks.

5. Es gelte $0 < a_1, a_2, \ldots, a_n < 1$. Verallgemeinern Sie die Bernoulli'sche Ungleichung zu

$$(1 - a_1) \cdot (1 - a_2) \cdots (1 - a_n) > 1 - a_1 - a_2 - \cdots - a_n.$$

Was ist demnach günstiger: Mehrere Rabatte nacheinander zu bekommen oder einen Gesamtrabatt, dessen Satz durch Addition der einzelnen Rabattsätze gebildet wird?

6. Es sei $p(x) = \sum_{k=0}^{n} c_k x^k$ ein Polynom mit positiven Koeffizienten $c_0, \ldots, c_n > 0$. Zeigen Sie, dass

$$0 < x \leqslant y \quad \Rightarrow \quad \left(\frac{x}{y}\right)^n \leqslant \frac{p(x)}{p(y)} \leqslant 1.$$

Hinweis. Welche der elementaren Ungleichungen aus Abschnitt 2.1 könnte weiterhelfen?

7. Es seien $b, c > 0$. Grenzen Sie die drei Fälle derjenigen $a \in \mathbb{R}$ von einander ab, für welche

$$\frac{a+b}{b+c} \quad \text{kleiner, größer bzw. gleich} \quad \frac{a}{b}.$$

Lösen Sie diese Aufgabe auch mit Hilfe von Maple, schlagen Sie hierzu die Befehle `solve` und `assuming` nach.

8. Es seien $x, y \in \mathbb{R}^n$. Zeigen Sie

$$|\langle x, y \rangle| \leqslant \|x\| \cdot \|y\|$$

und untersuchen Sie den Fall der Gleichheit. Drücken Sie die Bedingung hierfür in der Sprache der linearen Algebra aus.

9. Es sei $x \in \mathbb{R}^n$ mit $\sum\limits_{k=1}^{n} x_k^2 = 1$. Wie groß kann $\sum\limits_{k=1}^{n} |x_k|$ maximal werden?

10. Es seien $p_1, \ldots, p_n > 0$ mit $p_1 + \cdots + p_n = 1$. Leiten Sie unter geschickter Verwendung der Cauchy–Schwarz'schen Ungleichung die Abschätzung

$$\sum_{k=1}^{n} \left(p_k + \frac{1}{p_k}\right)^2 \geqslant n^3 + 2n + n^{-1}$$

her. Wann gilt Gleichheit?

II

Grenzwerte

3 Folgen

3.1 Konvergenz von Folgen

In den Abschnitten 1.6 und 1.7 haben wir eine reelle Zahl $a \in \mathbb{R}$ beliebig genau durch rationale Zahlen approximiert. Für eine gegebene Genauigkeit $\epsilon_n = 10^{-n}$ fanden wir nämlich eine rationale Zahl $r_n \in \mathbb{Q}$ mit

$$|r_n - a| \leqslant \epsilon_n.$$

(Für die Dezimalzahl $a = \pm d_0.d_1 d_2 d_3 \cdots$ erhält man diese Genauigkeit durch Abbruch nach der n-ten Nachkommastelle: $r_n = \pm d_0.d_1 d_2 \cdots d_n$.) Wir fassen solche Approximationsprozesse im Begriff der *Konvergenz* von Folgen zusammen.

Definition. Eine *Folge* (a_n) reeller Zahlen bezeichnet die Abbildung $n \in \mathbb{N} \mapsto a_n \in \mathbb{R}$; die Zahl a_n heißt das n-te Glied der Folge. Statt (a_n) schreibt man auch $(a_n)_{n \in \mathbb{N}}$ oder $a_1, a_2, a_3, \ldots$.

Die Folge (a_n) *konvergiert* gegen den *Grenzwert* $a \in \mathbb{R}$, falls für jede Genauigkeit $\epsilon > 0$ die Abschätzung[10]

$$|a_n - a| \leqslant \epsilon \qquad \text{für fast alle } n \in \mathbb{N}$$

eingehalten wird. Wir schreiben dafür

$$\lim_{n \to \infty} a_n = a; \text{ oder auch} \quad a_n \to a \quad (n \to \infty).$$

---

[10] Die vereinfachende Sprechweise

„Die Aussage $A(n)$ gilt für *fast alle* $n \in \mathbb{N}$"

heißt, dass $A(n)$ bis auf endlich viele Ausnahmen gilt, also spätestens ab einer gewissen Zahl $n_0 \in \mathbb{N}$ richtig ist: „Es gibt ein $n_0 \in \mathbb{N}$, dass $A(n)$ für alle $n \geqslant n_0$".

Eine Analysisvorlesung besitzt nun unter anderem die Aufgaben, Ihnen möglichst weitreichende, aber *bequeme* Methoden zur Verfügung zu stellen, um (1) für gegebene Folgen (a_n) zu entscheiden, ob sie konvergieren, (2) im positiven Fall den Grenzwert a zu bestimmen und (3) umgekehrt für einen vorgegebenen Grenzwert a „gute" approximierende Folgen (a_n) zu finden.

Uneigentliche Konvergenz

Folgen, die nicht konvergieren, heißen *divergent*. Eine spezielle Form der Divergenz, die sogenannte *bestimmte* Divergenz oder *uneigentliche* Konvergenz, ist aber zuweilen von Nutzen: (a_n) divergiert gegen $\pm\infty$ (besitzt den uneigentlichen Grenzwert $\pm\infty$), falls für jede untere Schranke $K > 0$

$$\pm a_n \geqslant K \qquad \text{für fast alle } n \in \mathbb{N}.$$

Wir schreiben

$$\lim_{n\to\infty} a_n = \pm\infty; \text{ oder auch} \quad a_n \to \pm\infty \quad (n \to \infty).$$

Asymptotische Gleichheit

Jetzt können wir auch die Aussagen in Formel (1.1) des zweiten Beispiels unserer Startmotivation präzisieren. Zwei Folgen (a_n) und (b_n) von Zahlen $\neq 0$ heißen *asymptotisch gleich*, falls

$$\lim_{n\to\infty} \frac{a_n}{b_n} = 1; \text{ in Zeichen:} \quad a_n \simeq b_n \quad (n \to \infty).$$

Konvergenz von Vektoren und komplexen Zahlen

Für das weitere ist es sehr nützlich, bereits hier den einfachen Konvergenzbegriff für vektorwertige (bzw. komplexwertige) Folgen einzuführen. Eine solche Folge $(x_n)_{n\in\mathbb{N}}$ ist eine Abbildung $n \in \mathbb{N} \mapsto x_n \in \mathbb{R}^d$ (bzw. für $d = 2$ auch $\mathbb{C} = \mathbb{R} + i\mathbb{R}$). Wenn wir das n-te Glied in der Form

$$x_n = (\xi_{n,1}, \dots, \xi_{n,d})$$

ausschreiben, so konvergiert die Folge genau dann, wenn die komponentenweisen Grenzwerte

$$\lim_{n\to\infty} \xi_{n,k} = \xi_k \qquad (k = 1, \dots, d)$$

existieren. Man definiert $x = (\xi_1, \dots, \xi_d) \in \mathbb{R}^d$ als den Grenzwert der Folge und fasst das Ganze in der Notation

$$\lim_{n\to\infty} x_n = x; \text{ oder auch} \quad x_n \to x \quad (n \to \infty),$$

zusammen. Folgen komplexer Zahlen konvergieren also genau dann, wenn die Real- und Imaginärteile als Folgen reeller Zahlen konvergieren.

3.2 Beschränktheit konvergenter Folgen

Satz. *Eine konvergente Folge (a_n) reeller Zahlen ist beschränkt, es gibt also eine Schranke $K > 0$ mit*

$$|a_n| \leqslant K \qquad \text{für alle } n \in \mathbb{N}.$$

(Gleiches gilt für Folgen komplexer Zahlen bzw. für Folgen aus $\mathbb{R}^d$, wenn man den Absolutbetrag durch eine der Normen aus Abschnitt 2.3 ersetzt.)

Beweis. (Wir wollen den Umgang mit dem Konvergenzbegriff etwas üben.) Wenn $a_n \to a$, so wissen wir, dass die spezielle Genauigkeit $\epsilon = 1$ von fast allen $n \in \mathbb{N}$, also etwa für $n \geqslant n_0 \in \mathbb{N}$ eingehalten wird:

$|a_n - a| \leqslant 1$, daher mit der Dreiecksungleichung: $|a_n| \leqslant |a| + 1 \ (n \geqslant n_0)$.

Demnach ist $K = \max\{|a_1|, \ldots, |a_{n_0-1}|, |a| + 1\}$ eine geeignete obere Schranke *aller* Absolutbeträge. $\qquad\qquad\qquad\qquad\qquad\qquad\qquad\qquad\quad$ □

3.3 Stetigkeit: Rechnen mit Grenzwerten

Die Definition der Konvergenz wird so gut wie nie *direkt* herangezogen, um über die Konvergenz einer Folge zu entscheiden oder gar den Grenzwert zu bestimmen. Das wäre viel zu unbequem. Stattdessen führt man die Konvergenz einer Folge oft auf die einer anderen, bereits vertrauten, zurück. Wir *rechnen* also mit Grenzwerten, was dann besonders einfach ist, wenn wir wissen, dass der Grenzwert durch eine Rechenoperation „durchgeschliffen" werden kann. „Rechenoperationen" sind ganz allgemein Funktionen,[11] das „Durchschleifen von Grenzwerten" heißt *Stetigkeit*.

Definition. Eine Funktion $f : D \subseteq \mathbb{R}^d \to \mathbb{R}^q$ heißt im Punkt $x \in D$ ihres Definitionsbereichs *stetig*, falls für jede Folge (x_n) aus D gilt

$$x_n \to x \ \Rightarrow \ f(x_n) \to f(x).$$

Sie heißt stetig, wenn sie in jedem Punkt von D stetig ist.

Unmittelbar aus der Definition folgt, dass die Verknüpfung $f \circ g$ (Hintereinanderausführung) zweier stetiger Funktionen wieder stetig ist. Das ist nichts weiter als der logische Kettenschluss für die Implikationskette

$$x_n \to x \ \Rightarrow \ g(x_n) \to g(x) \ \Rightarrow \ f(g(x_n)) \to f(g(x)).$$

---

[11] Diese haben oft mehrere Argumente, wie etwa die Addition $(a, b) \in \mathbb{R}^2 \mapsto a + b \in \mathbb{R}$ von zwei reellen Zahlen, so dass wir gleich mit Vektoren arbeiten wollen.

Tabelle 3. Stetigkeit einiger elementarer Funktionen.

stetige Funktion	Definitionsbereich
$\lvert a \rvert$	$a \in \mathbb{R}$
$a + b$	$a, b \in \mathbb{R}$
$a \cdot b$	$a, b \in \mathbb{R}$
a / b	$a, b \in \mathbb{R}, b \neq 0$
$\sqrt{a}$	$a \in \mathbb{R}, a \geqslant 0$
a^b	$a, b \in \mathbb{R}, a > 0$
$\log_a b$	$a, b > 0$

Man muss nur aufpassen, dass die Verknüpfung zulässig ist, also das Bild von g im Definitionsbereich von f liegt. Auf diese Weise kann die Stetigkeit eines komplizierten Ausdrucks der Praxis meist auf die Stetigkeit weniger elementarer Funktionen zurückgeführt werden, wie sie in Tabelle 3 angegeben sind.

Beispiele

- Polynome $p \in \mathbb{C}[x]$ sind stetige Funktionen $p : \mathbb{C} \to \mathbb{C}$. Denn auch über $\mathbb{C}$ setzt sich der Ausdruck $p(x) = c_0 + c_1 x + c_2 x^2 + \cdots + c_n x^n$ letztlich nur aus den elementaren reellen Operationen „$a + b$" und „$a \cdot b$" zusammen, die für alle ihre Argumente stetig sind. (Beachten Sie: x^n ist für $x \in \mathbb{C}, n \in \mathbb{N}$, die n-fache komplexe Multiplikation von x.)

- Maximum und Minimum zweier reeller Zahlen sind stetig in $a, b \in \mathbb{R}$:
$$\max(a, b) = \frac{a + b + \lvert a - b \rvert}{2}, \qquad \min(a, b) = \frac{a + b - \lvert a - b \rvert}{2}.$$
Rekursiv folgt hieraus die Stetigkeit von
$$\max(x_1, \ldots, x_d) = \max(x_1, \max(x_2, \ldots, x_d))$$
und analog von $\min(x_1, \ldots, x_d)$ auf $\mathbb{R}^d$.

- Die Normen $\lVert x \rVert$, $\lVert x \rVert_\infty$ und $\lVert x \rVert_1$ aus Abschnitt 2.3 sind stetige Funktionen $\mathbb{R}^d \to \mathbb{R}$.

Der Nachweis der Richtigkeit von Tabelle 3 ist reine Fleißarbeit. Um das zu belegen und noch etwas den Konvergenzbegriff einzuüben, zeige ich die Stetigkeit von „$a \cdot b$". Es seien also $a_n \to a$ und $b_n \to b$ konvergente Folgen reeller Zahlen. Wir schätzen ab:

$$\lvert a_n \cdot b_n - a \cdot b \rvert = \lvert a_n \cdot b_n \overbrace{- a \cdot b_n + a \cdot b_n}^{=0} - a \cdot b \rvert$$
$$\leqslant \lvert a_n - a \rvert \cdot \lvert b_n \rvert + \lvert a \rvert \cdot \lvert b_n - b \rvert \leqslant K \cdot \lvert a_n - a \rvert + \lvert a \rvert \cdot \lvert b_n - b \rvert.$$

Die obere Schranke $K > 0$ für $|b_n|$ habe ich dabei Satz 3.2 entnommen. Also kann ich eine vorgegebene Genauigkeit $\epsilon > 0$ für die Abweichung $|a_n \cdot b_n - a \cdot b|$ deshalb erreichen (für fast alle n), weil ich ja die darauf abgestimmten Genauigkeitsanforderungen

$$|a_n - a| \leqslant \frac{\epsilon}{2K}, \qquad |b_n - b| \leqslant \frac{\epsilon}{2(1 + |a|)}$$

garantieren darf.

Lemma. *(Monotonie der Grenzwertbildung und Einschließungsregel).*

(i)   Es sei $a_n \to a$ und $b_n \to b$. Gilt $a_n \leqslant b_n$ für fast alle $n \in \mathbb{N}$, so auch $a \leqslant b$.

(ii)   Es sei $a_n \leqslant a_n' \leqslant a_n''$ für fast alle $n \in \mathbb{N}$. Dann gilt

$$\lim_{n \to \infty} a_n = \lim_{n \to \infty} a_n'' = a \quad \Rightarrow \quad \lim_{n \to \infty} a_n' = a.$$

Beweis. (i) Wir schreiben $a_n \leqslant b_n$ äquivalent als $a_n = \min(a_n, b_n)$. Wegen der Stetigkeit des Minimums muss daher auch im Grenzfall $a = \min(a, b)$ gelten, also $a \leqslant b$.[12] (ii) Nach der Dreiecksungleichung und der Voraussetzung gilt für fast alle $n \in \mathbb{N}$

$$|a - a_n'| \leqslant |a - a_n''| + |a_n'' - a_n'| = |a - a_n''| + (a_n'' - a_n') \leqslant |a - a_n''| + (a_n'' - a_n).$$

Da $a_n'' \to a$ und $a_n \to a$, folgt aus der Stetigkeit der rechten Seite, dass diese gegen Null konvergiert. Also kann $|a - a_n'|$ unter jede Genauigkeit gedrückt werden, d.h. $a_n' \to a$. □

3.4 Monotone Folgen

Nach Satz 3.2 ist eine konvergente Folge notwendigerweise beschränkt. Aus der Vollständigkeit von $\mathbb{R}$ folgt für die wichtige Klasse *monotoner* Folgen auch die Umkehrung.

Definition. Eine Folge (a_n) reeller Zahlen heißt *monoton wachsend*, falls $a_{n+1} \geqslant a_n$ für alle $n \in \mathbb{N}$, und *monoton fallend*, falls $a_{n+1} \leqslant a_n$ für alle $n \in \mathbb{N}$, und *monoton*, wenn sie monoton wachsend oder monoton fallend ist.

Satz. *Jede monotone Folge reeller Zahlen konvergiert, falls sie beschränkt ist. Anderenfalls besitzt sie einen uneigentlichen Grenzwert.*

---

[12] Wir benutzen hier stillschweigend die *Eindeutigkeit* von Grenzwerten: Ein und dieselbe Folge kann *nicht* zwei verschiedene Grenzwerte besitzen. Den einfachen Beweis überlasse ich Ihnen zur Übung (siehe Aufgabe 1 auf S. 54).

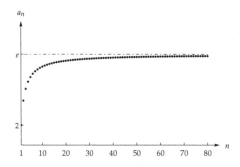

Abb. 3. Visualisierung der Monotonie von $a_n = \left(1 + \frac{1}{n}\right)^n$.

Beweis. Es sei (a_n) monoton wachsend. Wenn die Folge beschränkt ist, existiert das Supremum $s = \sup_{n \in \mathbb{N}} a_n \in \mathbb{R}$ der Folgenglieder. Wir wollen zeigen, dass tatsächlich $a_n \to s$ und geben dazu eine beliebige Approximationsgenauigkeit $\epsilon > 0$ vor. Da s die kleinste obere Schranke ist, muss es einen Index $n_0 \in \mathbb{N}$ mit $a_{n_0} > s - \epsilon$ geben. Wegen der Monotonie gilt jetzt

$$s - \epsilon < a_{n_0} \leqslant a_{n_0+1} \leqslant a_{n_0+2} \leqslant \cdots \leqslant s, \text{ also:} \qquad |a_n - s| \leqslant \epsilon \quad \text{für } n \geqslant n_0.$$

Wenn die Folge andererseits nicht beschränkt ist, gibt es zu einer vorgegebenen Schranke $K > 0$ ein $a_{n_0} > K$. Damit gilt wegen der Monotonie $a_n \geqslant K$ für alle $n \geqslant n_0$, also $a_n \to \infty$. Die Aussagen für monoton fallende Folgen leitet man analog her. $\Box$

Ich möchte die Nützlichkeit dieses Ergebnisses anhand zweier wichtiger Beispiele belegen.

Beispiel: Die Euler'sche Zahl e

Wir wollen die Konvergenz der Folge

$$a_n = \left(1 + \frac{1}{n}\right)^n \qquad (n \in \mathbb{N})$$

untersuchen. Die graphische Darstellung ihres Anfangsverlaufs in Abb. 3 zwingt uns förmlich zu vermuten, dass sie monoton wächst. Die Richtigkeit dieser Vermutung kann man mit Hilfe der Bernoulli'schen Ungleichung recht schnell einsehen:

$$\frac{a_{n+1}}{a_n} = \left(1 - \frac{1}{(n+1)^2}\right)^n \frac{n+2}{n+1}$$

$$> \left(1 - \frac{n}{(n+1)^2}\right) \frac{n+2}{n+1} = 1 + \frac{1}{(n+1)^3} > 1.$$

Um die Konvergenz zu sichern, müssen wir a_n nach oben beschränken. Dazu wenden wir den binomischen Lehrsatz an,

$$a_n = \sum_{k=0}^{n} \binom{n}{k} \frac{1}{n^k},$$

und schätzen schrittweise ab:

$$\binom{n}{k} \frac{1}{n^k} = \frac{1}{k!} \left(1 - \frac{1}{n}\right) \left(1 - \frac{2}{n}\right) \cdots \left(1 - \frac{k-1}{n}\right) \leqslant \frac{1}{k!} \qquad (n, k \in \mathbb{N}),$$

sowie $k! = 1 \cdot 2 \cdot 3 \cdots k \geqslant 1 \cdot 2 \cdot 2 \cdots 2 = 2^{k-1}$ für $k \in \mathbb{N}$. Also gilt

$$a_n \leqslant \sum_{k=0}^{n} \frac{1}{k!} \leqslant 1 + \sum_{k=1}^{n} 2^{-(k-1)} < 1 + \frac{1}{1 - 1/2} = 3,$$

wobei wir für die letzte Abschätzung die Ungleichung für geometrische Summen eingesetzt haben. Damit haben wir die Konvergenz gesichert und die Existenz der Euler'schen Zahl (1728)

$$e = \lim_{n \to \infty} \left(1 + \frac{1}{n}\right)^n \tag{3.1}$$

gezeigt. Aus den für $n \geqslant 100$ gültigen Abschätzungen

$$a_{100} = 2.70481 \cdots \leqslant a_n < 3$$

folgt mit der Monotonie der Grenzwertbildung die Einschließung

$$2.7 \leqslant e \leqslant 3.$$

Wir werden in Kapitel V bequem $e = 2.71828\,18284\cdots$ ausrechnen können.

Beispiel: Asymptotik des zentralen Binomialkoeffizienten $\binom{2n}{n}$

Wir wollen die Asymptotik des zentralen Binomialkoeffizienten $\binom{2n}{n}$ bestimmen. Wir suchen also nach einer Folge reeller Zahlen, deren Glieder a_n durch einen möglichst *einfachen* Ausdruck in n gegeben sind und für die gilt:

$$\binom{2n}{n} \simeq a_n \qquad (n \to \infty).$$

Wenn wir uns den Binomialkoeffizienten näher ansehen,

$$\binom{2n}{n} = \frac{(2n)! \cdot 4^n}{(2 \cdot 4 \cdot 6 \cdots 2n)^2} = \frac{1 \cdot 3 \cdot 5 \cdots (2n-1) \cdot 4^n}{2 \cdot 4 \cdot 6 \cdots 2n} = \frac{4^n}{p_n},$$

so stellen wir fest, dass wir letztlich das Produkt

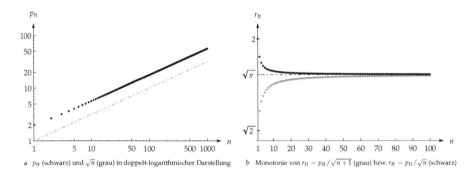

a p_n (schwarz) und $\sqrt{n}$ (grau) in doppelt-logarithmischer Darstellung   b Monotonie von $r_n = p_n/\sqrt{n+1}$ (grau) bzw. $r_n = p_n/\sqrt{n}$ (schwarz)

Abb. 4. Asymptotik von p_n: Visualisierung als Leitfaden.

$$p_n = \frac{2}{1} \cdot \frac{4}{3} \cdot \frac{6}{5} \cdots \frac{2n}{2n-1} \qquad (3.2)$$

asymptotisch vereinfachen wollen. Solange wir noch keine allgemeinen Methoden kennen, asymptotische Ausdrücke herzuleiten (diese sind Thema von Kapitel VII), müssen wir eine Asymptotik vermuten und die Richtigkeit der Vermutung dann mit den bereits gelernten Methoden zeigen. Hier kann wieder eine graphische Darstellung des Anfangsverlaufs der Folge (p_n) weiterhelfen. Die linke Graphik in Abb. 4 zeigt nämlich, dass für große n

$$p_n \approx p\sqrt{n}$$

gilt (warum?). Wenn wir uns nun in der rechten Graphik die Quotientenfolgen $p_n/\sqrt{n+1}$ bzw. $p_n/\sqrt{n}$ näher ansehen, so sticht uns wieder die *Monotonie* ins Auge: Erstere wächst, letztere fällt. Eine kurze Rechnung bestätigt dies für alle $n \in \mathbb{N}$:

$$\left(\frac{p_{n+1}/\sqrt{n+2}}{p_n/\sqrt{n+1}}\right)^2 = 1 + \frac{3n+2}{(n+2)(2n+1)^2} > 1$$

und

$$\left(\frac{p_{n+1}/\sqrt{n+1}}{p_n/\sqrt{n}}\right)^2 = 1 - \frac{1}{(2n+1)^2} < 1.$$

Damit gilt natürlich auch die Einschließung

$$\sqrt{2} = \frac{p_1}{\sqrt{2}} \leqslant \frac{p_n}{\sqrt{n+1}} < \frac{p_n}{\sqrt{n}} \leqslant p_1 = 2,$$

so dass der monotone Grenzwert

$$p = \lim_{n\to\infty} \frac{p_n}{\sqrt{n}} \qquad (3.3)$$

existiert. Wir können wegen der Monotonie der Grenzwertbildung sogar die ersten Ziffern von p berechnen, etwa:

$$\frac{p_{1000}}{\sqrt{1001}} = 1.77178\cdots \leqslant p \leqslant \frac{p_{1000}}{\sqrt{1000}} = 1.77267\cdots,$$

also $p = 1.77\cdots$. Wallis hat nun bereits 1655 gezeigt, dass tatsächlich

$$p = \sqrt{\pi} = 1.77245\,38509\cdots.$$

Wir werden diese Beziehung in Abschnitt 9.3 herleiten. Jetzt fassen wir nur noch unser Ergebnis zusammen:

$$p_n \simeq \sqrt{\pi n}, \qquad \binom{2n}{n} \simeq \frac{4^n}{\sqrt{\pi n}} \qquad \text{(für } n \to \infty\text{)}. \tag{3.4}$$

3.5 Beschränkte Folgen

Ohne die Zusatzeigenschaft der Monotonie brauchen beschränkte Folgen nicht unbedingt zu konvergieren, wie das Beispiel $0, 1, 0, 1, 0, 1, \ldots$ zeigt. Solche Folgen sind aber stets eine „Mixtur" konvergenter Folgen (im Beispiel $0, 0, 0, \ldots$ und $1, 1, 1, \ldots$). Der einfachste Weg, um das genauer zu verstehen und nutzbringend anzuwenden, führt über einige neue Begriffsbildungen.

Limes superior und Limes inferior

Für eine gegebene *beschränkte* Folge (a_n) reeller Zahlen existieren wegen der Vollständigkeit von $\mathbb{R}$ die daraus abgeleiteten, wiederum beschränkten Folgen mit den Gliedern

$$\bar{a}_n = \sup_{k \geqslant n} a_k, \qquad \underline{a}_n = \inf_{k \geqslant n} a_k.$$

Da die Menge der Indizes, über die das Supremum bzw. das Infimum gebildet werden, mit wachsendem k schrumpft, ist die Folge $(\bar{a}_n)$ monoton fallend und $(\underline{a}_n)$ monoton wachsend (siehe Satz 1.4.iv). Also existieren nach Satz 3.4 die beiden Grenzwerte

$$\limsup_{n \to \infty} a_n = \lim_{n \to \infty} \sup_{k \geqslant n} a_k, \qquad \liminf_{n \to \infty} a_n = \lim_{n \to \infty} \inf_{k \geqslant n} a_k;$$

die wir als den Limes superior bzw. den Limes inferior der beschränkten Folge (a_n) bezeichnen. Aus der Monotonie der Grenzwertbildung folgt mit $\underline{a}_n \leqslant \bar{a}_n$ ($n \in \mathbb{N}$) sofort

$$\liminf_{n \to \infty} a_n \leqslant \limsup_{n \to \infty} a_n; \tag{3.5}$$

bzw. für zwei beschränkte Folgen (a_n) und (b_n) mit $a_n \leqslant b_n$ für alle $n \in \mathbb{N}$:

$$\liminf_{n \to \infty} a_n \leqslant \liminf_{n \to \infty} b_n, \qquad \limsup_{n \to \infty} a_n \leqslant \limsup_{n \to \infty} b_n.$$

Teilfolgen und Häufungswerte

Ist (a_n) eine Folge aus $\mathbb{R}^d$ und $(n_k)_{k \in \mathbb{N}}$ eine streng monoton wachsende Folge natürlicher Zahlen, also $n_1 < n_2 < n_3 < \cdots$, so heißt $(a_{n_k})_{k \in \mathbb{N}}$ eine *Teilfolge* von $(a_n)_{n \in \mathbb{N}}$. Grenzwerte konvergenter Teilfolgen heißen *Häufungswerte* der Folge (a_n).

Satz von Bolzano–Weierstraß

So, nun können wir unsere Aussage von der „Mixtur" in folgendem Satz präzisieren, dessen Essenz auf eine Arbeit von Bolzano aus dem Jahre 1817 zurückgeht.

Satz. *Gegeben sei eine beschränkte Folge (a_n) reeller Zahlen. Dann sind Limes superior und Limes inferior maximaler bzw. minimaler Häufungswert der Folge. Weiter gilt das Konvergenzkriterium*[13]

$$a_n \to a \quad \Leftrightarrow \quad \liminf_{n \to \infty} a_n = \limsup_{n \to \infty} a_n = a.$$

Beweis. Wir müssen drei Dinge zeigen: (1) Limes superior und inferior sind Häufungswerte, (2) jeder Häufungswert a liegt zwischen ihnen und (3) die Gültigkeit des Konvergenzkriteriums.

Ad (1): Aufgrund der Definition des Supremums können wir für $k = 1, 2, 3, \ldots$ rekursiv $n_1 = 1 < n_2 < n_3 \cdots$ finden, so dass

$$\bar{a}_{n_k+1} - \frac{1}{k} = \sup_{n > n_k} a_n - \frac{1}{k} \leqslant a_{n_{k+1}} \leqslant \sup_{n > n_k} a_n = \bar{a}_{n_k+1}.$$

Lassen wir $k \to \infty$ gehen, so erhalten wir nach der Einschließungsregel

$$\lim_{k \to \infty} a_{n_k} = \lim_{k \to \infty} \bar{a}_{n_k+1} = \limsup_{n \to \infty} a_n,$$

d.h. die so konstruierte Teilfolge konvergiert gegen den Limes superior und dieser ist daher Häufungswert von (a_n). Die analoge Konstruktion für den Limes inferior überlasse ich Ihnen zur Übung.

Ad (2): Für jede Teilfolge (a_{n_k}) gilt

$$\inf_{n \geqslant n_k} a_n \leqslant a_{n_k} \leqslant \sup_{n \geqslant n_k} a_n.$$

Konvergiert die Teilfolge gegen den Häufungswert a, $a_{n_k} \to a$, so erhalten wir für $k \to \infty$ aus der Monotonie der Grenzwertbildung die Abschätzungen

---

[13] Um die Konvergenz einer beschränkten Folge (a_n) nachzuweisen, genügt es also wegen der generellen Beziehung (3.5) im Prinzip, „nur" die Ungleichung $\limsup_{n \to \infty} a_n \leqslant \liminf_{n \to \infty} a_n$ zu zeigen.

$$\liminf_{n\to\infty} a_n \leqslant a = \lim_{k\to\infty} a_{n_k} \leqslant \limsup_{n\to\infty} a_n.$$

Ad (3): Die „$\Rightarrow$"-Richtung des Konvergenzkriteriums gilt, weil selbstverständlich jede Teilfolge einer *konvergenten* Folge $a_n \to a$ gegen den gleichen Grenzwert a konvergiert. Für die „$\Leftarrow$"-Richtung führen wir einen Widerspruchsbeweis und nehmen an, dass zwar

$$\liminf_{n\to\infty} a_n = \limsup_{n\to\infty} a_n = a,$$

aber a_n *nicht* gegen a konvergiert. Dann wird eine bestimmte Genauigkeit $\epsilon_0 > 0$ von unendlich vielen Folgengliedern nicht erreicht, es gibt also eine Teilfolge $(a_{n_k})_{k\in\mathbb{N}}$ mit

$$|a - a_{n_k}| > \epsilon_0 \qquad \text{für alle } k \in \mathbb{N}.$$

Die Teilfolge a_{n_k} ist aber wie die Folge (a_n) beschränkt und muss daher nachdem bisher Bewiesenen selbst einen Häufungswert a' besitzen. Dieser erfüllt nach Konstruktion $|a - a'| \geqslant \epsilon_0 > 0$ also $a \neq a'$. Weil Teilfolgen von Teilfolgen wieder Teilfolgen der ursprünglichen Folge sind, ist a' auch ein Häufungswert von (a_n) und müsste also nach Beweisteil (2)

$$a = \liminf_{n\to\infty} a_n \leqslant a' \leqslant \limsup_{n\to\infty} a_n = a$$

erfüllen. Das steht ganz offensichtlich im Widerspruch zu $a \neq a'$. $\qquad\square$

Durch Anwendung dieses Satzes auf die Komponentenfolgen einer vektorwertigen Folge folgern wir sofort:

Korollar. *Jede beschränkte Folge aus $\mathbb{R}^d$ besitzt eine konvergente Teilfolge und damit wenigstens einen Häufungswert. Jede beschränkte Folge, die nur einen einzigen Häufungswert besitzt, muss bereits konvergieren.*

Das Ergebnis gilt speziell natürlich auch für die komplexen Zahlen $\mathbb{C} = \mathbb{R}^2$.

Beispiel: Mittelwertfolgen

Man kann nachrechnen [Kno64, S. 111], dass für eine beschränkte Folge (a_n) in $\mathbb{R}$ und die zugeordnete Folge (s_n) ihrer Mittelwerte

$$s_n = \frac{a_1 + \cdots + a_n}{n}$$

gilt

$$\liminf_{n\to\infty} a_n \leqslant \liminf_{n\to\infty} s_n \leqslant \limsup_{n\to\infty} s_n \leqslant \limsup_{n\to\infty} a_n.$$

Daraus lesen wir mit Hilfe des Satzes von Bolzano–Weierstraß sofort ein Resultat von Cauchy ab:

$$a_n \to a \quad \Rightarrow \quad s_n \to a;$$

und verstehen, warum die Umkehrung nicht zu gelten braucht (Beispiel?).

3.6 Exponentialfunktion

Im Abschnitt 3.4 haben wir die Euler'sche Zahl e als monotonen Grenzwert

$$e = \lim_{n \to \infty} \left(1 + \frac{1}{n}\right)^n$$

eingeführt. Hieraus folgt eine sehr nützliche Darstellung[14] der Exponential-funktion:

$$e^x = \lim_{n \to \infty} \left(1 + \frac{x}{n}\right)^n \qquad (x \in \mathbb{R}). \tag{3.6}$$

Herleitung. Betrachten wir zunächst ein paar Spezialfälle. Der Fall $x = 1$ ist gerade die Definition von e, der Fall $x = 0$ ist offensichtlich; überzeugen wir uns also noch von der Richtigkeit für eine *negative* Zahl, etwa $x = -1$:

$$\left(1 - \frac{1}{n}\right)^n = \left(\frac{n-1}{n}\right)^n = \frac{1}{\left(1 + \frac{1}{n-1}\right)^n} \to \frac{1}{e} = e^{-1} \qquad (n \to \infty).$$

Gut, nun zum allgemeinen Fall: Wir nehmen $x > 0$ und betrachten für $n \in \mathbb{N}$ die Folge der natürlichen Zahlen

$$m_n = \left\lceil \frac{n}{x} \right\rceil \to \infty \qquad (n \to \infty).$$

Diese sind gerade so konstruiert, dass wir (für $m_n > 1$) die einfache Unglei-chungskette

$$\left(1 + \frac{1}{m_n}\right)^{(m_n - 1) \cdot x} \leqslant \left(1 + \frac{1}{m_n}\right)^n \leqslant \left(1 + \frac{x}{n}\right)^n$$

$$\leqslant \left(1 + \frac{1}{m_n - 1}\right)^n \leqslant \left(1 + \frac{1}{m_n - 1}\right)^{m_n \cdot x}$$

erhalten. Beim Grenzübergang $n \to \infty$ liefern diese Abschätzungen wegen des bereits behandelten Falls $x = 1$, d.h.

$$\lim_{n \to \infty} \left(1 + \frac{1}{m_n}\right)^{(m_n - 1)} = \lim_{n \to \infty} \left(1 + \frac{1}{m_n - 1}\right)^{m_n} = e,$$

wegen der Stetigkeit von a^b für $a > 0$ und der Einschließungsregel die gewünschte Grenzwertformel (3.6). Der Fall $x < 0$ lässt sich analog auf den oben behandelten Grenzwert für $x = -1$ zurückführen. □

---

[14] Sie geht auf Eulers Lehrer Daniel Bernoulli zurück, der damit im Jahre 1728 das von seinem Onkel Jakob formulierte Problem der kontinuierlichen Verzinsung in der Zinseszinsrechnung gelöst hat.

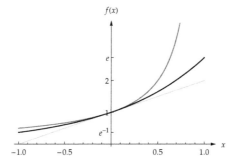

Abb. 5. Ungleichungen (3.8), (3.9): e^x (schwarz), $1 + x$ (hell) und $1/(1-x)$ (dunkel).

Elementare Abschätzungen der Exponentialfunktion

Die Bernoulli'sche Ungleichung liefert für $x \in \mathbb{R}$ die Abschätzung

$$\left(1 + \frac{x}{n}\right)^n \geqslant 1 + x \qquad \text{für fast alle } n \in \mathbb{N}. \tag{3.7}$$

(Gleichheit gilt genau für $x = 0$.) Der Grenzübergang $n \to \infty$ liefert mit der Grenzwertformel (3.6) eine nützliche Abschätzung der Exponentialfunktion nach unten

$$e^x \geqslant 1 + x \qquad (x \in \mathbb{R}). \tag{3.8}$$

Im Fall $x = 0$ gilt natürlich Gleichheit, aber ist dies – wie vor dem Grenzübergang – der einzig mögliche Fall? Das Grenzwertargument hilft hier nicht weiter, da Grenzübergänge strikte Ungleichungen zu Gleichungen mutieren lassen können (Beispiel?). Hier muss man feiner argumentieren. Nun, aus der gerade hergeleiteten Ungleichung folgt durch Multiplikation

$$e^x = e^{(x/n) \cdot n} \geqslant \left(1 + \frac{x}{n}\right)^n \geqslant 1 + x \qquad \text{für fast alle } n \in \mathbb{N},$$

wobei wir im letzten Schritt wiederum die Bernoulli'sche Ungleichung in der Form (3.7) verwendet haben. Wie bei letzterer kann demnach für $x \neq 0$ auch in der Abschätzung (3.8) *keine* Gleichheit vorliegen.

Setzen wir in (3.8) für x den Ausdruck „$-x$" ein, also

$$e^{-x} \geqslant 1 - x \qquad (x \in \mathbb{R}),$$

und beschränken uns auf den Fall $1 - x > 0$, d.h. $x < 1$, so erhalten wir nach Kehrwertbildung eine nützliche Abschätzung der Exponentialfunktion nach oben:

$$e^x \leqslant \frac{1}{1-x} \qquad (x < 1). \tag{3.9}$$

Auch hier gilt Gleichheit genau für $x = 0$. Abb. 5 visualisiert die Ergebnisse.

Beispiel: ein wichtiger Grenzwert

Ich will Ihre Fingerfertigkeit im Berechnen von Grenzwerten noch etwas trainieren. Wir wollen für eine *Nullfolge* (h_n) in $\mathbb{R} \setminus \{0\}$ (d.h. $h_n \neq 0$ für alle $n \in \mathbb{N}$ und $h_n \to 0$) folgende Frage untersuchen:

$$\lim_{n \to \infty} \frac{e^{h_n} - 1}{h_n} = ?$$

Wir können nicht einfach mit Stetigkeit argumentieren, da der Ausdruck $(e^h - 1)/h$ für $h = 0$ *nicht* definiert ist (er wäre „0/0"). Hier helfen jetzt die Abschätzungen des letzten Paragraphen. Für $0 < h_n < 1$ gilt

$$1 = \frac{1 + h_n - 1}{h_n} \leqslant \frac{e^{h_n} - 1}{h_n} \leqslant \frac{\frac{1}{1-h_n} - 1}{h_n} = \frac{1}{1 - h_n},$$

für $h_n < 0$ hingegen

$$\frac{1}{1 - h_n} \leqslant \frac{e^{h_n} - 1}{h_n} \leqslant 1,$$

also zusammengefasst

$$\min\left(1, \frac{1}{1 - h_n}\right) \leqslant \frac{e^{h_n} - 1}{h_n} \leqslant \max\left(1, \frac{1}{1 - h_n}\right) \qquad (h_n \neq 0, h_n < 1).$$

Beide Grenzen gehen aus Stetigkeitsgründen für $h_n \to 0$ gegen 1, so dass nach der Einschließungsregel

$$\lim_{n \to \infty} \frac{e^{h_n} - 1}{h_n} = 1 \qquad \text{für jede Nullfolge } (h_n) \text{ in } \mathbb{R} \setminus \{0\}.$$

Diese Aussage schreibt man auch kurz und bündig in der Form

$$\lim_{h \to 0} \frac{e^h - 1}{h} = 1. \tag{3.10}$$

Definition. Allgemein definieren wir für eine Funktion $f : D \subseteq \mathbb{R}^d \to \mathbb{R}^q$

$$\lim_{x \to x_0} f(x) = a, \text{ bzw.} \qquad f(x) \to a \quad \text{für} \quad x \to x_0,$$

als Abkürzung von

$$\lim_{n \to \infty} f(x_n) = a \text{ für jede Folge } (x_n) \text{ aus } D \text{ mit } x_n \to x_0$$

und sprechen vom *Grenzwert der Funktion f im Punkt x_0*.

Beachten Sie, dass x_0 nicht im Definitionsbereich D zu liegen braucht. Ist aber $x_0 \in D$, so ist $f(x_0) = a$ äquivalent zur Stetigkeit von f in x_0. Wenn auf der anderen Seite zwar $x_0 \notin D$, aber f in x_0 den Grenzwert a besitzt, so können wir f in den Punkt x_0 durch die zusätzliche *Definition* $f(x_0) = a$ stetig *fortsetzen*.

So ist beispielsweise die durch die Fallunterscheidung

$$\phi(x) = \begin{cases} 1, & x = 0, \\ \dfrac{e^x - 1}{x}, & \text{sonst,} \end{cases}$$

definierte Funktion $\phi : \mathbb{R} \to \mathbb{R}$ *überall* stetig.

3.7 Allgemeine AM-GM-Ungleichung

Neben der Cauchy-Schwarz'schen Ungleichung gibt es einen weiteren Klassiker unter den Ungleichungen, der ihr an Nützlichkeit kaum nachsteht. So wie wir die Cauchy-Schwarz'sche Ungleichung in Abschnitt 2.2 aus der einfachen Ungleichung $0 \leqslant x^2$ (Gleichheit genau für $x = 0$) hergeleitet haben, so werden wir die allgemeine AM-GM-Ungleichung aus der im vorangehenden Abschnitt diskutierten Ungleichung $1 + x \leqslant e^x$ (Gleichheit genau für $x = 0$) gewinnen.[15]

Satz. *Für reelle* $a_1, \ldots, a_n \geqslant 0$ *und* $p_1, \ldots, p_n > 0$ *mit* $p_1 + \cdots + p_n = 1$ *ist*

$$a_1^{p_1} \cdots a_n^{p_n} \leqslant p_1 a_1 + \cdots + p_n a_n.$$

Gleichheit gilt genau dann, wenn $a_1 = \cdots = a_n$. *Die linke Seite der Ungleichung nennt man das gewichtete geometrische Mittel der Zahlen* a_k *zu den Gewichten* p_k, *die rechte Seite das gewichtete arithmetische Mittel.*

Beweis. Wir können ohne weiteres den trivialen Fall $a_1 = \cdots = a_n = 0$ ausschließen und annehmen, dass

$$s_a = p_1 a_1 + \cdots + p_n a_n > 0.$$

Nun versuchen wir, das Produkt auf der linken Seite der Ungleichung zunächst durch *irgendeinen* möglichst einfachen Ausdruck in der Summe s_a abzuschätzen (das Ziel wäre s_a selbst). Da die Exponentialfunktion über ihre Funktionalgleichung $e^x \cdot e^y = e^{x+y}$ Produkte und Summen in Verbindung setzt, starten wir mit der Ungleichung (3.8), die wir in die Form

---

[15] Die Idee zu dieser Herleitung kam dem ungarisch-amerikanischen Mathematiker Pólya 1910 in einem *Traum*, 24 Jahre später publizierte er seinen Beweis in dem Buch [HLP52, §4.2]. Er hat später gesagt, es wäre das beste Stück Mathematik gewesen, welches er je geträumt hätte.

$$a_k \leqslant e^{a_k - 1}, \quad \text{also} \quad a_k^{p_k} \leqslant e^{p_k a_k - p_k},$$

bringen. (Gleichheit gilt genau für $a_k = 1$.) Multiplizieren wir das Ergebnis über alle k, so erreichen wir wegen $p_1 + \cdots + p_n = 1$ folgende Zwischenetappe:

$$a_1^{p_1} \cdots a_n^{p_n} \leqslant e^{\sum_{k=1}^n (a_k p_k - p_k)} = e^{s_a - 1}.$$

(Gleichheit gilt genau für $a_1 = \cdots = a_n = 1$.) Leider gilt natürlich auch

$$s_a \leqslant e^{s_a - 1},$$

wir scheinen also über das Ziel s_a „hinausgeschossen" zu sein. Moment mal, für $s_a = 1$ sind das Ziel und die Schranke unserer Zwischenetappe doch aber gleich. Können wir das nutzen? Ja, für die *normalisierten* Zahlen

$$\tilde{a}_k = a_k / s_a \qquad (k = 1, \ldots, n)$$

gilt $s_{\tilde{a}} = 1$ und daher mit der Schranke unserer Zwischenetappe

$$\tilde{a}_1^{p_1} \cdots \tilde{a}_n^{p_n} \leqslant e^0 = 1, \quad \text{also ausgeschrieben} \quad \frac{a_1^{p_1}}{s_a^{p_1}} \cdots \frac{a_n^{p_n}}{s_a^{p_n}} = \frac{a_1^{p_1} \cdots a_n^{p_n}}{s_a} \leqslant 1.$$

Damit sind wir bereits am Ziel.[16] (Gleichheit gilt hier genau dann, wenn $\tilde{a}_1 = \cdots = \tilde{a}_n = 1$, also $a_1 = \cdots = a_n = s_a$.)   □

Wie beim Beweis der Cauchy-Schwarz'schen Ungleichung konnten wir mit Hilfe der *Normalisierungstechnik* eine Ungleichung, die eigentlich in die „verkehrte Richtung" verläuft, im Gleichheitsfall anwenden.

Merke:

Ganz allgemein sind Ungleichungen dann besonders „effektiv", wenn sie *in der Nähe* ihres Gleichheitsfalls eingesetzt werden. Viel mehr zu diesem Thema finden Sie bei Interesse oder Bedarf in dem schönen und sehr lehrreichen Buch [Ste04].

3.8 Harmonische Zahlen

Zum Abschluss des Vorlesungsteils über „Folgen" möchte ich Sie mit den harmonischen Zahlen

$$H_n = 1 + \frac{1}{2} + \frac{1}{3} + \cdots + \frac{1}{n} \qquad (n \in \mathbb{N})$$

vertraut machen. Sie treten überraschend häufig in Anwendungen auf, hier ein paar Beispiele:

---

[16] Haben Sie bemerkt, wie die Exponentialfunktion im Beweis zunächst auftauchte und dann wieder verschwand? Wir haben sie nur als *Werkzeug* eingesetzt.

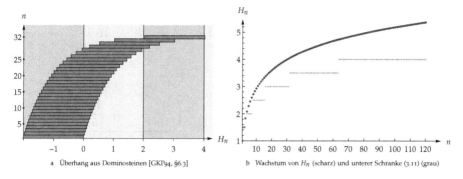

a   Überhang aus Dominosteinen [GKP94, §6.3]   b   Wachstum von H_n (scharz) und unterer Schranke (3.11) (grau)

Abb. 6. Harmonische Zahlen H_n.

- Die mittlere Anzahl C_n von Vergleichen, welche der Algorithmus *Quick-sort*[17] (1962) zum Sortieren von n zufällig angeordneten Zahlen benötigt, ist [GKP94, S. 28]
$$C_n = 2(n+1)H_n - 2n.$$

- Bei einer Folge (a_n) reeller Zahlen bezeichnen wir das Glied a_k als einen *Rekord*, wenn $a_k > \max\{a_1, \ldots, a_{k-1}\}$. Die mittlere Anzahl von Rekorden unter den ersten n Zahlen $a_1, \ldots, a_n$ ist – wenn alle Anordnungen gleich wahrscheinlich sind – genau: H_n. Ein Beispiel: Zwischen 1835 und 1994 wurden im New Yorker Central Park *sechs* Rekorde der jährlichen Regen-fallmenge verzeichnet. Die theoretische Vorhersage ist $H_{160} = 5.65 \cdots$, was für die statistische Unabhängigkeit New Yorker Regenmengen über die Jahre spricht.

- Welchen maximalen Überhang d_n kann man mit $n+1$ „maßhaltigen" Dominosteinen der Länge 2 bauen, ohne dass der Stapel einstürzt (siehe Abb. 6a)? Antwort: $d_n = H_n$.

Die Folge (H_n) ist sicherlich monoton wachsend. Wäre sie beschränkt, so müsste sie nach Satz 3.4 konvergieren. Ist sie beschränkt? Die Visualisierung des Wachstumsverhalten von H_n für $1 \leqslant n \leqslant 120$ in Abb. 6b hilft uns hier nicht wirklich weiter. Hilft Ihnen Ihr Verständnis oder Ihre Intuition für die oben aufgeführten drei Anwendungen dabei, eine Vermutung zu formulieren?

Nun, die harmonischen Zahlen wachsen unbeschränkt und divergieren daher: $\lim_{n \to \infty} H_n = \infty$. Dies ist eines der wenigen substantiellen mathema-tischen Resultate des europäischen Mittelalters und wir geben dafür das berühmte Argument [Ger90, S. 153] des Scholastikers Oresme aus dem Jahre 1350. Dazu betrachten wir die speziellen Indizes $n_k = 2^k$ und schließen:

---

[17] Der Schöpfer von Quicksort, Sir C. A. R. Hoare, ist einer der „Gründungsväter" der Informatik. Er erhielt 1980 den ACM Turing Award.

$$H_{n_k} = 1 + \frac{1}{2} + \left(\frac{1}{3} + \frac{1}{4}\right) + \left(\frac{1}{5} + \cdots + \frac{1}{8}\right) + \left(\frac{1}{9} + \cdots + \frac{1}{16}\right) + \cdots$$

$$+ \left(\frac{1}{2^{k-1}+1} + \cdots + \frac{1}{2^k}\right)$$

$$\geqslant 1 + \frac{1}{2} + \left(\frac{1}{4} + \frac{1}{4}\right) + \underbrace{\left(\frac{1}{8} + \cdots + \frac{1}{8}\right)}_{\text{4-mal}} + \underbrace{\left(\frac{1}{16} + \cdots + \frac{1}{16}\right)}_{\text{8-mal}} + \cdots$$

$$+ \underbrace{\left(\frac{1}{2^k} + \cdots + \frac{1}{2^k}\right)}_{2^{k-1}\text{-mal}} = 1 + \frac{k}{2}.$$

Wir können das Ergebnis auch in der Form

$$H_n \geqslant 1 + \frac{\lfloor \log_2 n \rfloor}{2} \qquad (n \in \mathbb{N}) \tag{3.11}$$

schreiben. Diese Schranke ist in Abb. 6b visualisiert. Kommen wir auf das Beispiel mit den Dominosteinen zurück: Wir „können" also beliebige Überhänge erzielen, wenn wir nur n groß genug wählen. Wie steht es dann mit einem Überhang der Länge 100 (d.h. 50 Dominosteinlängen)? Oder im Beispiel mit den Rekorden: Wieviele Instanzen müssen wir abwarten, bis wir im Mittel 100 Rekorde beobachtet haben? Wir suchen also nach

$$n_{100} = \min\{n \in \mathbb{N} : H_n \geqslant 100\}.$$

Wie groß ist diese Zahl? Die Oresme-Schranke (3.11) liefert die *obere* Abschätzung

$$n_{100} \leqslant 2^{198} \approx 4.0 \cdot 10^{59}.$$

Wenn ich nun aber die natürliche Zahl n_{100} *exakt* bestimmen möchte, es sind ja schließlich nicht mehr als 60 Ziffern anzugeben? Für so große n ist es völlig *ausgeschlossen*, mit H_n selbst zu arbeiten und etwa folgende Schleife zu programmieren:

```
H = 1; n = 1;
while H < 100
    n = n + 1; H = H + 1/n;
end;
```

Sie würden das Ergebnis nicht mehr erleben. Hier hilft nur die präzise asymptotische Beschreibung von H_n weiter, die wir in Abschnitt 15.4 herleiten werden. Mit ihr werden wir dann

$$n_{100} = 15\,092\,688\,622\,113\,788\,323\,693\,563\,264\,538\,101\,449\,859\,497 \approx 1.5 \cdot 10^{43}$$

berechnen können. Das Wachstum der harmonischen Zahlen ist zwar unbeschränkt, aber extrem langsam.

4 Reihen

4.1 Konvergenz von Reihen

Definition. Einer Folge (a_n) komplexer Zahlen ordnen wir die Folge (s_n) mit

$$s_n = a_1 + \cdots + a_n = \sum_{k=1}^{n} a_k$$

zu und bezeichnen sie als *unendliche Reihe*, oder kurz *Reihe*, mit den *Gliedern* a_n und den *Partialsummen* s_n. Konvergieren die Partialsummen $s_n \to s$, so heißt die Reihe *konvergent* und der Grenzwert s heißt *Summe* oder *Wert* der Reihe, in Zeichen

$$s = \sum_{k=1}^{\infty} a_k = a_1 + a_2 + a_3 + \cdots .$$

Sind die Glieder reell und divergiert die Folge (s_n) gegen $\pm\infty$, so schreiben wir auch

$$\sum_{k=1}^{\infty} a_k = \pm\infty.$$

Beispiele

- *Teleskopreihe.*

$$\sum_{k=1}^{\infty} \frac{1}{k(k+1)} = 1.$$

  Denn für $n \to \infty$ ist

$$s_n = \sum_{k=1}^{n} \frac{1}{k(k+1)} = \sum_{k=1}^{n} \left(\frac{1}{k} - \frac{1}{k+1} \right) = 1 - \frac{1}{n+1} \to 1.$$

- *Harmonische Reihe.*

$$\sum_{k=1}^{\infty} \frac{1}{k} = \infty,$$

  da ihre Partialsummen die harmonischen Zahlen H_n sind, die nach Abschnitt 3.8 *unbeschränkt* wachsen.

- *Geometrische Reihe.*

$$\sum_{k=0}^{\infty} z^k = \frac{1}{1-z} \qquad \text{für} \quad z \in \mathbb{C}, |z| < 1.$$

  Es gilt nämlich $z^n \to 0$ $(n \to \infty)$ für $|z| < 1$ (warum?) und daher für die Partialsummen

$$s_n = \sum_{k=0}^{n} z^k = \frac{1 - z^{n+1}}{1 - z} \to \frac{1}{1-z}.$$

  Andererseits gilt

$$\sum_{k=0}^{\infty} q^k = \infty \qquad \text{für} \quad q \geqslant 1.$$

Denn die Partialsummen wachsen jetzt über jede Grenze: $s_n \geqslant n + 1$.

Einfache Konvergenzresultate

- Eine *notwendige* Konvergenzbedingung für Reihen:

$$\sum_{k=1}^{\infty} a_k \text{ konvergiert} \quad \Rightarrow \quad a_k \to 0 \ (k \to \infty).$$

Denn aus $s_n \to s$ folgt mit Stetigkeit $a_n = s_n - s_{n-1} \to s - s = 0$.

- Für Reihen mit nichtnegativen Gliedern gilt der **Satz**:

  Eine Reihe $\sum_k a_k$ mit Gliedern $a_k \geqslant 0$ konvergiert genau dann, wenn die Folge (s_n) der Partialsummen beschränkt ist; wir schreiben kurz:

$$\sum_{k=1}^{\infty} a_k < \infty.$$

Nun, für $a_k \geqslant 0 \ (k \in \mathbb{N})$ ist die Folge (s_n) der Partialsummen *monoton wachsend* und besitzt daher nach den Sätzen 3.2 und 3.4 genau dann einen Grenzwert, wenn sie beschränkt ist.

4.2 Vergleichskriterien

Die Konvergenz oder Divergenz einer Reihe mit beliebigen Gliedern lässt sich häufig im Vergleich zu einer bereits bekannten Reihe mit nichtnegativen Gliedern ermitteln. Hierzu verwendet man das

Majorantenkriterium. *Es seien $\sum_{k=1}^{\infty} a_k$ und $\sum_{k=1}^{\infty} b_k$ Reihen, deren Glieder für alle $k \in \mathbb{N}$ die Abschätzung*

$$|a_k| \leqslant b_k$$

erfüllen. Die Reihe $\sum_k b_k$ heißt dann Majorante *der Reihe $\sum_k a_k$ und es gilt:*

(i) *Konvergiert $\sum_k b_k$, so konvergiert auch $\sum_k a_k$ und es gilt*

$$\left| \sum_{k=1}^{\infty} a_k \right| \leqslant \sum_{k=1}^{\infty} |a_k| \leqslant \sum_{k=1}^{\infty} b_k. \qquad (4.1)$$

(ii) *Divergiert $\sum_k a_k$, so auch $\sum_k b_k$.*

Beweis. Teil (ii) ist nur eine leichte Umformulierung von Teil (i). Ich nehme an, dass die Glieder a_k reell sind; komplexe Reihen werden getrennt nach Real- und Imaginärteilen behandelt. Ich möchte nun das Konvergenzkriterium für beschränkte *reelle* Folgen aus Satz 3.5 anwenden. Aus $|a_k| \leqslant b_k$ und der Konvergenz der Reihe $\sum_k b_k$ folgt zum einen mit der Dreiecksungleichung die Beschränktheit der Folge der Partialsummen,

$$\left| \sum_{k=1}^{n} a_k \right| \leqslant \sum_{k=1}^{n} |a_k| \leqslant \sum_{k=1}^{n} b_k \leqslant \sum_{k=1}^{\infty} b_k < \infty, \tag{4.2}$$

und zum anderen für $n \to \infty$

$$0 \leqslant \sup_{m \geqslant n} \sum_{k=1}^{m} a_k - \inf_{m \geqslant n} \sum_{k=1}^{m} a_k \leqslant \sum_{k=n+1}^{\infty} b_k \to 0,$$

also

$$\limsup_{n \to \infty} \sum_{k=1}^{n} a_k = \liminf_{n \to \infty} \sum_{k=1}^{n} a_k,$$

d.h. schließlich die Konvergenz der Reihe $\sum_k a_k$. Die Betragsabschätzung (4.1) ergibt sich (auch in $\mathbb{C}$) durch Grenzübergang $n \to \infty$ in (4.2). $\qquad\square$

Beispiele

- $\displaystyle\sum_{k=1}^{\infty} \frac{1}{k^2}$ erbt die Konvergenz der Teleskopreihe:

$$\sum_{k=1}^{\infty} \frac{1}{k^2} = 1 + \frac{1}{2^2} + \frac{1}{3^2} + \frac{1}{4^2} + \cdots$$

$$\leqslant 1 + \frac{1}{1 \cdot 2} + \frac{1}{2 \cdot 3} + \frac{1}{3 \cdot 4} + \cdots = 1 + \sum_{k=1}^{\infty} \frac{1}{k(k+1)} = 2.$$

- $\displaystyle\sum_{k=1}^{\infty} \frac{1}{\sqrt{k(k+1)}}$ erbt die Divergenz der harmonischen Reihe:

$$\frac{1}{\sqrt{k(k+1)}} > \frac{1}{2k} \qquad (k \in \mathbb{N}).$$

- Durch geschickten Vergleich mit der geometrischen Reihe gelangt man zu den folgenden beiden nützlichen Konvergenzkriterien:

Quotientenkriterium. *Es sei $\sum_k a_k$ eine Reihe mit $a_k \neq 0$ für fast alle k. Existiert der Grenzwert*

$$q = \lim_{k \to \infty} \left| \frac{a_{k+1}}{a_k} \right|,$$

so konvergiert die Reihe, falls $q < 1$, und sie divergiert, falls $q > 1$. Für $q = 1$ lässt sich nichts sagen.

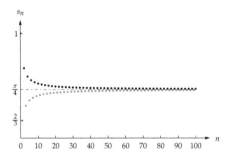

Abb. 7. Verlauf von $s_n = \sum\limits_{k=0}^{n} \dfrac{(-1)^k}{2k+1}$: n gerade (schwarz) und n ungerade (grau).

Wurzelkriterium. *Für eine Reihe $\sum_k a_k$ definieren wir die Zahl*

$$\rho = \limsup_{k \to \infty} \sqrt[k]{|a_k|}.$$

Die Reihe konvergiert, falls $\rho < 1$, und sie divergiert, falls $\rho > 1$. Für $\rho = 1$ lässt sich nichts sagen.

Das Quotientenkriterium lässt sich zwar in der Regel bequemer verwenden (ein Beispiel findet sich in Abschnitt 4.5), das Wurzelkriterium ist aber dafür leistungsfähiger. Dieses probiert man also erst dann, wenn jenes versagt.

4.3 Alternierende Reihen

Wir wollen die Konvergenz der sogenannten Leibniz'schen Reihe[18]

$$\sum_{k=0}^{\infty} \frac{(-1)^k}{2k+1} = 1 - \frac{1}{3} + \frac{1}{5} - \frac{1}{7} + \frac{1}{9} - \cdots \tag{4.3}$$

untersuchen. Dazu sehen wir uns in Abb. 7 den Anfangsverlauf der Folge (s_n) ihrer Partialsummen näher an und gelangen zu folgender Vermutung:

> Die Teilfolge (s_{2n}) ist monoton fallend und nach unten durch die monoton wachsende Teilfolge (s_{2n+1}) beschränkt; beide Teilfolgen werden also konvergieren, vermutlich zum gleichen Grenzwert s, der dann Wert der Reihe ist.

Tatsächlich ist dieses Verhalten für eine große Klasse *alternierender Reihen* richtig, wie das folgende *Leibniz'sche Konvergenzkriterium* und sein Beweis zeigen:

---

[18] Ich nehme mir die Freiheit, als unteren Summationsindex immer dann eine andere ganze Zahl als „$k = 1$" zu wählen, wenn dies praktisch ist. Also Augen auf!

Satz. *Es sei* (a_n) *eine monoton fallende Nullfolge. Dann konvergiert die zugehörige alternierende Reihe*

$$s = \sum_{k=0}^{\infty} (-1)^k a_k$$

und die Partialsumme s_n *approximiert den Reihenwert* s *bis auf einen Fehler, der höchstens so groß ist wie der Betrag des ersten weggelassenen Summanden:*

$$\left| s - \sum_{k=0}^{n} (-1)^k a_k \right| \leqslant a_{n+1}. \tag{4.4}$$

Beweis. Aus $s_{n+1} - s_{n-1} = (-1)^{n+1}(a_{n+1} - a_n)$ folgt wegen des monotonen Fallens der Folge (a_n)

$$s_1 \leqslant s_3 \leqslant s_5 \leqslant \cdots \leqslant s_{2n+1} \leqslant s_{2n} \leqslant \cdots \leqslant s_4 \leqslant s_2 \leqslant s_0. \tag{4.5}$$

(Das ist genau der in Abb. 7 dargestellte Verlauf.) Die Ungleichung in der Mitte resultiert dabei aus $s_{2n} - s_{2n+1} = a_{2n+1} \geqslant 0$. Also konvergieren nach Satz 3.4 sowohl (s_{2n}) als auch (s_{2n+1}). Da aber nach Voraussetzung

$$s_{2n} - s_{2n+1} = a_{2n+1} \;\to\; 0,$$

müssen beide Teilfolgen den gleichen Grenzwert s besitzen, der dann Wert der alternierende Reihe ist. Wegen der Monotonie der Grenzwertbildung liegt s aber stets zwischen s_n und s_{n+1}, so dass wir mit

$$|s - s_n| \leqslant |s_{n+1} - s_n| = a_{n+1}$$

die behauptete Abschätzung des Abbruchfehlers erhalten. □

Beispiel. Das Leibniz'sche Konvergenzkriterium ist natürlich auf die Leibniz'sche Reihe (4.3) anwendbar und sichert die Existenz der Summe

$$s = \sum_{k=0}^{\infty} \frac{(-1)^k}{2k+1}.$$

Mehr noch, die Einschließungen (4.5) liefern verhältnismäßig bequem die ersten drei Dezimalen von s:

$$s_{1001} = 0.78514 \cdots \leqslant s \leqslant s_{1000} = 0.78564 \cdots, \text{ so dass} \qquad s = 0.785 \cdots.$$

Wenn wir hingegen m Ziffern ausrechnen wollen, also eine Genauigkeit von 10^{-m} anstreben, so lehrt uns die Fehlerabschätzung (4.4), dass wir mit einem n „auskommen", für das $a_{n+1} = 1/(2n+3) \leqslant 10^{-m}$. Für 10 Ziffern wären das etwa 5 000 000 000 Summanden und mit der „Bequemlichkeit" ist es dahin: Die Komplexität der Reihe wächst *exponentiell* in m; m Ziffern des Werts gibt es nur zum (viel zu teuren) Preis von $n \approx 0.5 \cdot 10^m$ Summanden.

4.4 Konvergenzbeschleunigung

Die Mathematiker verfügen heutzutage über ein Arsenal hochentwickelter, aber eng spezialisierter Methoden,[19] um die Konvergenz langsam konvergierender Folgen und Reihen substantiell zu *beschleunigen*.[20]

Der Klassiker unter diesen Verfahren ist die Euler'sche Reihentransformation (1755): Für eine beliebige konvergente Reihe $\sum_k a_k$ gilt [Kno64, S. 253]:

$$\sum_{k=0}^{\infty} a_k = \sum_{k=0}^{\infty} a_k' \quad \text{mit} \quad a_k' = \frac{1}{2^{k+1}} \sum_{j=0}^{k} \binom{k}{j} a_j.$$

Diese Transformation ist auf eine gewisse Klasse langsam konvergenter alternierender Reihen spezialisiert, für die sie eine beweisbare Beschleunigung liefert [Kno64, S. 272]. Wir wollen uns das am Beispiel der Leibniz'schen Reihe (4.3) ansehen. Für $a_k = (-1)^k/(2k+1)$ erhalten wir mit Hilfe von Maple das transformierte Reihenglied a_k':

```
> a := k -> (-1)^k/(2*k+1):
> 1/2^(k+1)*sum(binomial(k,j)*a(j),j=0..k);
```

$$\frac{1}{2^{k+1}\binom{k+\frac{1}{2}}{k}}$$

bzw. nach ein wenig weiterem Umformen per Hand

$$a_k' = \frac{2^{k-1}}{(2k+1)\binom{2k}{k}}.$$

Es gilt also folgende Darstellung (Fatio 1704) des Werts s der Reihe (4.3)

$$s = \sum_{k=0}^{\infty} \frac{2^{k-1}}{(2k+1)\binom{2k}{k}} = \frac{1}{2}\left(1 + \frac{1}{3} + \frac{1\cdot 2}{3\cdot 5} + \frac{1\cdot 2\cdot 3}{3\cdot 5\cdot 7} + \cdots\right).$$

Wieviele Summanden braucht man jetzt für 10 Ziffern Genauigkeit? Da die transformierte Reihe aus positiven Glieder besteht, gilt

$$s_n' = \sum_{k=0}^{n} a_k' \leqslant s = s_n' + (s - s_n').$$

Wir müssen also den *Abbruchfehler* $r_n' = s - s_n'$ nach oben abschätzen. Dazu bedienen wir uns der im zweiten Beispiel des Abschnitts 3.4 hergeleiteten präzisen unteren Abschätzung des zentralen Binomialkoeffizienten

---

[19] Eine nützliche Auswahl finden Sie bei Bedarf etwa in [BLWW06, Anhang A].

[20] Wie ein Kollege sagte: „You have to reach the limit before the limit reaches you."

$$\binom{2k}{k} \geqslant \frac{4^k}{2\sqrt{k}}, \quad \text{so dass:} \quad a'_k \leqslant \frac{1}{\sqrt{k} \cdot 2^{k+1}}.$$

Damit (und mit Hilfe der geometrischen Reihe) können wir nun den Abbruchfehler r'_n selbst abschätzen:

$$r'_n = \sum_{k=n+1}^{\infty} a'_k \leqslant \sum_{k=n+1}^{\infty} \frac{1}{\sqrt{k} \cdot 2^{k+1}} \leqslant \frac{1}{\sqrt{n+1}} \sum_{k=n+1}^{\infty} \frac{1}{2^{k+1}} = \frac{1}{\sqrt{n+1} \cdot 2^{n+1}}.$$

Die Genauigkeit 10^{-m} kann also auf jeden Fall mit $n = \lceil m \log_2 10 \rceil$ Summanden sichergestellt werden: Die Komplexität der transformierten Reihe wächst demnach nur noch *linear* in m. Für $m = 10$ besteht die Garantie für $n \geqslant 34$ Summanden und aus der Einschließung

$$s'_{34} = 0.78539\,81633\,931 \cdots \leqslant s \leqslant s'_{34} + \frac{1}{\sqrt{35} \cdot 2^{35}} = 0.78539\,81633\,981 \cdots,$$

erhalten wir in der Tat die ersten 11 Dezimalstellen von s:

$$s = 0.78539\,81633\,9 \cdots.$$

Kennen Sie diese Zahl? Nein? Dann hilft Ihnen der nützliche „Inverse Symbolic Calculator" des *Zentrums für Experimentelle und Konstruktive Mathematik* (CECM) an der Simon Fraser University in Kanada weiter. Nach Eingabe der ersten 11 Ziffern von s in die Webmaske erhalten Sie die Antwort:

```
Your input of .78539816339 was probably generated by one
the following functions or found in one of the given tables.

7853981633974483 = Pi/4
```

Wichtig ist hierbei das Wort „probably": *Vermutlich* ist $s = \pi/4$, aber allein aus der Übereinstimmung der ersten 11 Ziffern können Sie es nicht mit letzter Sicherheit wissen. Jedoch hat der indische Astronom Mādhava bereits im 14. Jh. gezeigt,[21] dass die Reihe (4.3) exakt den Wert $\pi/4$ besitzt. Warum? Das werden Sie in Abschnitt 8.4 lernen.

4.5 Umordnung

Etliche Operationen auf Reihen sind völlig unproblematisch. So können wir zwei konvergente Reihen $\sum_k a_k$ und $\sum_k b_k$ aus Stetigkeitsgründen einfach addieren:

---

[21] Ein wirklich bemerkenswertes Ergebnis, wenn Sie bedenken, dass es in Europa erst etwa dreihundert Jahre später, nämlich 1671 durch Gregory und – unabhängig – 1682 durch Leibniz, wiederentdeckt wurde. Leibniz hat seinem Staunen über das Resultat mit dem Vergil'schen Hexameter (Ecl. 8.75) „numero deus impare gaudet" (lat.: „Gott erfreut sich der ungraden Zahlen") Ausdruck verliehen.

$$\sum_{k=1}^{\infty} (a_k + b_k) = \sum_{k=1}^{\infty} a_k + \sum_{k=1}^{\infty} b_k.$$

Bei einer Operation ist jedoch allerstrengste Vorsicht geboten: beim Umordnen von Reihengliedern. Das Kommutativgesetz ist für unendliche Reihen im allgemeinen ungültig.

Beispiel. Die alternierende harmonische Reihe

$$s = \sum_{k=0}^{\infty} \frac{(-1)^k}{k+1} = 1 - \frac{1}{2} + \frac{1}{3} - \frac{1}{4} + \cdots + \frac{1}{2k-1} - \frac{1}{2k} + \cdots \qquad (4.6)$$

konvergiert nach dem Leibniz'schen Kriterium und zwar gegen einen Wert, der wegen (4.5) die Einschließung $1/2 = s_1 \leqslant s \leqslant s_0 = 1$ erfüllt, also insbesondere positiv ist. Wenn wir die Reihenglieder nun so umordnen, dass nach einem positiven Reihenglied gleich zwei negative kommen, so erhalten wir die Reihe

$$t = 1 - \frac{1}{2} - \frac{1}{4} + \frac{1}{3} - \frac{1}{6} - \frac{1}{8} + \cdots + \frac{1}{2k-1} - \frac{1}{4k-2} - \frac{1}{4k} + \cdots$$

Wegen

$$\frac{1}{2k-1} - \frac{1}{4k-2} - \frac{1}{4k} = \frac{1}{2} \left(\frac{1}{2k-1} - \frac{1}{2k} \right)$$

gilt für die Partialsummen $t_{3n} = s_{2n}/2 \to s/2$. Wenn also die zweite Reihe konvergiert (sie tut es), so gilt $t = s/2 \neq s$; sie konvergiert *keinesfalls* gegen den gleichen Wert. Solches Verhalten ist typisch für jene Reihen, für welche die aus den Beträgen der Glieder geformte Reihe divergiert (in unserem Beispiel gerade die harmonische Reihe). Dies führt uns auf folgende

Definition. *Die Reihe $\sum_k a_k$ konvergiert absolut, falls $\sum_k |a_k|$ konvergiert.*

Nach dem Majorantenkriterium sind absolut konvergente Reihen stets konvergent. Die Umkehrung gilt nicht, wie das Beispiel (4.6) eben gezeigt hat. Es gilt nun der wichtige *Umordnungssatz* [Kno64, S. 140]:

Satz. *Eine Reihe $\sum_k a_k$ konvergiert genau dann absolut, wenn für jede Permutation $\sigma : \mathbb{N} \to \mathbb{N}$ der natürlichen Zahlen die umgeordnete Reihe gegen ein und denselben Wert konvergiert:*

$$\sum_{k=1}^{\infty} a_{\sigma(k)} = \sum_{k=1}^{\infty} a_k.$$

Darüberhinaus hat Riemann 1866 sogar gezeigt, dass man eine nicht absolut konvergente Reihe durch geeignete Umordnungen gegen *jede* reelle Zahl $s' \in \mathbb{R}$ konvergieren lassen kann. Eine solche Umordnung wird mit folgendem Algorithmus erzeugt [Kno64, S. 328]: Man summiert immer abwechselnd so viele positive Glieder auf, bis man s' überschreitet, und dann wieder so viele negative, bis man s' unterschreitet.[22]

Eine in der Praxis häufig gewünschte Umordnung tritt bei der Vertauschung der Summationsreihenfolge von Doppelreihen auf. Hier gilt der *Cauchy'sche Doppelreihensatz* [Kno64, S. 144]:

Satz. *Unter der Voraussetzung der absoluten Konvergenz der Doppelreihe, also*

$$\sum_{k=1}^{\infty} \sum_{j=1}^{\infty} |a_{k,j}| < \infty,$$

gilt die Vertauschbarkeit der Summationsreihenfolge

$$\sum_{k=1}^{\infty} \sum_{j=1}^{\infty} a_{k,j} = \sum_{j=1}^{\infty} \sum_{k=1}^{\infty} a_{k,j},$$

d.h. beide Doppelreihen konvergieren gegen den gleichen Wert.

Der Beweis ergibt sich durch eine unmittelbare Anwendung des Umordnungssatzes.

Multiplikation von Reihen

Können wir das Produkt zweier konvergenter Reihen $\sum_k a_k$ und $\sum_k b_k$ wieder als Reihe schreiben? Wir fragen also nach geeigneten Reihengliedern c_m in folgender Darstellung

$$\left(\sum_{k=0}^{\infty} a_k\right) \cdot \left(\sum_{j=0}^{\infty} b_j\right) = \sum_{m=0}^{\infty} c_m.$$

Frisch und munter rechnend erhalten wir

$$\left(\sum_{k=0}^{\infty} a_k\right) \cdot \left(\sum_{j=0}^{\infty} b_j\right) = \sum_{k=0}^{\infty} \sum_{j=0}^{\infty} a_k \cdot b_j \overset{!}{=} \sum_{m=0}^{\infty} \sum_{k,j:k+j=m} a_k \cdot b_j = \sum_{m=0}^{\infty} c_m$$

mit dem *Cauchy-Produkt*

$$c_m = \sum_{k=0}^{m} a_k b_{m-k} \qquad (m \in \mathbb{N}_0). \tag{4.7}$$

---

[22] Stan Wagon hat diesen Algorithmus einmal für die alternierende harmonische Reihe (4.6) und den Wert $s' = \pi$ am Computer durchgespielt [Wago0, S. 453] und dabei folgende Abfolge der Anzahl positiver und negativer Terme erhalten: 76, 1, 129, 1, 132, 1, 134, 1, 133, 1, 134, 1, 134, 1, 133, 1,... Er erklärt zudem, wie man das häufige Auftreten von 133, 1 und 134, 1 mathematisch verstehen kann.

Kritisch ist nur die Gleichheit mit dem Ausrufezeichen: Hier haben wir die Glieder der Doppelreihe entlang von „Diagonalen" umgeordnet und das „dürfen" wir sicher nur unter Zusatzvoraussetzungen. Die absolute Konvergenz beider Ausgangsreihen sollte reichen, tatsächlich hat Mertens 1875 gezeigt, dass es auch mit etwas weniger funktioniert [Kno64, S. 330]:

Satz. *Wenn von den beiden konvergenten Reihen* $A = \sum_k a_k$ *und* $B = \sum_k b_k$ *wenigstens eine absolut konvergiert, so konvergiert die Reihe* $\sum_k c_k$ *der Cauchy-Produkte (4.7) gegen* $A \cdot B$.

Beispiel. Die Reihe

$$E(z) = \sum_{k=0}^{\infty} \frac{z^k}{k!} \tag{4.8}$$

ist für jedes $z \in \mathbb{C}$ nach dem Quotientenkriterium absolut konvergent, denn

$$\frac{\left| \frac{z^{k+1}}{(k+1)!} \right|}{\left| \frac{z^k}{k!} \right|} = \frac{|z|}{k+1} \;\to\; 0 \qquad (k \to \infty).$$

Also dürfen wir das Cauchy-Produkt bilden und es gilt für alle $z, w \in \mathbb{C}$

$$E(z) \cdot E(w) = \sum_{k=0}^{\infty} \sum_{j=0}^{k} \frac{z^j \cdot w^{k-j}}{j! \cdot (k-j)!} = \sum_{k=0}^{\infty} \frac{1}{k!} \underbrace{\sum_{j=0}^{k} \binom{k}{j} z^j w^{k-j}}_{=(z+w)^k} = E(z+w),$$

$$\tag{4.9}$$

wobei wir im dritten Schritt den binomischen Lehrsatz verwendet haben. Das ist aber gerade das Additionstheorem (auch Funktionalgleichung genannt) der Exponentialfunktion und tatsächlich werden wir in Abschnitt 10.1 lernen, dass $E(z) = e^z$.

5 Konsequenzen der Stetigkeit

5.1 Zwischenwertsatz

Stetige Funktionen machen über einem Intervall „keine Sprünge", sie nehmen jeden „Zwischenwert" auch tatsächlich an. Dieser nützliche *Zwischenwertsatz* liefert ein recht einfaches Kriterium, um die Lösbarkeit von skalaren Gleichungen der Form $f(x_*) = y_*$ zu entscheiden:

Satz. *Eine stetige Funktion* $f : [a, b] \to \mathbb{R}$ *nimmt jeden Wert* y_* *zwischen* $f(a)$ *und* $f(b)$ *an wenigstens einer Stelle* $x_* \in [a, b]$ *an:* $f(x_*) = y_*$.

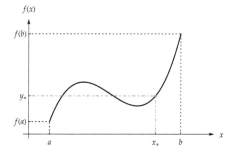

Abb. 8. Veranschaulichung des Zwischenwertsatzes und seines Beweises.

Beweis. Wir betrachten ohne Einschränkung den Fall $f(a) \leqslant y_* \leqslant f(b)$; der Fall $f(a) \geqslant y_* \geqslant f(b)$ erledigt sich durch „Umdrehen" aller Vergleichszeichen. Wir können die *maximale* Lösung (es kann ja mehrere geben, siehe Abb. 8) sofort hinschreiben:[23]

$$x_* = \sup\{x \in [a,b] : f(x) \leqslant y_*\}. \tag{5.1}$$

Dieses Supremum existiert, da die Menge beschränkt ist und nach unserer Voraussetzung wenigstens a enthält. Aus Stetigkeitsgründen gilt $f(x_*) \leqslant y_*$. Im Fall $x_* = b$, also $f(x_*) = f(b) \geqslant y_*$ sind wir daher bereits fertig. Für $x_* < b$ betrachten wir die Folge $x_n = x_* + n^{-1}$, für welche nach der Definition des Supremums $f(x_n) > y_*$ (für fast alle n) gelten muss. Der Übergang zum Grenzwert liefert wegen der Stetigkeit von f auch hier $f(x_*) \geqslant y_*$.   □

Beispiel. Als Beispiel der Vollständigkeit von $\mathbb{R}$ hatten wir in Abschnitt 1.2 die irrationale Zahl $\sqrt{2}$ in der Form (1.2) angegeben, nämlich:

$$\sqrt{2} = \sup\{x : x^2 \leqslant 2\}.$$

Nun, das ist gerade die Lösungsformel (5.1), wenn wir den Zwischenwertsatz auf die Funktion $f(x) = x^2$ über (beispielsweise) dem Intervall $[1,2]$ und für den Zwischenwert $y_* = 2$ anwenden.

Beispiel. Besitzt die Gleichung

$$\cos x_* = x_*$$

eine Lösung im Intervall $[0, \pi/2]$? Ja, denn für $f(x) = \cos x - x$ gilt $f(0) = 1 > 0$ und $f(\pi/2) = -\pi/2 < 0$; also muss es nach dem Zwischenwertsatz ein $x_* \in [0, \pi/2]$ mit $f(x_*) = 0$ geben. Maple liefert: $x_* = 0.73908\,51332\cdots$; dies ist die einzige Lösung der Gleichung (warum?).

---

[23] „Hinschreiben" bedeutet jedoch noch lange *nicht*, dass wir x_* so auch berechnen könnten. In der Numerischen Mathematik lernen Sie eine *konstruktive* Variante des Beweises, das *Bisektionsverfahren*.

Bemerkung. Wir können den Zwischenwertsatz äquivalent auch so formulieren: *Stetige Funktionen bilden Intervalle auf Intervalle ab.* Der Charakter
eines Intervalls (offen, abgeschlossen, halboffen) bleibt dabei jedoch nicht
unbedingt erhalten.

5.2 Existenz von Maximum und Minimum

Viele Optimierungsaufgaben lassen sich so formulieren, dass wir für eine
Funktion $f : D \subseteq \mathbb{R}^d \to \mathbb{R}$ ein $x_* \in D$ suchen, für das f einen maximalen
oder minimalen Wert annimmt. Ohne Zusatzvoraussetzungen an f und D
wird das im allgemeinen nicht gehen, wie schon das Beispiel der stetigen
Funktion $f(x) = 1/x$ über $D = (0, \infty)$ zeigt: Hier nimmt f weder ein
Minimum noch ein Maximum an. Für *stetige* Funktionen gibt es aber eine
große Klasse von Definitionsbereichen, für die wir die Existenz solcher
Extremstellen (gebildet: *Extrema*) garantieren können.

Definition. Eine Menge $A \subseteq \mathbb{R}^d$ heißt *abgeschlossen*, falls der Grenzwert
jeder konvergenten Folge aus A wieder in A liegt; wenn also $a_n \in A$ für fast
alle n und $a_n \to a$ gilt, so ist auch $a \in A$. Eine Menge $K \subset \mathbb{R}^d$ heißt *kompakt*,
falls K abgeschlossen und beschränkt ist.

Beispiel. Mit dem Kompaktheitsbegriff sind wir sicherlich auf der richtigen
Spur: Eine kompakte Menge $\emptyset \neq K \subset \mathbb{R}$ reeller Zahlen besitzt nämlich
Maximum und Minimum: Es gilt $\inf K, \sup K \in K$. Ich möchte dies für das
(wegen der Beschränktheit von K existierende) Supremum kurz begründen
und wähle zu $n \in \mathbb{N}$ ein $x_n \in K$ mit $\sup K - n^{-1} < x_n \leqslant \sup K$. Dann ist
$x_n \to \sup K$ und wegen der Abgeschlossenheit von K gilt $\sup K \in K$.

Das Korollar 3.5 zum Satz von Bolzano–Weierstraß können wir nun
elegant umformulieren:

Korollar. *Eine Menge $K \subset \mathbb{R}^d$ ist genau dann kompakt, falls jede Folge aus K
einen Häufungswert in K besitzt.*

Es gilt nun sofort das sehr nützliche

Lemma. *Stetige Bilder kompakter Mengen sind kompakt.*

Beweis. Es sei also $f : K \subset \mathbb{R}^d \to \mathbb{R}^q$ stetig und K kompakt. Wir wollen die
Kompaktheit von $f(K)$ mit Hilfe des eben formulierten Korollars beweisen
und zeigen, dass jede Folge $f(x_n)$ aus $f(K)$ einen Häufungspunkt in $f(K)$
besitzt. Nun ist (x_n) Folge in der kompakten Menge K, so dass es nach dem
Korollar eine Teilfolge $x_{n_k} \to x_0 \in K$ gibt. Aus der Stetigkeit von f folgt
$f(x_{n_k}) \to f(x_0) \in f(K)$, also ist $f(x_0)$ der gesuchte Häufungspunkt.   □

Wir sind am Ziel und können den zentralen *Satz vom Maximum und
Minimum* formulieren und beweisen:

Satz. *Jede stetige reellwertige Funktion* $f : K \subset \mathbb{R}^d \to \mathbb{R}$ *auf einer nichtleeren kompakten Menge K nimmt ihr Maximum und Minimum an. Es gibt also* $\underline{x}, \overline{x} \in K$, *so dass*

$$f(\underline{x}) \leqslant f(x) \leqslant f(\overline{x}) \qquad \textit{für alle } x \in K.$$

(Es kann mehr als ein solches $\underline{x}$ bzw. $\overline{x}$ geben.) In Zeichen:

$$\underline{x} = \arg\min_{x \in K} f(x), \qquad f(\underline{x}) = \min_{x \in K} f(x);$$

$$\overline{x} = \arg\max_{x \in K} f(x), \qquad f(\overline{x}) = \max_{x \in K} f(x).$$

Beweis. Nach dem Lemma ist $f(K) \subset \mathbb{R}$ kompakt und nach dem obigen Beispiel existieren daher $\min f(K)$ und $\max f(K)$. $\qquad\qquad$ □

Beispiel. Wir betrachten das *kompakte* $(n-1)$-dimensionale Standardsimplex

$$K = \{(x_1, \ldots x_n) : x_k \geqslant 0,\ x_1 + \cdots + x_n = 1\} \subset \mathbb{R}^n$$

und darauf die stetige Abbildung $f(x_1, \ldots, x_n) = (1 + x_1) \cdots (1 + x_n)$. Nach dem Satz vom Maximum muss es die Konstante $\overline{m} = \max_{x \in K} f(x)$ geben, so dass also die Ungleichung

$$(1 + x_1) \cdots (1 + x_n) \leqslant \overline{m} \qquad (x \in K)$$

besteht, wobei für wenigstens ein $\overline{x} = \arg\max_{x \in K} f(x)$ Gleichheit vorliegen *muss*. Mit Hilfe der allgemeinen AM-GM-Ungleichung finden wir auch tatsächlich, dass

$$\overline{m} = \left(1 + \frac{1}{n}\right)^n < e$$

und dass Gleichheit genau für $\overline{x} = (1/n, \ldots, 1/n)$ gilt.

Merke:

Ungleichungen und Optimierungsaufgaben sind zwei Seiten der gleichen Medaille: Einerseits können wir Ungleichungen zum Lösen von Optimierungsaufgaben heranziehen (dafür gibt es ein Beispiel in Aufgabe 10 auf S. 55), andererseits erlauben Optimierungstechniken (wie wir sie später im Kapitel III kennenlernen werden) das Herleiten von Ungleichungen.

5.3 Anwendung: Fundamentalsatz der Algebra

Der Fundamentalsatz der Algebra lautet:

Jedes nichtkonstante Polynom $p \in \mathbb{C}[z]$ besitzt eine Nullstelle $z_* \in \mathbb{C}$.

Dieser Satz ist keineswegs selbstverständlich, bedeutet er doch, dass bereits durch das Hinzufügen der Nullstelle i des einen speziellen *quadratischen* Polynoms $x^2 + 1$ zu den reellen Zahlen, also durch die Bildung der Körpererweiterung $\mathbb{C} = \mathbb{R} + i\mathbb{R}$, die Nullstellen *sämtlicher* Polynome beisammen sind. Der erste vollständige Beweis des Fundamentalsatzes wurde 1799 von Gauß, dem „Princeps Mathematicorum" (lat.: „Fürst der Mathematiker"), in seiner Helmstedter Dissertation geführt.

Trotz des Namens „Fundamentalsatz *der Algebra*" enthalten alle bekannten Beweise einen *analytischen* Kern, da die Struktur von $\mathbb{R}$ eine wesentliche Rolle spielt. Da wir nun all das Handwerkszeug beieinander haben, um den schönen, klassischen Beweis des Buchhändlers und Amateurmathematikers Argand (1806) verstehen zu können, kann ich natürlich nicht widerstehen, Ihnen diesen auch vorzuführen.

Zur Vorbereitung des Beweises möchte ich eine sehr nützliche abkürzende Schreibweise einführen, die Ihnen eventuell bereits über den Weg gelaufen ist, nämlich die Landau'schen O-Symbole.

Definition. Wir schreiben für zwei komplexwertige Funktionen f und g und eine „Stelle" a (a kann im folgenden auch das Symbol $\pm\infty$ bezeichnen):

(i) „Groß-Oh": $f(x) = O(g(x))$ für $x \to a$, falls es eine Konstante $c > 0$ gibt, so dass für jede Folge $x_n \to a$ gilt

$$|f(x_n)| \leqslant c|g(x_n)| \qquad \text{für fast alle } n.$$

In Worten:
   „f ist – bis auf eine Konstante – asymptotisch durch g beschränkt."

(ii) „Klein-Oh": $f(x) = o(g(x))$ für $x \to a$, falls (als Funktionsgrenzwert)

$$\lim_{x \to a} \frac{f(x)}{g(x)} = 0.$$

In Worten: „f ist gegenüber g asymptotisch vernachlässigbar."

Das „Groß-Oh" bezeichnet also eine Abschätzung für „x nahe a" mit einer Konstanten $c > 0$, die wir nicht näher spezifizieren und aufschreiben wollen. Das „Klein-Oh" findet immer dann Verwendung, wenn wir die Konstante im „Groß-Oh" beliebig *klein* machen können. Es hilft aber nichts, Sie müssen sich als Anfänger an diese Notation *gewöhnen*.

Achtung. Manche Autoren, insbesondere Informatiker, schreiben $f(x) \in O(g(x))$ bzw. $f(x) \in o(g(x))$, um eine Klassenzugehörigkeit und die Asymmetrie der Beziehung zwischen f und g zu betonen. Wenn $f(x)$ jedoch Bestandteil eines längeren Ausdrucks ist, rückt das „$\in$"-Zeichen an ungewohnte Stellen, muss evtl. durch das „$\subseteq$"-Zeichen ersetzt werden und führt leicht zur Verwirrung. Ich bevorzuge daher das traditionelle „$=$"-Zeichen und befinde mich damit in vorzüglicher Gesellschaft [GKP94, S. 446 f].

Jetzt kommt nun aber endlich der lange angekündigte

Beweis. Argands Idee besteht darin zu zeigen, dass (1) $p_0 = \min_{z \in \mathbb{C}} |p(z)|$ existiert und (2) $p_0 = 0$ ist, so dass p also eine Nullstelle besitzt.

Schritt (1): Wir beobachten, dass nichtkonstante Polynome $|p(z)| \to \infty$ für $|z| \to \infty$ erfüllen, so dass es ein $R > 0$ gibt mit $|p(z)| > |p(0)|$ für alle $|z| > R$. Wenn also die stetige Funktion $|p(z)|$ überhaupt irgendwo ein Minimum annimmt, dann bereits in der *kompakten* Menge $\{z \in \mathbb{C} : |z| \leqslant R\}$. Für diese Menge garantiert jedoch der Satz vom Minimum die Existenz eines Minimums, so dass es ein $|z_*| \leqslant R$ gibt mit

$$|p(z_*)| = \min_{|z| \leqslant R} |p(z)| = \min_{z \in \mathbb{C}} |p(z)|.$$

Nach Verschiebung der z-Ebene dürfen wir $z_* = 0$ annehmen, sowie nach Multiplikation von p mit einer geeigneten komplexen Zahl, dass

$$p(0) = \min_{z \in \mathbb{C}} |p(z)| = p_0.$$

Schritt (2): Wir wollen $p_0 = 0$ durch einen Widerspruchsbeweis zeigen und nehmen daher an, dass $p_0 > 0$; Ziel ist es jetzt, eine Stelle z zu finden, für die $|p(z)| < p_0$ ist – im Widerspruch zur Konstruktion von p_0 als minimalem Wert von $|p(z)|$ in Schritt (1). Zu diesem Zweck schreiben wir das Polynom p in der Form

$$p(z) = p_0 - \sum_{k=m}^{n} p_k z^k \qquad \text{mit} \quad p_m \neq 0, \; m \geqslant 1.$$

Weiter wählen wir $\omega \in \mathbb{C}$ so, dass $p_m \omega^m = 1$ (wie geht das?). Für reelles $\eta \to 0$ gilt nun:

$$\mathrm{Re}\, p(\eta \omega) = p_0 - \eta^m + O(\eta^{m+1}), \qquad \mathrm{Im}\, p(\eta \omega) = O(\eta^{m+1}).$$

Ein Tipp:

> Denken Sie sich die „Groß-Oh"-Terme als „praktisch" Null; sie sind im Vergleich zum Rest so klein, dass sie für das Argument eigentlich keine Rolle spielen und deshalb auch so wenig Aufmerksamkeit wie nur irgend möglich verdienen.

Wegen $p_0 > 0$ folgt also für $\eta \to 0$

$$|p(\eta \omega)|^2 = (\mathrm{Re}\, p(\eta \omega))^2 + (\mathrm{Im}\, p(\eta \omega))^2 = p_0^2 - 2 p_0 \eta^m + O(\eta^{m+1}).$$

Für hinreichend kleines $\eta > 0$ wird die rechte Seite aber wegen $p_0 > 0$ echt kleiner als p_0^2 ausfallen, so dass dann wie gewünscht $|p(\eta \omega)| < p_0$. □

Ich verspreche Ihnen, dass dies definitiv der komplizierteste Beweis der Vorlesung war. Aber der Reiz war einfach zu groß, Ihnen wenigstens einmal ein richtig schönes, „tiefes" Stück Mathematik zu zeigen.

Aufgaben

1. Es sei (x_n) eine konvergente vektorwertige Folge in $\mathbb{R}^d$. Zeigen Sie, dass es nur einen einzigen Grenzwert $x \in \mathbb{R}^d$ geben kann.

2. Aus welchem Satz der Vorlesung folgt unmittelbar die Konvergenz

$$\lim_{n \to \infty} \frac{1}{n} = 0 \ ?$$

3. Die Funktion $f : \mathbb{R} \to \mathbb{R}$ sei durch

$$f(x) = \begin{cases} 1, & x \in \mathbb{Q}, \\ 0, & \text{sonst}, \end{cases}$$

definiert. Zeigen Sie, dass f nirgendwo stetig ist.

4. Benutzen Sie Maple, um den Grenzwert

$$\lim_{n \to \infty} n^{1/n}$$

zu berechnen.

5. Untersuchen Sie die Konvergenz folgender rekursiv definierter Folgen und ermitteln Sie ggf. ihren Grenzwert:

a) $x_1 = 1, \quad x_{n+1} = \sqrt{1 + x_n}$;

b) $x_1 = 1, \quad x_{n+1} = 1 + x_n^{-1}$;

c) $x_1 = 1, \quad x_{n+1} = 4^{-x_n}$.

Gehen Sie wie folgt vor: Visualisieren Sie den Anfangsverlauf der Folgen. Formulieren Sie Vermutungen über Konvergenz, Monotonie, lim inf, lim sup, etc. Sie dürfen Ihre Erkenntnisse *ohne* Beweis verwenden.

6. Es seien $a, b > 0$. Zeigen Sie, dass die durch $a_0 = a$, $b_0 = b$ und

$$a_{n+1} = \frac{a_n + b_n}{2}, \qquad b_{n+1} = \sqrt{a_n \cdot b_n} \ ,$$

definierten Folgen (a_n) und (b_n) beide gegen einen *gemeinsamen* Grenzwert $M(a, b)$ konvergieren. (Dieser heißt das Gauß'sche arithmetisch-geometrische Mittel der Zahlen a und b.)

Hinweis. Studieren Sie anhand eines konkreten Beispiels den Verlauf der beiden Folgen. Formulieren Sie eine allgemeine Vermutung, beweisen Sie diese und bauen Sie Ihre weitere Argumentation darauf auf.

7. Es seien

$$a_n = (-1)^n, \qquad s_n = \frac{a_1 + \cdots + a_n}{n}.$$

Berechnen Sie $\liminf a_n$, $\limsup a_n$, $\liminf s_n$, $\limsup s_n$ und ggf. $\lim a_n$ bzw. $\lim s_n$.

8. Es seien (a_n) und (b_n) zwei beschränkte Folgen reeller Zahlen. Zeigen Sie, dass

$$\limsup_{n \to \infty}(a_n + b_n) \leqslant \limsup_{n \to \infty} a_n + \limsup_{n \to \infty} b_n.$$

Wie sieht die entsprechende Beziehung für den lim inf aus?

9. Finden Sie möglichst gute Schranken $a, b \in \mathbb{R}$, so dass für alle $n \in \mathbb{N}$ und alle Zahlen $p_1, \ldots, p_n \geqslant 0$ mit der Eigenschaft $p_1 + \cdots + p_n = 1$ gilt:

$$a \leqslant (1 + p_1) \cdot (1 + p_2) \cdots (1 + p_n) \leqslant b.$$

Wann gilt in Ihren Ungleichungen Gleichheit?

10. Welcher dreidimensionale Quader mit dem gegebenen Volumen $V > 0$ hat die kleinste Oberfläche A?

11. Untersuchen Sie die Konvergenz folgender Reihen und geben Sie ggf. *einfache* Abschätzungen ihres Werts an:

$$\sum_{k=1}^{\infty} \frac{k!}{k^k}, \quad \sum_{k=1}^{\infty} \frac{1}{\sqrt{k}}, \quad \sum_{k=1}^{\infty} \frac{1}{k^{\frac{3}{2}}}, \quad \sum_{k=1}^{\infty} \frac{(-1)^{k-1}}{\sqrt{k}}, \quad \sum_{k=0}^{\infty} \frac{2^{-k}}{1 + 2^{-k}}, \quad \sum_{k=0}^{\infty} \binom{-\frac{1}{2}}{k}.$$

Überprüfen Sie Ihre Ergebnisse mit Maple.

12. Berechnen Sie die ersten 10 Dezimalziffern des Wertes der alternierenden harmonischen Reihe

$$s = 1 - \frac{1}{2} + \frac{1}{3} - \frac{1}{4} + \cdots$$

und stellen Sie mit Hilfe des Inverse Symbolic Calculators eine Vermutung über den exakten Wert von s auf.

Hinweis: Benutzen Sie die Euler'sche Reihentransformation. Führen Sie diese mit Maple durch.

13. Benutzen Sie den Algorithmus von Riemann, um die alternierende harmonische Reihe

$$s = 1 - \frac{1}{2} + \frac{1}{3} - \frac{1}{4} + \cdots$$

so umzuordnen, dass der neue Wert $s' = 0$ entsteht. Gehen Sie dazu wie folgt vor: Ermitteln Sie die Abfolge positiver und negativer Terme, bis Sie ein Muster entdecken. Formulieren Sie das Muster in der Form

$$0 = \sum_{k=1}^{\infty} a'_k.$$

Überprüfen Sie dann mit Maple, ob diese Gleichung tatsächlich gültig ist.

14. Zeigen Sie, dass zwar

$$s = \sum_{k=0}^{\infty} \frac{(-1)^k}{\sqrt{k+1}}$$

konvergiert, die Reihe $\sum_{m=0}^{\infty} c_m$ der Cauchy-Produkte c_m für s^2 aber divergiert. Warum widerspricht dies nicht dem Satz über die Multiplikation von Reihen in Abschnitt 4.5?

15. Zeigen Sie, dass

$$\sum_{k=1}^{\infty} |a_k|^2 < \infty \quad \text{und} \quad \sum_{k=1}^{\infty} |b_k|^2 < \infty \quad \Rightarrow \quad \sum_{k=1}^{\infty} |a_k \cdot b_k| < \infty.$$

Folgern Sie für $a_k \geqslant 0$ aus der Konvergenz von $\sum_k a_k$ diejenige der Reihe

$$\sum_{k=1}^{\infty} \frac{\sqrt{a_k}}{k}.$$

16. Es sei (a_k) eine Folge positiver Zahlen, $a_k > 0$, so dass $\sum_k a_k$ divergiert. Untersuchen Sie die Konvergenz der Reihe

$$\sum_{k=0}^{\infty} \frac{a_k}{1 + a_k}.$$

Geben Sie ein einfaches Beispiel an.

17. Gibt es eine stetige Bijektion $f : [0,1] \to (0,1)$? Begründen Sie Ihre Antwort.

18. Schreiben Sie die Funktionen f aus folgender Tabelle

$f(x)$ bzw. $f(n)$	für
$23x^4 + 15x^5 - 7x^6 + 113x^9$	$x \to 0$
$23x^4 + 15x^5 - 7x^6 + 113x^9$	$x \to \infty$
$e - \left(1 + \frac{1}{n}\right)^n$	$n \to \infty$
H_n	$n \to \infty$
$\binom{2n}{n}$	$n \to \infty$

möglichst einfach und präzise in der Form

$$f(x) = O(g(x)) \qquad \text{bzw.} \qquad f(x) = o(g(x)).$$

Hinweis. Nicht rechnen, sondern nachdenken.

19. Ein alternierendes Analogon zur Zetafunktion.

a) Untersuchen Sie, für welche $s \in \mathbb{R}$ die folgende Reihe konvergiert:

$$\beta(s) = \sum_{k=0}^{\infty} \frac{(-1)^k}{(2k+1)^s}.$$

b) Kennen Sie evtl. für ein spezielles $s \in \mathbb{R}$ bereits den Wert von $\beta(s)$?

c) Geben Sie im konvergenten Fall eine einfache Einschließung von $\beta(s)$ an.

d) Können Sie den Weg zu dieser Einschließung so modifizieren, dass Sie die Stetigkeit von $\beta(s)$ kurz begünden können? (Für welche s?)

e) Bestimmen Sie den Grenzwert $c = \lim\limits_{s \to \infty} \beta(s)$.

f) Der letzte Punkt lässt sich in der Form $\beta(s) = c + o(1)$ für $s \to \infty$ schreiben. (Warum eigentlich?) Präzisieren Sie den $o(1)$-Term, indem Sie das Fragezeichen in der folgenden asymptotischen Formel ausfüllen:

$$\beta(s) = c + O(?) \qquad (s \to \infty).$$

III

Differentiation

In diesem Kapitel beginnen wir mit der von Newton und Leibniz im 17. Jh. entwickelten *Infinitesimalrechnung*, auch *Differential- und Integralrechnung* genannt, dem Herzstück der Analysis.[24] Die Infinitesimalrechnung liefert letztlich einen einfachen *Kalkül* zur Berechnung von Grenzwerten und Approximationen, zur Diskussion von Funktionen, Kurven und Flächen, und zur Lösung von Differential- und Funktionalgleichungen. Dieser Aspekt des formelbasierten Rechnens ist im englischen Namen für die Infinitesimalrechnung verewigt: *Calculus*.

6 Die Ableitung einer Funktion

6.1 Begriff der Ableitung

Die Differentialrechnung fußt auf der einfachen Idee, Funktionen *lokal*, also in der Nähe eines Punkts, durch die *Tangente* in diesem Punkt zu *approximieren*, siehe Abb. 9. Die Tangente ist durch ein *lineares* Polynom (d.h. eine Gerade) beschrieben, wir sprechen daher auch von der *Linearisierung* der Funktion in dem Punkt. Lineare Funktionen sind so einfach zu manipulieren und zu verstehen, dass der Prozess der Linearisierung sich als durchschlagend nützlich erwiesen hat.

---

[24] Newton entwickelte „seine" Infinitesimalrechnung zum Aufbau der Mechanik um 1666, veröffentlichte sie aber erst 1687. Leibniz baute seinerseits – motiviert durch das Tangentenproblem und seine Umkehrung – die Infinitesimalrechnung zwischen 1672 und 1676 auf, korrespondierte 1676 mit Newton darüber und veröffentlichte „seine" Theorie bereits 1684. Newton beschuldigte Leibniz später des Plagiats; dieser erbittert ausgefochtene Streit ist ein äußerst spannendes Kapitel der Wissenschaftsgeschichte. Heute geht man allgemein von der Unabhängigkeit der beiden aus und spricht ihnen gemeinsam den „Erfinderstatus" zu. Die gebräuchliche *Notation* geht aber auf Leibniz zurück.

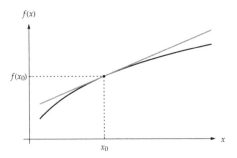

Abb. 9. Die Funktion f (schwarz) und ihre Tangente (grau).

Definition. Eine Funktion $f : I \to \mathbb{R}$ auf einem Intervall $I \subseteq \mathbb{R}$ heißt *differenzierbar* in $x_0 \in I$, wenn für eine gewisse Zahl $f'(x_0) \in \mathbb{R}$ die Linearisierung

$$f(x) = f(x_0) + f'(x_0) \cdot (x - x_0) + o(x - x_0) \qquad (x \to x_0) \qquad (6.1)$$

gültig ist. Die Zahl $f'(x_0)$ ist dann die *Steigung der Tangenten* von f in x_0 und heißt *Ableitung* von f in x_0.

Die definierende Beziehung (6.1) besagt in Worten, dass die Gerade $f(x_0) + f'(x_0) \cdot (x - x_0)$ unsere Funktion $f(x)$ für $x \to x_0$ *besser als jede andere* Gerade approximiert; es gibt demnach auch allenfalls eine *einzige* solche Steigung $f'(x_0)$. Wir bemerken zudem die wichtige Implikation

$$f \text{ differenzierbar in } x_0 \;\Rightarrow\; f \text{ stetig in } x_0.$$

Denn aus (6.1) folgt für $x \to x_0$, dass $f(x) = f(x_0) + o(1) \to f(x_0)$.

Bezeichnungen

Wenn wir das „Klein-Oh" in (6.1) ausschreiben, so bedeutet die Differenzierbarkeit von f in x_0 gerade die Existenz des Grenzwerts

$$f'(x_0) = \lim_{x \to x_0} \frac{f(x) - f(x_0)}{x - x_0} = \lim_{h \to 0} \frac{f(x_0 + h) - f(x_0)}{h}. \qquad (6.2)$$

Die Ableitung $f'(x_0)$ ist also der Grenzwert von *Differenzenquotienten*. Das erklärt zum einen die Namensgebung „Differenzierbarkeit", zum anderen die häufig verwendeten Schreibweisen

$$\frac{df}{dx}(x_0) = f'(x_0), \quad \text{oder} \qquad Df(x_0) = f'(x_0);$$

die dazugehörigen Synonyme für „Ableitung" lauten: *Differentialquotient* bzw. *Differentiation*. Wenn die Funktion f überall im Intervall I differenzierbar ist, so verstehen wir den Prozess des Differenzierens – oder Ableitens – der Funktion, also den *Differentialoperator*

Tabelle 4. Ableitungen der „Basisfunktionen" dieser Vorlesung.

$f(x)$	$a\,x + b$	e^x	$\sin x$
$f'(x)$	a	e^x	$\cos x$

$$D : f \mapsto f',$$

als eine Zuordnung von Funktionen.

Beispiel. Wir betrachten $f(x) = e^x$ auf dem Intervall $I = \mathbb{R}$. Für $h \to 0$ gilt nach dem Additionstheorem $e^{x+h} = e^x \cdot e^h$ und dem Beispiel in Abschnitt 3.6

$$\frac{e^{x+h} - e^x}{h} = e^x \cdot \frac{e^h - 1}{h} \to e^x,$$

so dass die Exponentialfunktion in jedem Punkt differenzierbar ist und „sich selbst" als Ableitung besitzt:

$$De^x = e^x.$$

Statt nun Funktion für Funktion die Berechnung der Ableitung auf die Definition (6.1) zurückzuführen, haben Leibniz und Newton einen mächtigen Kalkül von *Ableitungsregeln* geschaffen, der es stattdessen erlaubt, jede Ableitung aus denjenigen ganz weniger „Basisfunktionen" zu berechnen. Für unsere Vorlesung reicht Tabelle 4, d.h. nur für $ax + b$ (folgt unmittelbar aus der Definition), e^x (soeben erledigt) und $\sin x$ (siehe Abschnitt 6.5) müssen wir die Ableitung „zu Fuß" ausrechnen. Dieser Kalkül wird besonders durchsichtig, wenn wir den Ableitungsbegriff auf Funktionen $f : \mathbb{R}^n \to \mathbb{R}$ verallgemeinern.

Partielle Ableitungen

Definition. Eine Funktion[25] $f : B_r(x) \subset \mathbb{R}^n \to \mathbb{R}$ heißt im Punkt $x = (x_1, \ldots, x_n)$ nach der k-ten Komponente *partiell* differenzierbar, falls die Ableitung $f_k'(x_k)$ der Funktion

$$f_k(\xi) = f(x_1, \ldots, x_{k-1}, \xi, x_{k+1}, \ldots, x_n)$$

existiert, in der also alle anderen Komponenten als feste *Parameter* – und nicht als Variable – betrachtet werden. Wir schreiben für diese Ableitung kurz

$$\frac{\partial f}{\partial x_k}(x) \quad \text{oder} \quad \partial_k f(x).$$

---

[25] Wir bezeichnen mit $B_r(x) = \{y \in \mathbb{R}^n : \|y - x\| \leqslant r\}$ die abgeschlossene „Kugel" um x mit dem Radius $r > 0$.

In Verallgemeinerung von (6.1) gilt das

Lemma. *Ist $f : B_r(x) \subset \mathbb{R}^n \to \mathbb{R}$ in $B_r(x)$ nach jeder Komponente partiell differenzierbar und sind alle partiellen Ableitungen von f im Punkt x stetig, so gilt für $h \to 0$ in $\mathbb{R}^n$:*

$$f(x+h) = f(x) + Df(x) \cdot h + o(\|h\|). \tag{6.3}$$

Dabei bezeichnet

$$Df(x) = (\partial_1 f(x), \dots, \partial_n f(x)) \tag{6.4}$$

die aus den partiellen Ableitungen gebildete „1-zeilige Matrix" und $Df(x) \cdot h$ ist das gewöhnliche Matrix-Vektor-Produkt. Wenn andererseits (6.3) für irgendeine 1-zeilige Matrix $Df(x)$ gilt, so heißt f im Punkt x differenzierbar und $Df(x)$ wird als Ableitung von f in x bezeichnet.

Beweis. Der Beweis ist denkbar einfach und soll der Übung mit der Linearisierungsformel (6.1) dienen. Wir beachten $o(h_k) = o(\|h\|)$ und gehen von Komponente zu Komponente

$$f(x+h) = f(x_1 + h_1, \dots x_n + h_n) =$$
$$f(x_1, x_2 + h_2, \dots, x_n + h_n) + \partial_1 f(x_1, x_2 + h_2, \dots, x_n + h_n) \cdot h_1 + o(h_1)$$
$$= f(x_1, x_2 + h_2, \dots, x_n + h_n) + \partial_1 f(x) \cdot h_1 + o(\|h\|)$$
$$= f(x_1, x_2, x_3 + h_3, \dots, x_n + h_n) + \partial_2 f(x_1, x_2, x_3 + h_3 \dots, x_n + h_n) \cdot h_2$$
$$+ \partial_1 f(x) \cdot h_1 + o(\|h\|)$$
$$= f(x_1, x_2, x_3 + h_3, \dots, x_n + h_n) + \partial_2 f(x) \cdot h_2 + \partial_1 f(x) \cdot h_1 + o(\|h\|)$$
$$= \cdots = f(x_1, \dots, x_n) + \partial_n f(x) \cdot h_n + \cdots + \partial_1 f(x) \cdot h_1 + o(\|h\|)$$
$$= f(x) + Df(x) \cdot h + o(\|h\|).$$

Dabei haben wir die Stetigkeit der partiellen Ableitungen von f im Punkt x genutzt, um die Abschätzung

$$\partial_k f(x_1, \dots, x_k, x_{k+1} + h_{k+1}, \dots, x_n + h_n) \cdot h_k = (\partial_k f(x) + o(1)) \cdot h_k$$

$$= \partial_k f(x) \cdot h_k + o(\|h\|)$$

zu erhalten, die wir in jedem Schritt zur Vereinfachung der Argumente verwendet haben.   □

Bemerkung. Man kann sich das Lemma kurz in der Form

$$f \text{ stetig partiell differenzierbar} \quad \Rightarrow \quad f \text{ differenzierbar}$$

merken. Die Komponenten der Ableitung Df sind dann gerade die partiellen Ableitungen von f, siehe (6.4).

6.2 Kalkül der Ableitungsregeln

In diesem Abschnitt stellen wir die Rechenregeln der Differentiation auf, aus denen man schließlich rein maschinell (so tun es Computeralgebra-Systeme) die Ableitung beliebiger Ausdrücke berechnen kann – sofern die Ableitungen einer kleinen Klasse von Basisfunktionen bekannt ist (für unsere Zwecke reicht Tabelle 4). Die „Mutter aller Ableitungsregeln" ist die

Kettenregel. *Es seien die Funktionen $g : I \subseteq \mathbb{R} \to \mathbb{R}^n$ im Punkt $x \in I$ des Intervalls I und $f : B_r(g(x)) \subset \mathbb{R}^n \to \mathbb{R}$ im Punkt $g(x)$ differenzierbar. Dann ist auch die zusammengesetzte skalare Funktion $f \circ g$ im Punkt x differenzierbar und es gilt*

$$D(f \circ g)(x) = Df(g(x)) \cdot g'(x). \tag{6.5}$$

Dabei verstehen wir unter $g'(x)$ die Zusammenfassung der komponentenweisen Ableitungen zu einem Vektor:

$$g'(x) = \begin{pmatrix} g_1'(x) \\ \vdots \\ g_n'(x) \end{pmatrix}.$$

Herleitung. Nach der Definition (6.1) der Ableitung $g_k'(x)$ gilt für $h \to 0$

$$g_k(x+h) = g_k(x) + \underbrace{g_k'(x) \cdot h + o(h)}_{=h_k^*}.$$

Setzen wir den aus den Komponenten h_k^* gebildeten Vektor h^* in die Definition (6.3) von $Df(g(x))$ ein, so erhalten wir

$$
\begin{aligned}
(f \circ g)(x+h) = f(g(x+h)) &= f(g(x) + h^*) \\
&= f(g(x)) + Df(g(x)) \cdot h^* + o(\|h^*\|) \\
&= (f \circ g)(x) + Df(g(x)) \cdot g'(x) \cdot h + o(h). \quad (6.6)
\end{aligned}
$$

Das besagt aber nach der Definition gerade die Differenzierbarkeit von $f \circ g$ in x mit der Ableitung $D(f \circ g)(x) = Df(g(x)) \cdot g'(x)$.   □

Bemerkung. Wenn Sie sich daran erinnern, dass die Hintereinanderausführung von linearen Abbildungen sich rechnerisch in das Matrix-Produkt übersetzt, so besagt die Kettenregel nichts weiter als:

Die Linearisierung einer Hintereinanderausführung zweier Funktionen ist die Hintereinanderausführung der Linearisierungen.

Der Aspekt des „Nachdifferenzierens" – also das Auftreten des Faktors $g'(x)$ auf der rechten Seite der Kettenregel (6.5) – ist dann ganz natürlich.

Tabelle 5. Ableitungen von Potenzen und Logarithmen.

$f(x)$	e^x	a^x	$\ln x$	$\log_a x$	x^a
$f'(x)$	e^x	$a^x \ln a$	$1/x$	$1/(x \ln a)$	ax^{a-1}

Beispiel. Für den Parameter $a > 0$ ist die Funktion a^x in jedem $x \in \mathbb{R}$ differenzierbar. Dazu schreiben wir mit Hilfe der *natürlichen Logarithmusfunktion*, also des Logarithmus zur Basis e (in Zeichen: $\ln a = \log_e a$), und den Regeln der Potenzrechnung

$$a^x = e^{x \ln a} = f(g(x)) \quad \text{mit} \quad f(\xi) = e^\xi,\ g(x) = x \ln a.$$

Es handelt sich also um eine Hintereinanderausführung zweier unserer „Basisfunktionen" aus Tabelle 4 und wir erhalten mit der Kettenregel

$$\frac{da^x}{dx} = e^{x \ln a} \cdot \ln a = a^x \ln a.$$

Umkehrregel. *Die Funktion $f : I \to J$ bilde das Intervall $I \subseteq \mathbb{R}$ bijektiv auf das Intervall $J \subseteq \mathbb{R}$ ab und sei im Punkt $y \in I$ differenzierbar mit $f'(y) \neq 0$. Dann ist die zugehörige Umkehrfunktion $g : J \to I$, also die durch $g \circ f = \mathrm{id}$ für alle $x \in I$ definierte Funktion, im Punkt $x = f(y)$ differenzierbar und besitzt dort die Ableitung*

$$g'(x) = \frac{1}{f'(g(x))}.$$

Herleitung. Setzen wir die Differenzierbarkeit von g im Punkt x voraus und differenzieren mit Hilfe der Kettenregel und Tabelle 4 beide Seiten der Beziehung $g \circ f = \mathrm{id}$ im Punkt y, so erhalten wir

$$g'(f(y)) \cdot f'(y) = 1.$$

Division durch $f'(y) \neq 0$ und Einsatz von $y = g(x)$ führt uns schließlich zum Ergebnis. □

Beispiel. Die Exponentialfunktion e^x bildet $\mathbb{R}$ bijektiv auf $J = (0, \infty)$ ab. Ihre Umkehrfunktion ist der oben eingeführte natürliche Logarithmus $\ln : (0, \infty) \to \mathbb{R}$, siehe Abb. 10. Wegen $D \exp = \exp$, siehe Tabelle 4, gilt nach der Umkehrregel

$$D \ln x = \frac{1}{\exp(\ln x)} = \frac{1}{x} \qquad (x > 0).$$

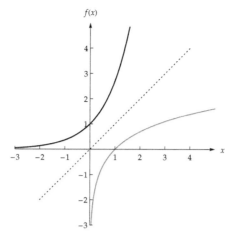

Abb. 10. Die Exponentialfunktion e^x (schwarz) und ihre Umkehrfunktion $\ln x$ (grau).

Logarithmen zur Basis $a > 0$ lassen sich nach der Logarithmenrechnung durch die Formel $\log_a x = \ln x / \ln a$ ausdrücken, so dass uns die Kettenregel und Tabelle 4 hierfür liefern:

$$D \log_a x = \frac{1}{x \ln a} \qquad (x > 0).$$

Beispiel. Nun zur Funktion x^a für einen Parameter $a \in \mathbb{R}$ und die Variable $x > 0$. Wir schreiben $x^a = \exp(a \ln x)$ und bekommen mit Kettenregel und den mittlerweile bekannten Ableitungen für exp und ln:

$$Dx^a = \exp(a \ln x) \cdot \frac{a}{x} = ax^{a-1} \qquad (x > 0,\ a \in \mathbb{R}). \tag{6.7}$$

Die Spezialfälle $a = 1/2$ und $a = -1$ liefern:

$$\frac{d\sqrt{x}}{dx} = \frac{1}{2\sqrt{x}} \qquad (x > 0),$$

bzw.

$$D\frac{1}{x} = -\frac{1}{x^2} \qquad (x \neq 0). \tag{6.8}$$

Dabei haben wir die Gültigkeit der letzten Formel durch „Spiegelung" von $x > 0$ auf $x < 0$ ausgedehnt, indem wir $1/x = -1/(-x)$ nutzen und die Kettenregel ein weiteres Mal anwenden. Tatsächlich lässt sich mit dem gleichen Trick für $a \in \mathbb{Z}$ die Gültigkeit von (6.7) auf negative x ausdehnen:

$$Dx^n = nx^{n-1} \qquad (x \neq 0,\ n \in \mathbb{Z};\ \text{bzw.}\ x \in \mathbb{R},\ n \in \mathbb{N}).$$

Arithmetikregeln. *Es seien die Funktionen $f, g : I \rightarrow \mathbb{R}$ im Punkt $x \in I$ des Intervalls I differenzierbar und $a, b \in \mathbb{R}$ Parameter. Dann sind auch die durch die arithmetischen Operationen gebildeten Funktionen in x differenzierbar:*

- **Summenregel**

$$(af(x) + bg(x))' = af'(x) + bg'(x), \qquad (6.9)$$

- **Produktregel**

$$(f(x) \cdot g(x))' = f'(x) \cdot g(x) + f(x) \cdot g'(x), \qquad (6.10)$$

- **Quotientenregel**

$$\left(\frac{f(x)}{g(x)}\right)' = \frac{f'(x) \cdot g(x) - f(x) \cdot g'(x)}{g(x)^2}, \qquad (6.11)$$

wobei hier $g(x) \neq 0$ vorausgesetzt werden muss.

Herleitung. Wir schreiben die arithmetischen Operationen jeweils in der Form

$$F(f(x), g(x))$$

und berechnen die Ableitung mit der Kettenregel und dem Lemma aus Abschnitt 6.1:

$$\frac{dF(f(x), g(x))}{dx} = DF(\cdots) \cdot \begin{pmatrix} f'(x) \\ g'(x) \end{pmatrix} = \partial_1 F(y_1, y_2) f'(x) + \partial_2 F(y_1, y_2) g'(x),$$

wobei $y_1 = f(x)$ und $y_2 = g(x)$. Nach Tabelle 4 und Formel (6.8) erhalten wir die synoptische Aufstellung:

$F(f(x), g(x))$	$F(y_1, y_2)$	$DF(y_1, y_2)$	$dF(f(x), g(x))/dx$
$af(x) + bg(x)$	$ay_1 + by_2$	(a, b)	$af'(x) + bg'(x)$
$f(x) \cdot g(x)$	$y_1 \cdot y_2$	(y_2, y_1)	$g(x)f'(x) + f(x)g'(x)$
$\dfrac{f(x)}{g(x)}$	y_1/y_2	$(1/y_2, -y_1/y_2^2)$	$\dfrac{f'(x)}{g(x)} - \dfrac{f(x)g'(x)}{g(x)^2}$

Im Fall der Division müssen wir natürlich $g(x) \neq 0$ verlangen. $\qquad \square$

Beispiel. Nehmen wir an, Sie stehen vor der Aufgabe, die Funktion

$$f(x) = \frac{\exp(x^2/(1 + x^2))}{\ln(1 + x^2)}$$

ableiten zu müssen. Nun, mit den Ableitungsregeln und den in Tabelle 5 zusammengefassten Resultaten für die Potenz- und Logarithmusfunktionen bewaffnet, sollten Sie sofort ablesen können, dass $f'(x)$ für alle $x \neq 0$ existiert (warum?) und nach „Schema F" regelgerecht berechenbar ist. Sie könnten sich also hinsetzen und die Rechnungen auf dem Papier ausführen, wobei Sie sich vermutlich ein paar mal verrechnen werden. Oder Sie machen sich – weit besser – bewusst, dass Computer hervorragende Werkzeuge für regelbasiertes Rechnen sind und ein Computeralgebra-System (CAS) wie Maple Ihnen die Arbeit sehr viel schneller und fehlerfrei erledigt:

```
> simplify(diff(exp(x^2/(1+x^2))/ln(1+x^2),x));
```

$$-2x\exp\left(\frac{x^2}{1+x^2}\right)\left(-\ln\left(1+x^2\right)+1+x^2\right)\left(1+x^2\right)^{-2}\left(\ln\left(1+x^2\right)\right)^{-2}$$

So verliere ich zwar schnell erzeugte und stupide Klausuraufgaben, Sie gewinnen jedoch Freiräume für mehr Kreativität und eine bessere Bezahlung. Der Preis hierfür ist allerdings, dass ich Ihnen die Bewältigung eines höheren Maßes an Abstraktion abverlange.

Logarithmische Ableitung

Die Produktregel bekommt eine besonders einfache Gestalt, wenn wir durch $f(x) \cdot g(x) \neq 0$ dividieren dürfen:

$$\frac{(f \cdot g)'(x)}{(f \cdot g)(x)} = \frac{f'(x)}{f(x)} + \frac{g'(x)}{g(x)}.$$

Die Operation $Lf(x) = f'(x)/f(x)$ (wobei wir $f(x) \neq 0$ voraussetzen müssen) überführt also Produkte in Summen:

$$L(f \cdot g)(x) = Lf(x) + Lg(x);$$

man nennt sie die *logarithmische Ableitung*. Der Zusammenhang mit dem Logarithmus wird besonders deutlich, wenn wir mit Hilfe der Kettenregel ausrechnen, dass (für $a \in \mathbb{R}$) gilt:

$$f(x) > 0 \quad \Rightarrow \quad Lf(x) = \frac{d}{dx}\ln(f(x)) \quad \text{und} \quad L(f^a)(x) = aLf(x).$$

6.3 Höhere Ableitungen und der Satz von Schwarz

Die Ableitung $f'(x)$ einer in einem Intervall differenzierbaren Funktion $f(x)$ ist ihrerseits eine Funktion, die auf Differenzierbarkeit untersucht und gegebenenfalls abgeleitet werden kann. Dieser Prozess des fortgesetzten Differenzierens kann „so lange es geht" iteriert werden und führt uns auf die *höheren* Ableitungen von f. Die Notation lautet – es gibt jeweils drei gleichberechtigte Alternativen – für die *zweite* Ableitung

$$f''(x) = \frac{d^2 f}{dx^2}(x) = D^2 f(x) = (f'(x))',$$

für die *dritte* Ableitung

$$f'''(x) = \frac{d^3 f}{dx^3}(x) = D^3 f(x) = (f''(x))',$$

usw; für die n-te Ableitung schreiben wir

$$f^{(n)}(x) = \frac{d^n f}{dx^n}(x) = D^n f(x) = (f^{(n-1)}(x))'.$$

Entsprechend können wir gegebenenfalls die höheren partiellen Ableitungen einer Funktion $f : B_r(x) \subset \mathbb{R}^n \to \mathbb{R}$ bilden, zum Beispiel etwa die „gemischte"[26] dritte partielle Ableitung

$$\frac{\partial^3}{\partial x_k^2 \partial x_j} f(x) = \partial_k^2 \partial_j f(x).$$

Der folgende wichtige Satz von Schwarz besagt, dass es *unter der Voraussetzung der Stetigkeit* der jeweiligen Ableitung nicht auf die Reihenfolge ankommt, in der nach den einzelnen Komponenten abgeleitet wurde.

Satz. *Die Funktion $f : B_r(x) \subset \mathbb{R}^n \to \mathbb{R}$ besitze in $B_r(x)$ die partiellen Ableitungen $\partial_j f$, $\partial_k f$ und $\partial_k \partial_j f$. Wenn $\partial_k \partial_j f$ im Punkt x stetig ist, so existiert auch $\partial_j \partial_k f(x)$ und es gilt*

$$\frac{\partial^2}{\partial x_j \partial x_k} f(x) = \frac{\partial^2}{\partial x_k \partial x_j} f(x).$$

Beispiel. Man kann zeigen, dass die durch $f(0,0) = 0$ und sonst durch

$$f(x_1, x_2) = x_1 x_2 \frac{x_1^2 - x_2^2}{x_1^2 + x_2^2} \qquad (x \neq 0)$$

definierte Funktion f auf ganz $\mathbb{R}^2$ stetig ist, dort stetige partielle Ableitungen $\partial_1 f$ und $\partial_2 f$ besitzt, und dass $\partial_1 \partial_2 f$ sowie $\partial_2 \partial_1 f$ überall in $\mathbb{R}^2$ existieren. Nach unseren Ableitungs- und Stetigkeitsregeln müssen diese gemischten Ableitungen für $x \neq 0$ natürlich *stetig*[27] sein und daher nach dem Satz von

---

[26] „Gemischt" bedeutet, dass nicht fortgesetzt nach nur einer einzigen Komponente x_k abgeleitet wird.

[27] Es tauchen ja nur die Grundrechenarten auf und für $x \neq 0$ wird nirgends durch Null dividiert.

Schwarz übereinstimmen: Tatsächlich kann man mit Maple nachrechnen, dass

$$\partial_1\partial_2 f(x) = \partial_2\partial_1 f(x) = \frac{x_1^6 + 9\,x_1^4 x_2^2 - 9\,x_1^2 x_2^4 - x_2^6}{\left(x_1^2 + x_2^2\right)^3} \qquad (x \neq 0).$$

Andererseits gilt $\partial_1 f(0, x_2) = -x_2$ und $\partial_2 f(x_1, 0) = x_1$, so dass

$$\partial_1\partial_2 f(0) = 1 \neq -1 = \partial_2\partial_1 f(0).$$

Die gemischten zweiten Ableitungen müssen also im Punkt $x = 0$ schlichtweg *unstetig* sein, sonst würde sich ja auch hier die Reihenfolge vertauschen lassen.

Bemerkung. Die Vertauschung von Grenzwerten ist generell nur unter Zusatzvoraussetzungen zulässig. Solche Zusatzvoraussetzungen sollten einerseits hinreichend „schwach" formuliert sein, um nicht zu viele interessante Fälle auszuschließen, müssen aber in der Praxis auch so „einschneidend" gewählt werden, dass sie sich noch halbwegs bequem überprüfen lassen. Wir werden solchen *Kompromissen* in der Vorlesung wiederholt begegnen, so in den Abschnitten 4.5, 6.3, 6.4 und 8.4.

6.4 Differentiation von Reihen

Wenn wir aus einer Folge (f_k) differenzierbarer Funktionen eine für jedes x konvergente Reihe

$$f(x) = \sum_{k=1}^{\infty} f_k(x)$$

bilden können, so stellt sich die Frage nach der Differenzierbarkeit und gegebenenfalls der Ableitung von $f(x)$. Wünschenswert wäre die einfache Beziehung

$$f'(x) = \sum_{k=1}^{\infty} f_k'(x)$$

durch *gliedweises Differenzieren.* Wir sollten aber reflexartig laut „Achtung!" rufen: Hier werden zwei Grenzwerte vertauscht, nämlich Differentiation und Wert einer unendlichen Reihe. Soetwas geht nur unter Zusatzvoraussetzungen.

Beispiel. Ich möchte die Problematik an der für $|x| < 1$ konvergenten geometrischen Reihe

$$f(x) = \sum_{k=0}^{\infty} x^k = \frac{1}{1-x}$$

verdeutlichen. Es gilt $\lim_{x\to -1} f(x) = 1/2$; die gliedweisen Grenzwerte liefern jedoch die *divergente* Reihe $1 - 1 + 1 - 1 + \cdots$.

Definition. Konvergiert die aus einer Funktionenfolge $f_k : D \subseteq \mathbb{R}^n \to \mathbb{R}$ gebildete Reihe

$$f(x) = \sum_{k=1}^{\infty} f_k(x)$$

für alle $x \in D$, so sprechen wir von der *punktweisen* Konvergenz der Reihe gegen die Grenzfunktion $f : D \to \mathbb{R}$. Wird die Funktionenfolge durch die positiven Glieder (a_k) einer konvergenten Reihe majorisiert, d.h. gilt

$$|f_k(x)| \leqslant a_k \quad (x \in D,\ k \in \mathbb{N}) \qquad \text{und} \qquad \sum_{k=1}^{\infty} a_k < \infty, \qquad (6.12)$$

so sprechen wir von der *majorisierten* Konvergenz der Reihe $\sum_k f_k(x)$. Nach dem Majorantenkriterium gilt:

$$\sum_{k=1}^{\infty} f_k(x) \text{ konvergiert majorisiert } \Rightarrow \sum_{k=1}^{\infty} f_k(x) \text{ konvergiert punktweise.}$$

Der folgende *Satz von der majorisierten Konvergenz* stammt von Tannery.

Satz. *Die aus den Funktionen $f_k : D \subseteq \mathbb{R}^n \to \mathbb{R}$ gebildete Reihe*

$$f(x) = \sum_{k=1}^{\infty} f_k(x)$$

konvergiere majorisiert. Wenn dann $\lim_{x \to a} f_k(x)$ für alle $k \in \mathbb{N}$ existiert, so konvergiert die Reihe dieser Grenzwerte und es vertauschen Limes und Summe:

$$\lim_{x \to a} \sum_{k=1}^{\infty} f_k(x) = \sum_{k=1}^{\infty} \lim_{x \to a} f_k(x).$$

Sind die Funktionen f_k auf D alle stetig, so ist es demnach auch die Funktion $f(x)$.

Beispiel. In Aufgabe 11 auf S. 55 haben Sie gezeigt (siehe auch Abschnitt 9.2), dass die Reihe

$$\zeta(s) = \sum_{k=1}^{\infty} k^{-s} \qquad (6.13)$$

für $s > 1$ konvergiert. Für $s \geqslant s_0 > 1$ gilt natürlich $k^{-s} \leqslant k^{-s_0}$ ($k \in \mathbb{N}$), so dass die Reihe auf $D = [s_0, \infty)$ majorisiert konvergiert und wir – mit beliebig gewähltem $s_0 > 1$ – Grenzwerte und Summe vertauschen dürfen. Die Reihe definiert demnach insbesondere eine stetige Funktion $\zeta : (1, \infty) \to \mathbb{R}$, die Riemann'sche Zetafunktion.[28]

---

[28] Sie ist Gegenstand eines der wichtigsten ungelösten Probleme der Mathematik, der Riemann'schen Vermutung. Diese besagt, dass die nichttrivialen Nullstellen

Andererseits gilt wegen $1^s = 1$ und $\lim_{s \to \infty} k^{-s} \to 0$ für $k > 1$ sowie wegen der jetzt erlaubten Vertauschung von Grenzwert und Summe, dass

$$\lim_{s \to \infty} \zeta(s) = \sum_{k=1}^{\infty} \lim_{s \to \infty} k^{-s} = 1 + 0 + 0 + 0 + \cdots = 1. \qquad (6.14)$$

Korollar. *Wenn für die differenzierbaren Funktionen* $f_k : I \subseteq \mathbb{R} \to \mathbb{R}$

$$f(x) = \sum_{k=1}^{\infty} f_k(x) \;\; \text{punktweise und} \;\; \sum_{k=1}^{\infty} f_k'(x) \;\; \text{majorisiert}$$

konvergiert, so ist die Funktion f auf I differenzierbar und die Reihe darf gliedweise differenziert werden:

$$f'(x) = \sum_{k=1}^{\infty} f_k'(x).$$

Beispiel. Die Ableitung der Zetafunktion erhält man durch gliedweises Differenzieren, nämlich

$$\zeta'(s) = \sum_{k=1}^{\infty} k^{-s} \ln k \qquad (s > 1).$$

Nach dem Korollar müssen wir dazu nur die majorisierte Konvergenz der rechts stehenden Reihe auf einem Intervall $[s_0, \infty)$ mit $1 < s_0 \leqslant s$ zeigen. Da Logarithmen langsamer als jede Potenz wachsen (siehe Formel (7.5) in Abschnitt 7.2), also für jedes $\epsilon > 0$

$$\ln k = O(k^{\epsilon}) \qquad (k \to \infty)$$

gilt, finden wir mit $0 < \epsilon < s_0 - 1$ die Majorante $k^{-s} \ln k = O(k^{-(s_0 - \epsilon)})$.

6.5 Trigonometrische Funktionen

In der Robotik und Computergrafik sind die aus der Schule im Prinzip bekannten trigonometrischen Funktionen, auch Winkelfunktionen genannt, ein fundamentales Werkzeug. (Eine völlig überraschende Anwendung dieser Funktionen in der Kombinatorik findet sich in Abschnitt 11.2.) Wir wollen hier ihre Ableitungen zusammentragen. Dazu rufen wir uns mit Abb. 11 die Definition der Winkelfunktionen am Einheitskreis in Erinnerung.

---

der in die komplexe Ebene fortgesetzten Zetafunktion stets den Realteil 1/2 besitzen. Das mutet zwar recht technisch an, hätte aber extrem viele hochinteressante und wichtige Konsequenzen (bis in die Krytographie hinein). Mit massivem Computereinsatz wurde die Richtigkeit der Vermutung für die ersten 10 Billionen Nullstellen geprüft (aktueller Rekord aus dem Jahre 2004) und dabei kein Gegenbeispiel gefunden. Das kanadische Clay-Insitut hat einen Preis von einer Million Dollar für die vollständige Lösung dieses Rätsels ausgelobt.

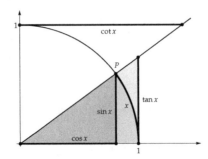

Abb. 11. Winkelfunktionen $\sin x$, $\cos x$, $\tan x$ und $\cot x$ zum Bogenmaß x

In der höheren Mathematik ist es üblich, den Winkel x nicht in Grad, sondern im *Bogenmaß*, also durch die Länge des zugehörigen Einheitskreisbogens (siehe Abb. 11) zu messen: Da der *halbe* Umfang des Einheitskreises π beträgt, ist

$$\text{Winkel } x \text{ im Bogenmaß} = \frac{\pi}{180°} \cdot (\text{Winkel } x \text{ in Grad}).$$

Ein Vollwinkel von $360°$ entpricht also $x = 2\pi$, ein rechter Winkel $(90°)$ hingegen $x = \pi/2$.

Die kartesischen Koordinaten des unter dem Winkel x auf dem Einheitskreis liegenden Punkts P definieren die Sinus- und Kosinusfunktion:

$$P = (\cos x, \sin x).$$

Der Winkel x kann dabei eine beliebige reelle Zahl sein; für $x > 2\pi$ beginnen wir uns mehrfach um den Kreis zu wickeln, für $x < 0$ laufen wir *im* statt *gegen* den Uhrzeigersinn. Die Funktionen sin und cos sind demnach 2π-periodische Funktionen auf $\mathbb{R}$ (siehe Abb. 12a):

$$\sin x = \sin(x + 2\pi), \qquad \cos x = \cos(x + 2\pi).$$

Eine Drehung von Abb. 11 um einen rechten Winkel zeigt die Beziehungen

$$\sin x = -\cos\left(x + \frac{\pi}{2}\right), \qquad \cos x = \sin\left(x + \frac{\pi}{2}\right). \tag{6.15}$$

Nach dem Satz des Pythagoras gilt

$$\sin^2 x + \cos^2 x = 1 \qquad (x \in \mathbb{R}). \tag{6.16}$$

Schließlich können die in Abb. 11 eingezeichneten Längen $\tan x$ (Tangens des Winkels x) und $\cot x$ (Kotangens des Winkels x) nach dem Strahlensatz durch

$$\tan x = \frac{\sin x}{\cos x} \qquad \text{und} \qquad \cot x = \frac{\cos x}{\sin x}$$

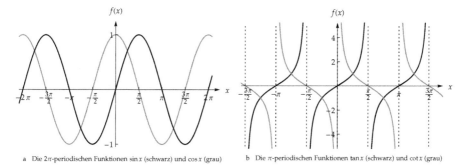

a Die 2π-periodischen Funktionen $\sin x$ (schwarz) und $\cos x$ (grau)   b Die π-periodischen Funktionen $\tan x$ (schwarz) und $\cot x$ (grau)

Abb. 12. Visualisierung der trigonometrischen Funktionen.

ausgedrückt werden (siehe Abb. 12b). Aus der Dreiecksgeometrie folgen die wichtigen *Additionstheoreme*

$$\sin(x + y) = \sin x \cdot \cos y + \cos x \cdot \sin y, \tag{6.17}$$

$$\cos(x + y) = \cos x \cdot \cos y - \sin x \cdot \sin y.$$

Wir wollen uns mit dem Nachweis der Stetigkeit von sin und cos nicht aufhalten (sie sind stetig), sondern zielen im folgenden direkt auf die Berechnung der Ableitungen der Winkelfunktionen und ihrer Umkehrfunktionen.

Ableitungen der trigonometrischen Funktionen

Wie im Zusammenhang von Tabelle 4 angekündigt, müssen wir die Ableitung der Sinusfunktion an einer Stelle auf die Definition zurückführen. So wie wir die Ableitung der Exponentialfunkion aus dem Additionstheorem $e^{x+y} = e^x \cdot e^y$ und dem speziellen Wert der Ableitung für $x = 0$, nämlich dem Grenzwert (3.10) gewonnen hatten, so verwenden wir jetzt das Additionstheorem (6.17) der Sinusfunktion sowie die speziellen Werte $\sin'(0)$ und $\cos'(0)$. Kümmern wir uns zunächst um $\sin'(0)$. Aus Abb. 11 lesen wir ab, dass:

Fläche des Dreiecks mit den Katheten $\cos x$ und $\sin x$

$\leqslant$ Fläche des Kreissektors zum Winkel x

$\leqslant$ Fläche des Dreiecks mit den Katheten 1 und $\tan x$,

also in Formeln (ich erinnere: x wird im Bogenmaß gemessen)

$$\frac{1}{2}\sin x \cos x \leqslant \frac{x}{2} \leqslant \frac{1}{2}\tan x \qquad (0 \leqslant x \leqslant \frac{\pi}{2}),$$

bzw. nach Umordnung der Terme:

$$\cos x \leqslant \frac{\sin x}{x} \leqslant \frac{1}{\cos x} \qquad (0 < |x| < \frac{\pi}{2}). \qquad (6.18)$$

(Für negative x ist diese Ungleichung richtig, weil das Vorzeichen von x wegen $\cos x = \cos(-x)$ und $\sin(x)/x = \sin(-x)/(-x)$ keine Rolle spielt.) Der Grenzübergang $x \to 0$ liefert wegen $\cos 0 = 1$ und $\sin 0 = 0$, dass

$$\sin'(0) = \lim_{x \to 0} \frac{\sin x}{x} = 1. \qquad (6.19)$$

Schließlich benötigen wir noch $\cos'(0)$. Dazu differenzieren wir die pythagoräische Formel (6.16) an der Stelle $x = 0$ und erhalten

$$0 = 2\cos(0)\cos'(0) + 2\sin(0)\sin'(0) = 2\cos'(0),$$

also

$$\cos'(0) = \lim_{x \to 0} \frac{\cos x - 1}{x} = 0. \qquad (6.20)$$

Mit den Werten (6.19) und (6.20) bewaffnet, können wir das Additionstheorem (6.17) partiell nach $y = 0$ ableiten und erhalten mit den Ableitungsregeln

$$\sin'(x) = \frac{\partial}{\partial y} \sin(x + y)\Big|_{y=0} = \frac{\partial}{\partial y}(\sin x \cdot \cos y + \cos x \sin y)\Big|_{y=0}$$

$$= \sin x \cdot \cos'(0) + \cos x \sin'(0) = \cos x,$$

also

$$D \sin x = \cos x.$$

Die Ableitungen der anderen trigonometrischen Funktionen lassen sich hieraus direkt mit den Ableitungsregeln berechnen. Differentiation der Darstellung (6.15) von $\cos x$ liefert

$$D \cos x = -\sin x.$$

Aus $\tan x = \sin x / \cos x$ folgt mit der Quotientenregel

$$\tan' x = \frac{\sin' x \cdot \cos x - \cos' x \cdot \sin x}{\cos^2 x} = \frac{\cos^2 x + \sin^2 x}{\cos^2 x} = 1 + \tan^2 x. \quad (6.21)$$

Ableitungen der zyklometrischen Funktionen

Die Umkehrfunktionen der trigonometrischen Funktionen heißen *zyklometrische* Funktionen. Dabei ist darauf zu achten, dass man geeignete Definitionsintervalle herausgreift, auf denen die trigonometrischen Funktionen wirklich *invertierbar* sind. So sind etwa

$$\sin : \left[-\frac{\pi}{2}, \frac{\pi}{2}\right] \to [-1, 1], \quad \cos : [0, \pi] \to [-1, 1], \quad \tan : \left(-\frac{\pi}{2}, \frac{\pi}{2}\right) \to \mathbb{R}$$

Tabelle 6. Ableitungen der trigonometrischen und zyklometrischen Funktionen.

$f(x)$	$\sin x$	$\cos x$	$\tan x$	$\arcsin x$	$\arccos x$	$\arctan x$
$f'(x)$	$\cos x$	$-\sin x$	$1 + \tan^2 x$	$1/\sqrt{1-x^2}$	$-1/\sqrt{1-x^2}$	$1/(1+x^2)$

bijektiv und definieren die Umkehrfunktionen

$$\arcsin : [-1,1] \to \left[-\frac{\pi}{2}, \frac{\pi}{2}\right], \qquad \arccos : [-1,1] \to [0,\pi],$$

und

$$\arctan : \mathbb{R} \to \left(-\frac{\pi}{2}, \frac{\pi}{2}\right).$$

Ihre Ableitungen ergeben sich mit der Umkehrregel ganz einfach (man sollte es in Tabelle 6 unmittelbar „sehen") aus denen von sin, cos und tan und – in den ersten beiden Fällen – einer Anwendung der pythagoräischen Formel (6.16). Natürlich sind sie nur dort differenzierbar, wo der Nenner von Null verschieden ist, d.h. für arcsin und arccos muss $x \neq \pm 1$ sein.

7 Anwendungen der Ableitung

7.1 Kurvendiskussion und Mittelwertsatz

Notwendige Bedingung für lokale Extrema

Das Maximum und das Minimum einer Funktion f über ihrem Definitionsbereich bezeichnen wir – wenn sie existieren[29] – auch als *globale* Extrema. Abb. 13 zeigt, dass es zusätzlich Stellen x_0 geben kann, für die der Wert $f(x_0)$ unter den *in der Nähe* liegenden Funktionswerte maximal bzw. minimal ist. Solche Stellen bezeichnen wir als *lokale* Extrema. Ein lokales Maximum liegt in $x_0 \in [a,b]$ also genau dann vor, wenn es ein offenes Intervall $U(x_0) \ni x_0$ gibt (eine „Umgebung" von x_0), so dass

$$f(x) \leqslant f(x_0) \qquad \text{für alle } x \in U(x_0) \cap I.$$

Gilt dabei „<" für $x \neq x_0$ aus $U(x_0)$, so sprechen wir von einem *strikten* lokalen Maximum. Völlig analog wird ein (striktes) lokales Minimum definiert.

Ein Blick auf Abb. 13 macht das folgende Ergebnis von Fermat plausibel:

Lemma. *Die Funktion $f : (a,b) \to \mathbb{R}$ sei im Punkt $x_0 \in (a,b)$ differenzierbar. Dann gilt:*

$$f \text{ besitzt in } x_0 \text{ ein lokales Extremum } \Rightarrow f'(x_0) = 0.$$

---

[29] Wenn I kompakt ist, reicht hierfür nach dem Satz vom Maximum und Minimum die Stetigkeit von f.

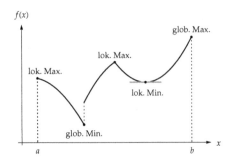

Abb. 13. Globale und lokale Extrema einer Funktion

Beweis. Wir zeigen das Ergebnis für lokale Maxima; lokale Minima erfordern nur das „Umdrehen" aller Vergleichssymbole. Für ein lokales Maximum in x_0 gilt nun mit hinreichend kleinem $|h| > 0$, dass

$$f(x_0 + h) - f(x_0) \leqslant 0.$$

Also ist

$$\frac{f(x_0 + h) - f(x_0)}{h} \begin{cases} \leqslant 0, & \text{für } h > 0, \\ \geqslant 0, & \text{für } h < 0. \end{cases}$$

Grenzübergang $h \to 0$ liefert jetzt sowohl $f'(x_0) \leqslant 0$ als auch $f'(x_0) \geqslant 0$ und daher $f'(x_0) = 0$. $\quad\square$

Bemerkung. Der Beweis erfordert, dass im Definitionsintervall von f sowohl Platz für $x_0 + h$ mit $h > 0$ als auch für Werte mit $h < 0$ ist, dass also x_0 nicht am *Rand* liegt. Anderenfalls lässt sich nur die Abschätzung $f'(x_0) \geqslant 0$ bzw. $f'(x_0) \leqslant 0$ beweisen. Ist also beispielsweise die Funktion $f : [a,b] \to \mathbb{R}$ im *Randpunkt a* differenzierbar und besitzt dort ein lokales Maximum, so ist für Inkremente $h < 0$ kein Platz mehr und wir können nur auf $f'(a) \leqslant 0$ schließen, siehe Abb. 13.

Wenn wir die Extrema einer *differenzierbaren* Funktion $f : [a,b] \to \mathbb{R}$ bestimmen wollen, müssen wir demnach wie folgt vorgehen:

1. Bestimme die Nullstellen von f' im offenen Intervall (a,b).

2. Sortiere darunter diejenigen Werte aus, zu denen kein lokales Extremum gehört. (Solche Werte kann es durchaus geben: Beispiel?)

3. Bestimme den Charakter von f in den Randpunkten a und b (lokales Maximum bzw. Minimum?).

4. Das größte lokale Maximum ist das globale Maximum; das kleinste lokale Minimum entsprechend das globale Minimum.

Beispiel. Wir betrachten die differenzierbare Funktion $f(x) = x + x^{-1}$ auf dem Intervall $(0, \infty)$. Da $f(x) \to \infty$ für $x \to 0$ und $x \to \infty$, muss f nach dem Satz vom Maximum und Minimum ein globales *Minimum* besitzen. (Warum? Sehen Sie sich den Anfang des Beweises vom Fundamentalsatz der Algebra nocheinmal an.) Eine Stelle x_0, in der das Minimum angenommen wird, muss nach dem Lemma zu den Nullstellen von f' gehören, also

$$f'(x_0) = 1 - \frac{1}{x_0^2} = 0$$

erfüllen. Nun gibt es aber nur ein *einzige* positive Lösung dieser Gleichung, nämlich $x_0 = 1$. Also haben wir die (hier eindeutige) Minimalstelle bereits gefunden und es gilt $f(x) \geqslant f(x_0) = 2$ für alle $x > 0$. Es gilt somit die Ungleichung

$$x + \frac{1}{x} \geqslant 2 \qquad (x > 0)$$

mit Gleichheit genau für $x = 1$. Diese Ungleichung folgt auch sofort aus der AM-GM-Ungleichung (wie?).

Mittelwertsatz der Differentialrechnung

Ein wichtiges Hilfsmittel der Analysis ist der von Lagrange stammende *Mittelwertsatz der Differentialrechnung*. Er erlaubt es, Differenzen von Funktionswerten durch Werte der Ableitung an geeigneten Stellen zu ersetzen. Sein Beweis ist eine Anwendung des soeben diskutierten Lemmas.

Satz. *Die stetigen Funktionen $f, g : [a, b] \to \mathbb{R}$ seien auf (a, b) differenzierbar; es gelte $g'(x) \neq 0$ für alle $x \in (a, b)$. Dann ist $g(a) \neq g(b)$ und es gibt ein $\xi \in (a, b)$ mit*

$$\frac{f(b) - f(a)}{g(b) - g(a)} = \frac{f'(\xi)}{g'(\xi)}. \tag{7.1}$$

Die Voraussetzungen an die Funktion g sind insbesondere für $g(x) = x$ erfüllt, so dass es ein $\xi \in (a, b)$ gibt mit (vgl. Abb. 14)

$$\frac{f(b) - f(a)}{b - a} = f'(\xi). \tag{7.2}$$

Für $f(a) = f(b)$ liefert dies ein $\xi \in (a, b)$ mit $f'(\xi) = 0$ (Satz von Rolle).

Beweis. Wir beginnen mit dem einfachsten *Spezialfall*, dem Satz von Rolle. Hier liegt es nahe, das soeben diskutierte Lemma anwenden zu wollen und darauf zu zielen, dass f im *offenen* Intervall (a, b) eine (lokale) Extremstelle ξ besitzen muss. Zwar garantiert uns der Satz vom Maximum und Minimum die Existenz von Minimal- und Maximalstellen im Intervall $[a, b]$, wir müssen aber noch die Randpunkte a und b „wegdiskutieren". Dazu unterscheiden

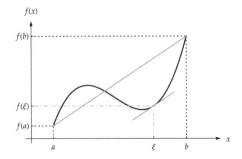

Abb. 14. Veranschaulichung des Mittelwertsatzes (für $g(x) = x$).

wir zwei Situationen: Wenn f *konstant* ist, gilt $f'(x) = 0$ sogar für *alle* $x \in (a, b)$. Wenn f *nicht konstant* ist, muss ihr Maximal- oder ihr Minimalwert vom Randwert $f(a) = f(b)$ verschieden sein. In jedem Fall gibt es also eine Extremstelle $\xi \in (a, b)$, für die nach dem Lemma $f'(\xi) = 0$ gelten muss.

Der *allgemeine Fall* ergibt sich aus dem Satz von Rolle durch *Transformation*. Zunächst muss $g(a) \neq g(b)$ gelten, da der Satz von Rolle sonst – im Widerspruch zur Voraussetzung – ein $\xi \in (a, b)$ mit $g'(\xi) = 0$ liefern würde. Deshalb erfüllt die Funktion

$$F(x) = f(x) - \frac{f(b) - f(a)}{g(b) - g(a)} \left(g(x) - g(a) \right)$$

die Voraussetzungen des Satzes von Rolle, insbesondere gilt nämlich $F(a) = F(b) = f(a)$. Demnach gibt es ein $\xi \in (a, b)$ mit

$$0 = F'(\xi) = f'(\xi) - \frac{f(b) - f(a)}{g(b) - g(a)} g'(\xi),$$

womit schließlich – nach Division durch $g'(\xi) \neq 0$ – alles bewiesen ist.   □

Monotonie

Ableitungen beschreiben zunächst nur das *lokale* Steigungsverhalten von Funktionen. Mit Hilfe des Mittelwertsatzes lassen sich hieraus aber Aussagen über die *Monotonie* einer Funktion auf ganzen Intervallen gewinnen.

Definition. Eine Funktion $f : I \subseteq \mathbb{R} \to \mathbb{R}$ heißt *monoton wachsend*, wenn für alle $x_1, x_2 \in I$ gilt:

$$x_1 \leqslant x_2 \quad \Rightarrow \quad f(x_1) \leqslant f(x_2).$$

Sie heißt *streng monoton wachsend*, wenn gilt:

$$x_1 < x_2 \quad \Rightarrow \quad f(x_1) < f(x_2).$$

Völlig analog sind *(streng) monoton fallende* Funktionen definiert, hier sind jeweils in der zweiten Ungleichung x_1 und x_2 vertauscht.

Monotoniekriterium. *Für differenzierbare $f : (a,b) \to \mathbb{R}$ gilt:*

$$f' > 0 \text{ in } (a,b) \quad \Rightarrow \quad f \text{ in } (a,b) \text{ streng monoton wachsend;}$$

$$f' < 0 \text{ in } (a,b) \quad \Rightarrow \quad f \text{ in } (a,b) \text{ streng monoton fallend;}$$

$$f' \geqslant 0 \text{ in } (a,b) \quad \Leftrightarrow \quad f \text{ in } (a,b) \text{ monoton wachsend;}$$

$$f' \leqslant 0 \text{ in } (a,b) \quad \Leftrightarrow \quad f \text{ in } (a,b) \text{ monoton fallend.}$$

Ist f in einem der Randpunkte a bzw. b stetig, so darf dieser Punkt in die jeweils rechts stehende Aussage einbezogen werden.

Beweis. Die Implikationsrichtungen „$\Rightarrow$" folgen sofort aus dem Mittelwertsatz: Denn zu $x_1, x_2 \in (a,b)$ bzw. (im Falle des Zusatzes) $[a,b]$ gibt es ein $\xi \in (x_1, x_2)$ mit

$$f(x_1) - f(x_2) = (x_1 - x_2) \cdot f'(\xi).$$

Die Implikationsrichtungen „$\Leftarrow$" folgen hingegen aus der Definition (6.2) der Ableitung als Grenzwert von Differenzenquotienten.   □

Beispiel. Der natürliche Logarithmus $\ln : (0,\infty) \to \mathbb{R}$ wächst nach dem Monotoniekriterium streng monoton (vgl. Abb. 10), da seine Ableitung $\ln' x = 1/x > 0$ für $x > 0$ erfüllt. Also dürfen wir beispielsweise die Ungleichung (3.8), d.h. $1 + x \leqslant \exp(x)$ für alle $x \in \mathbb{R}$, logarithmieren (sofern $1 + x > 0$):

$$\log(1 + x) \leqslant x \qquad (x > -1).$$

Wegen der Strenge der Monotonie überträgt sich von (3.8) auch die Charakterisierung des Gleichheitsfalls: genau für $x = 0$.

Hinreichende Bedingung für Extrema

Nach dem Lemma sind lokale Extrema einer differenzierbaren Funktion $f : (a,b) \to \mathbb{R}$ Nullstellen der Ableitung f'. Aber nicht alle Nullstellen brauchen lokale Extrema zu sein (Beispiel?). Das folgende Kriterium – eine unmittelbare Konsequenz aus dem Monotoniekriterium (siehe Abb. 15) – ist oft nützlich, um die „richtigen" Nullstellen auszuwählen.

Kriterium für Extrema. *Es sei f differenzierbar auf (a,b) und $f'(x_0) = 0$ für ein $x_0 \in (a,b)$. Dann gilt:*

$$f' \geqslant 0 \text{ in } (a,x_0) \text{ und } f' \leqslant 0 \text{ in } (x_0,b) \Rightarrow f \text{ nimmt das Maximum in } x_0 \text{ an;}$$

$$f' \leqslant 0 \text{ in } (a,x_0) \text{ und } f' \geqslant 0 \text{ in } (x_0,b) \Rightarrow f \text{ nimmt das Minimum in } x_0 \text{ an.}$$

Für lokale Extrema wendet man dieses Kriterium natürlich auf eine geeignete Umgebung von x_0 an.

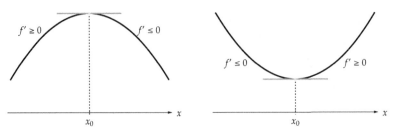

Abb. 15. Kriterium für Maximum (links) bzw. Minimum (rechts) in x_0.

Charakterisierung von Konstanten

Kriterium für Konstanz. *Für eine differenzierbare Funktionen $f : I \to \mathbb{R}$ gilt:*

$$f' = 0 \ in \ I \quad \Leftrightarrow \quad f = \text{const } in \ I.$$

Beweis. Nur die „$\Rightarrow$"-Richtung bedarf einer Begründung. Aus $f' = 0$ folgt aber mit dem Mittelwertsatz, dass $f(x) - f(y) = 0$ für alle $x, y \in I$, f also einen konstanten Wert annimmt.   □

Beispiel. Für zwei auf I differenzierbare Funktionen f und g ist $f' = g'$ äquivalent zu $(f - g)' = 0$, so dass gilt:

$$f' = g' \quad \Leftrightarrow \quad f = \text{const} + g.$$

Sind andererseits $f \neq 0$, $g \neq 0$, so ist $Lf = Lg$ nach den Rechenregeln der logarithmischen Ableitung äquivalent zu $L(f/g) = Lf - Lg = 0$ und daher zu $(f/g)' = 0$. Also gilt:

$$\frac{f'}{f} = \frac{g'}{g} \quad \Leftrightarrow \quad f = \text{const} \cdot g.$$

7.2 Berechnung von Grenzwerten

Die Grenzwerte (3.10), (6.19) und (6.20) sind alle drei von der Form

$$\lim_{x \to a} \frac{f(x)}{g(x)} \quad \text{mit } f(a) = g(a) = 0$$

und konnten daher nicht mittels der Stetigkeit von f und g berechnet werden, da uns diese nur auf den sinnlosen Ausdruck „0/0" geführt hätte. (Gleiches gilt für Grenzwerte des Typs „∞/∞", „$0 \cdot \infty$" und „$\infty - \infty$".) Stattdessen hatten sich alle drei Grenzwerte als spezielle Werte von Ableitungen entpuppt. Ganz allgemein lassen sich solche Grenzwerte oft mit Ableitungen berechnen; die „Standardform" sind dabei Grenzwerte des Typs „0/0" bzw. „∞/∞", für welche die *l'Hospital'sche Regel* gilt:

Satz. *Für differenzierbare $f, g : (a, b) \to \mathbb{R}$ gelte $g'(x) \neq 0$ für alle $x \in (a, b)$. Es sei x_0 einer der beiden Randpunkte a bzw. b (die Symbole $\pm\infty$ sind hier zulässig). In jeder der beiden folgenden Situationen*

(i) *$f(x) \to 0$ und $g(x) \to 0$ für $x \to x_0$,*

(ii) *$f(x) \to \infty$ und $g(x) \to \infty$ für $x \to x_0$,*

gilt: Existiert $\lim_{x \to x_0} f'(x)/g'(x)$, so ist

$$\lim_{x \to x_0} \frac{f(x)}{g(x)} = \lim_{x \to x_0} \frac{f'(x)}{g'(x)}. \tag{7.3}$$

Beweis. Wir betrachten den Fall (i) sowie den Randpunkt $x_0 = a \in \mathbb{R}$. (Die anderen Fällen lassen sich letztlich mehr und weniger einfach darauf zurückführen.) Dann lässt sich auf das Intervall $[x_0, x]$, $x \in (a, b)$, der Mittelwertsatz in der Form (7.1) anwenden (warum ist die Voraussetzung der Stetigkeit erfüllt?) und liefert ein $\xi \in (x_0, x)$ mit

$$\frac{f(x)}{g(x)} = \frac{f(x) - f(x_0)}{g(x) - g(x_0)} = \frac{f'(\xi)}{g'(\xi)}.$$

Da mit $x \to x_0$ auch $\xi \to x_0$, folgt die Behauptung.   □

Bemerkung. Ist auch $\lim_{x \to x_0} f'(x)/g'(x)$ vom Typ „0/0" oder „∞/∞", so muss die l'Hospital'sche Regel solange weiter angewendet werden, bis sich der Grenzwert schließlich als die *Zahl* $f^{(n)}(x_0)/g^{(n)}(x_0)$ ergibt.

Beispiel. In der Informatik betrachtet man – für den Vergleich der Komplexität verschiedener Algorithmen – Wachstumsbeziehungen wie beispielsweise

$$1 \prec \ln\ln n \prec \sqrt{\ln n} \prec \epsilon \ln n \qquad (\epsilon > 0). \tag{7.4}$$

(Dabei bezeichnet $f(n) \prec g(n)$, dass $f(n) = o(g(n))$ für $n \to \infty$.) Ausgeschrieben bedeutet das

$$\lim_{n \to \infty} \frac{1}{\ln\ln n} = \lim_{n \to \infty} \frac{\ln\ln n}{\sqrt{\ln n}} = \lim_{n \to \infty} \frac{\sqrt{\ln n}}{\epsilon \ln n} = 0.$$

Hiervon ist nur der zweite Grenzwert nicht sofort offensichtlich (warum?), wir wollen ihn mit der l'Hospital'schen Regel bestätigen: Der Grenzwert $\lim_{x \to \infty} \ln x/\sqrt{x}$ ist vom Typ „∞/∞" und es gilt für $x \to \infty$

$$\frac{(\ln x)'}{(\sqrt{x})'} = \frac{2}{\sqrt{x}} \to 0, \qquad \text{also} \qquad \lim_{x \to \infty} \frac{\ln x}{\sqrt{x}} = 0.$$

Durch Exponentiation (warum ist das zulässig?) folgen aus der Kette (7.4) die weiteren Wachstumsbeziehungen

$$\ln n \prec e^{\sqrt{\ln n}} \prec n^{\epsilon} \qquad (\epsilon > 0). \tag{7.5}$$

Man kann diese aber auch unter erneuter Anwendung der l'Hospital'schen Regel herleiten: So folgt beispielsweise $\ln n \prec n^{\epsilon}$ $(\epsilon > 0)$ aus

$$\frac{(\ln x)'}{(x^{\epsilon})'} = \frac{1}{\epsilon x^{\epsilon}} \to 0 \qquad (x \to \infty).$$

Beispiel. Grenzwerte, die nicht der Standardform der l'Hospital'schen Regel entsprechen, können oft auf diese „transformiert" werden. Betrachten wir beispielsweise den Grenzwert

$$\lim_{x \to 0} \left(\frac{1}{\sin x} - \frac{1}{x} \right) = 0$$

vom Typ „$\infty - \infty$". Auf einen gemeinsamen Nenner gebracht, wird daraus der Typ „$0/0$":

$$\frac{1}{\sin x} - \frac{1}{x} = \frac{x - \sin x}{x \cdot \sin x} = \frac{f(x)}{g(x)}.$$

Der Quotient der ersten Ableitungen

$$\frac{f'(x)}{g'(x)} = \frac{1 - \cos x}{x \cdot \cos x + \sin x}$$

liefert für $x \to 0$ leider immer noch einen Grenzwert vom Typ „$0/0$", so dass wir den Quotienten der zweiten Ableitungen betrachten müssen:

$$\frac{f''(x)}{g''(x)} = \frac{\sin x}{2 \cos x - x \sin x} \to \frac{0}{2 \cdot 1 - 0 \cdot 0} = 0 \qquad (x \to 0).$$

Eine zweimalige Anwendung der l'Hospital'schen Regel liefert daher den behaupteten Grenzwert 0.

Beispiel. Der Grenzwert $\lim_{x \to 0} x \ln x$ ist vom Typ „$0 \cdot \infty$", kann aber sehr einfach auf den Typ „∞/∞" gebracht werden:

$$x \ln x = \frac{\ln x}{1/x}.$$

Der Quotient der ersten Ableitungen liefert nach der l'Hospital'schen Regel

$$\frac{(\ln x)'}{(1/x)'} = -x \to 0 \quad (x \to 0), \quad \text{also} \quad \lim_{x \to 0} x \ln x = 0.$$

In Zukunft werden wir solche Grenzwerte aber einfach mit Maple ausrechnen, welches die l'Hospital'sche Regel selbstverständlich beherrscht:

```
> limit(x*ln(x),x=0), limit(1/sin(x)-1/x,x=0);
```
$$0, 0$$
```
> limit(exp(sqrt(ln(n)))/n^eps,n=infinity) assuming eps > 0;
```
$$0$$

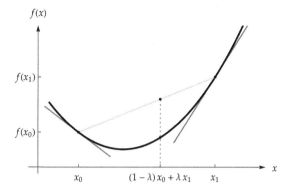

Abb. 16. Konvexe Funktion f (schwarz) mit Tangenten (dunkel) und Sehne (hell).

7.3 Konvexität und die Jensen'sche Ungleichung

Abb. 16 zeigt einen Funktionsverlauf (schwarz), dessen Graph in Richtung wachsender x eine „Linkskurve" beschreibt. An der Abbildung können wir einige Eigenschaften solcher Funktionen ablesen:

- Die Werte einer Sehne (hellgrau), die zwei Punkte $(x_0, f(x_0))$ und $(x_1, f(x_1))$ des Graphen verbindet, liegen *oberhalb* von f.

- Für $x_0 < x_1$ liegt die Steigung jener Sehne *zwischen* den Steigungen der Tangenten (dunkelgrau) an f in ihren Endpunkten;

- insbesondere sind die Steigungen der Tangenten, also die Ableitung f', *monoton wachsend* und nach dem Monotoniekriterium gilt daher $f'' \geqslant 0$.

Die Punkte auf der Sehne lassen sich durch

$$x\text{-Koordinate} = (1-\lambda)x_0 + \lambda x_1, \quad f\text{-Koordinate} = (1-\lambda)f(x_0) + \lambda f(x_1),$$

mit $0 \leqslant \lambda \leqslant 1$ beschreiben. Die Indizierung ist dabei so gewählt, dass wir x_0 für $\lambda = 0$ erhalten, bzw. x_1 für $\lambda = 1$. Wenn wir die aufgelisteten drei Eigenschaften (die zunehmend höhere Differenzierbarkeit erfordern) formalisieren, so stellen wir fest, dass jede von ihnen für die „Linkskrümmung" bereits *konstitutiv* ist, also die jeweils anderen beiden Eigenschaften impliziert. Genau das besagt der folgende Satz, den man – wie bereits sovieles in diesem Teil der Vorlesung – durch „Jonglieren" mit dem Mittelwertsatz beweisen kann.

Satz. *Für zweimal differenzierbares $f : (a, b) \to \mathbb{R}$ sind folgende Ungleichungen äquivalent:*

- *Für alle x_0, x_1 mit $x_0 \neq x_1$ gilt*

$$f\big((1-\lambda)x_0 + \lambda x_1\big) \leqslant (1-\lambda)f(x_0) + \lambda f(x_1) \qquad (0 < \lambda < 1); \quad (7.6)$$

- *für alle x_0, x_1 mit $x_0 < x_1$ gilt*

$$f'(x_0) \leqslant \frac{f(x_1) - f(x_0)}{x_1 - x_0} \leqslant f'(x_1); \tag{7.7}$$

- *für alle $x \in \mathbb{R}$ gilt*

$$0 \leqslant f''(x). \tag{7.8}$$

Wenn eine der Ungleichungen (7.6), (7.7) oder (7.8) strikt ist, d.h. wenn dort das „<"-Zeichen statt des „$\leqslant$"-Zeichens gilt, so gilt dasselbe auch für die jeweils anderen beiden Ungleichungen.

Definition. Eine Funktion $f : (a, b) \to \mathbb{R}$, für welche die Ungleichung (7.6) gilt, heißt *konvex*. Ist die Ungleichung strikt, so heißt f *streng* konvex. f heißt (streng) *konkav*, wenn $-f$ (streng) konvex ist.

Die Bedeutung des Satzes liegt nun darin, dass sich die Ungleichung (7.8) oft als sehr einfaches *Konvexitätskriterium* überprüfen lässt, während die Ungleichungen (7.6) und (7.7) dann sehr nützliche und interessante Resultate beinhalten. Die Ungleichung (7.7) kann dazu auf eine weitere nützliche Form gebracht werden:

Korollar. *Es sei $f : (a, b) \to \mathbb{R}$ konvex und differenzierbar. Dann gilt für alle $x_0, x_1 \in (a, b)$, dass*

$$f(x_0) + f'(x_0)(x_1 - x_0) \leqslant f(x_1). \tag{7.9}$$

Ist f streng konvex, so gilt hier die Gleichheit genau dann, wenn $x_0 = x_1$.

Beispiel. Die Exponentialfunktion $f(x) = e^x$ ist auf $\mathbb{R}$ streng konvex, da stets $f''(x) = e^x > 0$ gilt. Aus dem Korollar folgt – jetzt sozusagen vom „höheren Standpunkt" aus – erneut unsere gute alte Ungleichung (3.8), nämlich

$$1 + x = f(0) + f'(0)(x - 0) \leqslant f(x) = e^x$$

mit Gleichheit genau für $x = 0$.

Die den Begriff der Konvexität definierende Ungleichung (7.6) wird durch Iteration sogar noch viel nützlicher, wie Jensen 1904 – und vor ihm bereits 1888 Hölder – erkannte:

Jensen'sche Ungleichung. *Es sei $f : (a, b) \to \mathbb{R}$ konvex, $x_1, \ldots, x_n \in (a, b)$ und $p_1, \ldots, p_n > 0$ mit $p_1 + \cdots + p_n = 1$. Dann gilt*

$$f\left(\sum_{k=1}^{n} p_k \cdot x_k\right) \leqslant \sum_{k=1}^{n} p_k \cdot f(x_k). \tag{7.10}$$

Ist f streng konvex, so gilt hier die Gleichheit genau dann, wenn $x_1 = \cdots = x_n$.

Beispiel. Der natürliche Logarithmus $f(x) = \ln x$ bildet eine streng *konkave* Funktion: Es ist nämlich $f''(x) = -1/x^2 < 0$ für $x > 0$. Also liefert für $a_1, \ldots, a_n > 0$ und $p_1, \ldots, p_n > 0$ mit $p_1 + \cdots + p_n = 1$ die Jensen'sche Ungleichung (wegen der Konkavität muss das Ungleichheitszeichen in (7.10) umgedreht werden)

$$\ln\left(\sum_{k=1}^{n} p_k \cdot a_k\right) \geqslant \sum_{k=1}^{n} p_k \cdot \ln a_k = \ln\left(a_1^{p_1} \cdots a_n^{p_n}\right);$$

dabei gilt wegen der *strengen* Konkavität Gleichheit genau für $a_1 = \cdots = a_n$. Nach Anwendung der streng monotonen Exponentialfunktion erhalten wir hieraus einen weiteren guten alten Bekannten vom „höheren Standpunkt" aus zurück, die allgemeine AM-GM-Ungleichung aus Abschnitt 3.7:

$$p_1 a_1 + \cdots + p_n a_n \geqslant a_1^{p_1} \cdots a_n^{p_n}$$

mit Gleichheit genau für $a_1 = \cdots = a_n$.

Extrema konvexer Funktionen

Strenge Konvexität ist eine große Hilfestellung bei der Lösung von Extremwertaufgaben, sowohl global als auch lokal. Ein Blick auf Abb. 16 überzeugt uns von der Plausibilität des folgenden Lemmas:

Lemma. *Es sei $I \subseteq \mathbb{R}$ ein Intervall und $f : I \to \mathbb{R}$ streng konvex. Dann besitzt f höchstens eine Minimalstelle in I und kann das Maximum nur in den Randpunkten von I annehmen (falls vorhanden).*

Beweis. Der Beweis erfolgt jeweils durch Widerspruch. Nehmen wir zuerst an, es gäbe zwei *verschiedene* Stellen $x_0, x_1 \in (a, b)$, in denen f das Minimum $\underline{m}$ annimmt. Dann folgt aus der strengen Konvexität

$$f\left(\frac{x_0 + x_1}{2}\right) < \frac{1}{2}\left(f(x_0) + f(x_1)\right) = \underline{m},$$

so dass f widersprüchlicherweise noch kleinere Werte als $\underline{m}$ besäße.

Nehmen wir nun an, dass f das Maximum $\overline{m}$ im Innern des Intervalls I annimmt. Wir könnten dann $\overline{x} = (x_0 + x_1)/2$ mit $x_0, x_1 \in I$ schreiben. Wegen der Maximalität des Werts $\overline{m}$ folgt aus der strengen Konvexität der offenkundige Widerspruch $\overline{m} = f(\overline{x}) < \frac{1}{2}\left(f(x_0) + f(x_1)\right) \leqslant \overline{m}$. □

Beispiel. Das Lemma erklärt sofort, warum wir im ersten Beispiel des Abschnitts 7.1 für die Funktion $f(x) = x + x^{-1}$ auf $I = (0, \infty)$ eine einzige Minimalstelle und kein Maximum gefunden haben: I besitzt keine Randpunkte und f ist dort streng konvex, denn es gilt $f''(x) = 2/x^3 > 0$.

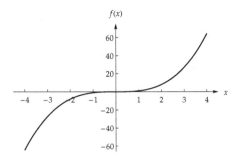

Abb. 17. Die Funktion $f(x) = x^3$ mit einem Wendepunkt bei $x = 0$.

Kriterium für lokale Extrema. *Es sei f zweimal stetig differenzierbar auf (a, b) und $f'(x_0) = 0$ für ein $x_0 \in (a, b)$. Dann gilt:*

$$f''(x_0) > 0 \;\Rightarrow\; f \text{ besitzt ein striktes lokales Minimum in } x_0;$$

$$f''(x_0) < 0 \;\Rightarrow\; f \text{ besitzt ein striktes lokales Maximum in } x_0.$$

Beweis. Ich betrachte nur den Fall $f''(x_0) > 0$, den Fall $f''(x_0) < 0$ behandelt man durch „Umdrehen aller Ungleichungen". Aus der Stetigkeit von f'' folgt, dass es sogar eine Umgebung $U(x_0)$ von x_0 gibt, in der $f'' > 0$ gilt und f daher *streng* konvex ist. Aus der Ungleichung (7.9) und der Voraussetzung $f'(x_0) = 0$ folgt somit die Abschätzung

$$f(x_0) < f(x) \qquad (x_0 \neq x \in U(x_0)),$$

so dass x_0 als *striktes* lokales Minimum von f nachgewiesen ist. □

Bemerkung. Die Bedingungen $f''(x_0) \geqslant 0$ und $f'(x_0) = 0$ reichen *nicht* aus, um auf ein lokales Minimum zu schließen. Denn im Gegensatz zu $f''(x_0) > 0$ können wir die Bedingung $f''(x_0) \geqslant 0$ *nicht* ohne weiteres auf eine Umgebung von x_0 ausdehnen, um dort die Konvexität von f zu sichern. Beispiel gefällig? (Dieses beantwortet übrigens auch viele meiner Fragen „Beispiel?" aus diesem Teil der Vorlesung ...)

Beispiel. Die streng monoton wachsende Funktion $f(x) = x^3$ erfüllt zwar $f(0) = f'(0) = f''(0) = 0$, aber $x = 0$ ist natürlich *keine* Extremstelle, sondern ein „Wendepunkt" (siehe Abb. 17): Für $x < 0$ gilt $f''(x) < 0$, d.h. der Graph ist dort nach rechts gekrümmt (f ist dort konkav), für $x > 0$ gilt hingegen $f''(x) > 0$ und die Krümmung verläuft nach links (f ist dort konvex).

Aufgaben

1. Für $x \in \mathbb{R}$ sind die Hyperbelfunktionen definiert als

$$\sinh x = \frac{e^x - e^{-x}}{2}, \quad \cosh x = \frac{e^x + e^{-x}}{2}, \quad \tanh x = \frac{\sinh x}{\cosh x}, \quad \coth x = \frac{\cosh x}{\sinh x}.$$

a) Für welche $x \in \mathbb{R}$ sind sie differenzierbar?

b) Bestimmen Sie die Ableitungen und bringen Sie sie in eine möglichst einfache Form.

c) Ermitteln Sie die Definitionsbereiche der Umkehrfunktionen $\operatorname{arsinh} x$, $\operatorname{arcosh} x$, $\operatorname{artanh} x$, $\operatorname{arcoth} x$. Wo sind sie differenzierbar und wie lauten ihre Ableitungen?

2. Für welche $x \in \mathbb{R}$ sind folgende Funktionen differenzierbar?

$$f(x) = \frac{x^3 - 2x^2 + x}{x^2 - 1}, \quad g(x) = |x^2 - 1| + |x| - 1, \quad h(x) = \sqrt{\frac{3|x|}{x} - \frac{5}{2}}.$$

Benutzen Sie Maple, um die Funktionsverläufe zu visualisieren und die Ableitungen an den Differenzierbarkeitsstellen zu berechnen.

3. Die reellen Funktionen $f_1, f_2, \ldots, f_n$ seien im Punkt $x \in \mathbb{R}$ differenzierbar. Schreiben Sie die Ableitung des Produkts

$$(f_1 \cdot f_2 \cdots f_n)'(x)$$

möglichst übersichtlich auf.

4. Berechnen Sie die folgenden Grenzwerte:

$$\lim_{x \to 0} \frac{\ln(1 + x)}{x}, \quad \lim_{x \to 0} \left(\cot x - \frac{1}{x} \right), \quad \lim_{x \to 0} \left(\frac{1}{\sin^2 x} - \frac{1}{x^2} \right).$$

Überprüfen Sie Ihre Ergebnisse mit Maple.

5. Bestimmen Sie die bestmögliche Konstante $a > 0$ so, dass die Abschätzung

$$|\ln(1 + x)| \leqslant a|x| \qquad (|x| \leqslant 1/2)$$

gilt. Warum muss dieses a existieren?

6. Ermitteln Sie das Maximum folgender Funktionen:

$$f(x) = x^{-1} e^{-(\ln x)^2/2} \quad (x > 0), \quad g(x) = e^{-x} e^{-e^{-x}} \quad (x \in \mathbb{R}).$$

7. Zeigen Sie, dass die Funktionen

$$f(x) = \arctan x \quad \text{und} \quad g(x) = \arctan \left(\frac{1 + x}{1 - x} \right)$$

sich für $x \in (-\infty, 1)$ bzw. $x \in (1, \infty)$ jeweils nur um eine Konstante unterscheiden. Berechnen Sie diese Konstanten.

Hinweis. Betrachten Sie die Grenzwerte für $x \to \pm\infty$ und vergleichen Sie die Ableitungen der beiden Funktionen.

8. Für die stetig differenzierbare Funktion $f : (a, \infty) \to \mathbb{R}$ gelte $f'(x) \leqslant 0$ für alle $x > a$ und $f(x) \to 0$ für $x \to \infty$. Lässt sich etwas Grundsätzliches über das Vorzeichen von $f(x)$ für $x > a$ sagen? Skizzieren Sie den Verlauf einer solchen Funktion.

9. Zeigen Sie, dass die von Einstein benutzte Funktion

$$f(x) = x^2 \frac{e^x}{(e^x - 1)^2} \qquad (x > 0)$$

streng monoton fällt.

10. Es sei die differenzierbare Funktion $f : I \subset \mathbb{R} \to J \subset \mathbb{R}$ surjektiv und es gelte $f'(x) > 0$ $(x \in \mathbb{R})$.

a) Begründen Sie, dass $f^{-1} : J \to I$ existiert. Welches Monotonieverhalten hat f^{-1}?

b) Welches Krümmungsverhalten hat f^{-1}, wenn zusätzlich f konvex, bzw. streng konvex (f konkav, bzw. streng konkav) ist?

c) Wiederholen Sie a) und b) unter der Voraussetzung $f'(x) < 0$ $(x \in \mathbb{R})$.

Vorgehensweise. Finden Sie Beispielfunktionen. Veranschaulichen Sie sich die Beispielfunktionen und stellen Sie Vermutungen an. Beweisen Sie dann Ihre Vermutungen.

11. Zeigen Sie mit Ihrem Wissen über Konvexität bzw. Konkavität, dass

$$\frac{1}{x-1} + \frac{1}{x} + \frac{1}{x+1} \geqslant \frac{3}{x} \qquad (x > 1)$$

gilt (wann gilt Gleichheit?). Gewinnen Sie hieraus wie der Renaissance-Mathematiker Mengoli einen weiteren Beweis für die Divergenz der harmonischen Reihe. Verallgemeinern Sie die Aussage auf $2n + 1$ $(n \in \mathbb{N})$ Summanden.

12. Beweisen Sie mit den Mitteln der Infinitesimalrechnung, dass die Bernoulli'sche Ungleichung aus Abschnitt 2.1 gilt.

13. Die Funktionen $f, g : [a, b] \to \mathbb{R}$ seien stetig und in (a, b) differenzierbar. Zeigen Sie, dass ein $\xi \in (a, b)$ existiert mit

$$(f(b) - f(a)) \cdot g'(\xi) = (g(b) - g(a)) \cdot f'(\xi).$$

14. Ein Optimierungsproblem.

a) Diskutieren Sie den Verlauf der Funktion $f(x) = \ln(1 + \frac{1}{x})$ für $x > 0$. Wo liegen die Maxima/Minima, wo wächst bzw. fällt die Funktion monoton, wo ist sie konvex, wo konkav?

b) Bestimmen Sie die bestmögliche Konstante $c \geqslant 0$, so dass für $x, y, z > 0$ mit $x + y + z = 1$ gilt

$$c \leqslant \left(1 + \frac{1}{x}\right)\left(1 + \frac{1}{y}\right)\left(1 + \frac{1}{z}\right).$$

In welchem Fall gilt die Gleichheit?

Hinweis. Warum beginnt diese Aufgabe wohl mit a)? Welches Werkzeug sollte Ihnen da im Zusammenhang mit Ungleichungen einfallen?

IV

Integration

Die *Integration* ist die Umkehrung der Differentiation, sie liefert für eine *gegebene* Funktion f eine sogenannte *Stammfunktion* F mit

$$F' = f.$$

Schon Newton und Leibniz erkannten den Zusammenhang dieser Umkehrungsaufgabe mit der Berechnung von *Flächeninhalten*.

Zusätzlich zur Lösung dieser klassischen Aufgaben liefert die Integration ein mächtiges und sehr nützliches Werkzeug zum *Abschätzen* und für die übersichtliche Formulierung funktionaler Zusammenhänge. Operativ betrachtet analysiert die Differentiation eine Funktion *lokal* in der Nähe eines Punktes (sie „differenziert" also in einem ganz wörtlichen Sinn), während die Integration eine Funktion *global* auf einem Intervall „als Ganzes" in den Blick nimmt (was ja der wörtlichen Bedeutung von „Integration" entspricht).

8 Das Integral einer Funktion

8.1 Begriff des bestimmten Integrals

Wir beginnen mit folgender Aufgabenstellung: Zu berechnen sei die Fläche unter dem Graphen einer auf dem Intervall $[a, b]$ definierten Funktion $f \geqslant 0$, siehe Abb. 18b. Wenn wir bedenken, dass sich der Flächeninhalt eines Rechtecks besonders einfach als Produkt der Seitenlängen berechnen lässt, so liegt die in Abb. 18a ausgeführte Approximation durch eine „Treppenfläche" (*Rechtecksumme*) nahe. Nimmt man nun für diese Approximation immer mehr und damit schmalere Rechtecke, so sollte die Rechtecksumme wohl gegen den gesuchten Flächeninhalt konvergieren.

Diesen Prozess wollen wir jetzt formalisieren, wobei wir die Voraussetzung $f \geqslant 0$ fallen lassen (d.h. Flächenstücke unterhalb der x-Achse erhalten

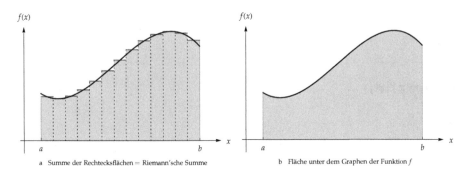

a Summe der Rechtecksflächen = Riemann'sche Summe   b Fläche unter dem Graphen der Funktion f

Abb. 18. Prinzip des Riemann'schen Integrals: Flächenapproximation

ein negatives Vorzeichen). Ausgangspunkt ist eine *Zerlegung* Z des Intervalls $[a, b]$ durch die Punkte

$$a = x_0 < x_1 < x_2 < \cdots < x_{n-1} < x_n = b.$$

Die Feinheit $|Z|$ der Zerlegung ist die Länge ihres größten Teilintervalls,

$$|Z| = \max_{j=1,\ldots,n} |x_j - x_{j-1}|.$$

Wählt man irgendwelche Zwischenpunkte $\xi_j \in [x_{j-1}, x_j]$, so nennt man

$$S = \sum_{j=1}^{n} f(\xi_j) \cdot (x_j - x_{j-1})$$

eine *Riemann'sche Summe*. (Für $f \geqslant 0$ ist das genau die Rechtecksumme, also die Fläche der aus den Rechtecken gebildeten „Treppe" in Abb. 18a). Um nun die oben ausgeführte Idee eines Grenzübergangs zu „immer feineren Rechtecken" zu präzisieren, nehmen wir eine Folge (Z_k) von Zerlegungen, deren Feinheit $|Z_k| \to 0$ für $k \to \infty$ erfüllt.

Definition. Eine Funktion $f : [a, b] \to \mathbb{R}$ heißt auf $[a, b]$ *Riemann-integrierbar*, oder einfach kurz *integrierbar*, falls für alle Zerlegungfolgen (Z_k) mit asymptotisch verschwindender Feinheit $|Z_k| \to 0$ die zugehörigen Riemann'schen Summen S_n *unabhängig* von der Wahl der Zwischenpunkte gegen ein und denselben Grenzwert $I(f)$ konvergieren; dieser Grenzwert

$$I(f) = \int_a^b f(x) \, dx.$$

heißt dann das *bestimmte Integral* von f auf $[a, b]$; die Funktion f ist der zugehörige *Integrand*.

Das Symbol „dx" kennzeichnet dabei, dass das Integral bez. der *Integrationsvariablen* „x" gebildet wird; sie wird dadurch zu einer *gebundenen* Variablen. Wir dürfen für sie jeden beliebigen Buchstaben hinschreiben, der uns zur Verfügung steht und der die Lesbarkeit der Formel unterstützt:

$$\int_a^b f(x)\,dx = \int_a^b f(t)\,dt = \int_a^b f(\xi)\,d\xi = \cdots$$

Unmittelbar aus der Definition ergeben sich die grundlegenden

Eigenschaften des bestimmten Integrals. *Es sei $a < b$. Für integrierbare Funktionen $f, g : [a, b] \to \mathbb{R}$ gilt:*

- **Normierung**

$$\int_a^b dx = (b - a); \tag{8.1}$$

- **Positivität**

$$f \geqslant 0 \ \ auf\ [a, b] \quad \Rightarrow \quad \int_a^b f(x)\,dx \geqslant 0; \tag{8.2}$$

- **Linearität** *für $\lambda, \mu \in \mathbb{R}$*

$$\int_a^b (\lambda f(x) + \mu g(x))\,dx = \lambda \int_a^b f(x)\,dx + \mu \int_a^b g(x)\,dx; \tag{8.3}$$

- **Zerlegbarkeit** *für $a < c < b$*

$$\int_a^b f(x)\,dx = \int_a^c f(x)\,dx + \int_c^b f(x)\,dx. \tag{8.4}$$

Definiert man bequemerweise

$$\int_a^a f(x)\,dx = 0, \qquad \int_b^a f(x)\,dx = -\int_a^b f(x)\,dx,$$

so bleibt die Zerlegungsformel (8.4) für beliebige $a, b, c \in \mathbb{R}$ gültig, sofern f auf den jeweiligen Bereichen integrierbar ist.

Aus Positivität und Linearität folgt sofort die *Monotonie* des Integrals: Für integrierbare Funktionen gilt

$$f \leqslant g \ \ auf\ [a, b] \quad \Rightarrow \quad \int_a^b f(x)\,dx \ \leqslant \ \int_a^b g(x)\,dx. \tag{8.5}$$

Welche Funktionen sind denn nun integrierbar? Mit einigem Fleiß, für den uns hier ohne Bedauern die Zeit fehlt, lässt sich zeigen:

Satz. *Die Riemann-integrierbaren Funktionen auf $[a, b]$ bilden einen Vektorraum beschränkter Funktionen. Dabei folgt die Riemann-Integrierbarkeit einer Funktion $f : [a, b] \to \mathbb{R}$ bereits aus einer der beiden folgenden Eigenschaften:*

(i) f *ist beschränkt und monoton;*   (ii) f *ist stückweise stetig.*[30]

Mit f und g sind auch $f \cdot g$ und $|f|$ über $[a,b]$ integrierbar; dabei gilt

$$\left| \int_a^b f(x)\,dx \right| \leqslant \int_a^b |f(x)|\,dx.$$

Jetzt kommt das wirklich Großartige am Integralbegriff: Sie werden die Definition *nie wieder* benötigen, alles was Sie bis hierher wirklich brauchen – und sich daher bitte merken sollten – sind die operativen *Eigenschaften* des Integrals und das Wissen, dass die meisten Funktionen, die Sie je interessieren könnten, integrierbar sind.

Bemerkung. Die Mathematiker haben den Integralbegriff seit Cauchys Zeiten (1823) auf verschiedene Weisen präzisiert: Cauchy-Integral (auch: Regelintegral) [Kö4a], Riemann-Integral, Lebesgue-Integral [Kö4b], Henstock–Kurzweil-Integral [Bar01], etc. Jeder dieser Begriffe erfüllt die oben angegebenen Eigenschaften eines bestimmten Integrals, unterscheidet sich aber hinsichtlich des Umfangs der integrierbaren Funktionen und hinsichtlich des Arbeitsaufwands, der von der Definition zu den Eigenschaften des Integrals und zur Charakterisierung der integrierbaren Funktionen führt. Wir haben den von Riemann 1854 in seiner Habilitationsschrift eingeführten Integralbegriff als pragmatischen Kompromiss zwischen Aufwand und Nutzen gewählt: Die Definition fällt besonders kurz aus, ist intuitiv verständlich, die grundlegenden Eigenschaften folgen ganz unmittelbar und die Klasse der integrierbaren Funktionen ist ausreichend groß.

Mittelwertsatz der Integralrechnung

Der gesamte Abschnitt 7 fußte auf dem grundlegenden Mittelwertsatz der Differentialrechnung. Von ähnlich fundamentaler Bedeutung ist nun sein Zwilling, der *Mittelwertsatz der Integralrechnung*, den wir als erste Übung im Umgang mit den Eigenschaften bestimmter Integrale beweisen wollen.

Satz. *Es sei $f : [a,b] \rightarrow \mathbb{R}$ stetig und $p : [a,b] \rightarrow \mathbb{R}$ integrierbar mit $p \geqslant 0$. Dann gibt es ein $\xi \in [a,b]$ mit*

$$\int_a^b f(x)p(x)\,dx = f(\xi) \cdot \int_a^b p(x)\,dx.$$

Die Funktion p wird hier oft als Gewichtsfunktion bezeichnet.

---

[30] Eine Funktion $f : [a,b] \rightarrow \mathbb{R}$ heißt *stückweise stetig*, wenn es eine Zerlegung $a = x_0 < x_1 < \cdots < x_n = b$ gibt, so dass f in jedem offenen Teilintervall (x_{j-1}, x_j) stetig ist und sich *innerhalb* des Teilintervalls stetig in die Randpunkte x_{j-1} und x_j fortsetzen lässt.

Beweis. Nach dem Satz vom Maximum und Minimum besitzt die *stetige* Funktion f auf dem Intervall $[a, b]$ ein Maximum $\overline{m}$ und ein Minimum $\underline{m}$. Aus der Monotonie (8.5) des Integrals folgt

$$\underline{m} \cdot \int_a^b p(x)\,dx \leqslant \int_a^b f(x)p(x)\,dx \leqslant \overline{m} \cdot \int_a^b p(x)\,dx.$$

Es gibt also eine Zahl $\mu \in [\underline{m}, \overline{m}]$ mit

$$\int_a^b f(x)p(x)\,dx = \mu \cdot \int_a^b p(x)\,dx.$$

Da f stetig ist, muss nach dem Zwischenwertsatz ein $\xi \in [a, b]$ mit $f(\xi) = \mu$ existieren. $\qquad\qquad\qquad\qquad\qquad\qquad\qquad\qquad\qquad\qquad\qquad\square$

Uneigentliche Integrale

Man kann den Bereich sinnvoller Integrale durch Grenzwertbildung in den Integrationsgrenzen noch weiter ausdehnen. Ist beispielsweise die Funktion $f : [a, b) \to \mathbb{R}$ auf jedem Intervall $[a, \beta]$ mit $a < \beta < b$ integrierbar, so definiert

$$\int_a^b f(x)\,dx = \lim_{\beta \to b} \int_a^\beta f(x)\,dx.$$

im Fall der Konvergenz das linksstehende *uneigentliche* Integral. Dabei darf jetzt auch $b = \infty$ sein. Entsprechend verfährt man mit dem unteren Integrationsindex:

$$\int_a^b \cdots = \lim_{\alpha \to a} \int_\alpha^b \cdots$$

Sind sowohl a und b von der Grenzwertbildung betroffen, so denkt man sich das Integral an einer Stelle $c \in (a, b)$ „aufgetrennt":

$$\int_a^b \cdots = \lim_{\alpha \to a} \int_\alpha^c \cdots + \lim_{\beta \to b} \int_c^\beta \cdots$$

Machen Sie sich bitte klar, dass die Eigenschaften der Positivität, Linearität und Zerlegbarkeit auch für uneigentliche Integrale bestehen bleiben.

Völlig analog zum Majorantenkriterium für die Konvergenz unendlicher Reihen gilt auch für die Konvergenz uneigentlicher Integrale ein

Majorantenkriterium. *Es seien $f, g : (a, b) \to \mathbb{R}$ auf jedem kompakten Teilintervall von (a, b) integrierbar mit $|f| \leqslant g$. Existiert das uneigentliche Integral $\int_a^b g(x)\,dx$, so auch $\int_a^b f(x)\,dx$ mit*

$$\left| \int_a^b f(x)\,dx \right| \leqslant \int_a^b |f(x)|\,dx \leqslant \int_a^b g(x)\,dx.$$

Uneigentliche Integrale $\int_a^b f(x)\,dx$, für die $\int_a^b |f(x)|\,dx$ existiert, heißen absolut konvergent.

8.2 Stammfunktionen und der Hauptsatz

Ist Ihnen aufgefallen, dass ich bislang kein einziges Beispiel eines Integrals gebracht habe? Nun – dazu brauchen wir den Zusammenhang mit der Differentiation:

Satz (Hauptsatz der Infinitesimalrechnung). *Es sei* $f : I \to \mathbb{R}$ *stetig sowie* $a \in I$ *fest gewählt. Dann ist die für* $x \in I$ *definierte Funktion*

$$F(x) = \int_a^x f(t)\, dt$$

differenzierbar; sie ist auf I eine Stammfunktion *von* f*, d.h. es gilt dort* $F' = f$. *Umgekehrt liefert eine beliebige Stammfunktion G von f auf I den Wert des Integrals durch die Formel:*

$$\int_a^b f(t)\, dt = G(b) - G(a) = G(x)\big|_{x=a}^b \qquad (a, b \in I). \tag{8.6}$$

Zwei verschiedene Stammfunktionen von f auf I unterscheiden sich dort nur um eine Konstante.

Beweis. Für $h \neq 0$ mit $x, x + h \in I$ gilt wegen der Zerlegbarkeit des Integrals, dass

$$\frac{F(x + h) - F(x)}{h} = \frac{1}{h} \int_x^{x+h} f(x)\, dx.$$

Wegen der Stetigkeit von f können wir den Mittelwertsatz der Integralrechnung heranziehen (mit der Gewichtsfunktion $p = 1$) und erhalten ein $\xi \in [x, x + h]$ mit

$$\frac{F(x + h) - F(x)}{h} = f(\xi) \cdot \frac{1}{h} \int_x^{x+h} dx = f(\xi);$$

wobei wir uns an die Normierung des Integrals erinnert haben. Für $h \to 0$ geht $\xi \to x$ und aus Stetigkeitsgründen $f(\xi) \to f(x)$. Damit existiert der Grenzwert

$$F'(x) = \lim_{h \to 0} \frac{F(x + h) - F(x)}{h} = f(x).$$

Wenn nun eine beliebige Stammfunktion G von f auf I vorliegt, d.h. $G' = f$ auf I gilt, so ist $G' = F'$ auf I. Nach dem Kriterium für Konstanz gibt es also eine Konstante c mit

$$G = F + c.$$

Setzen wir hier $x = a$ ein, so folgt aus $F(a) = 0$, dass $G(a) = c$. Setzen wir $x = b$ ein, so folgt demnach

$$G(b) = F(b) + G(a) = G(a) + \int_a^b f(t)\, dt,$$

womit auch (8.6) bewiesen ist.   □

Stammfunktionen werden daher auch gerne als $\int f(x)\, dx$ oder $\int^x f(t)\, dt$ geschrieben und dann als *unbestimmtes* Integral bezeichnet. Oft gibt man einer Stammfunktion gleich noch eine unbestimmte additive Konstante c mit auf den Weg. So schreibt man also in Umkehrung der Beziehung $\sin' x = \cos x$

$$\int^x \cos(t)\, dt = \sin(x) + c.$$

Halten wir die Struktur ganz genau fest: Der Hauptsatz sichert zunächst für jede stetige Funktion f die *Existenz* einer Stammfunktion. Diese kann ausgewertet werden, sobald wir einen unabhängigen Weg zur Berechnung bestimmter Integrale finden. Andererseits besagt er, dass die Kenntnis einer Stammfunktion zur Berechnung von Integralwerten herangezogen werden kann. Daraus ergeben sich zwei *komplementäre* Zugänge zu Integralwerten und Stammfunktionen:

- *Numerische Integration* bezeichnet Verfahren, welche das bestimmte Integral $F(x) = \int_a^x f(t)\, dt$ für gegebene Zahlen x direkt als Zahl ausrechnen (ohne vorherige Kenntnis einer Stammfunktion). Die Stammfunktion F steht dann indirekt als ein *Programm* zur Verfügung, das (innerhalb gewisser Genauigkeiten) die Auswertung von $x \mapsto F(x)$ gestattet.

- *Symbolische Integration* bezeichnet Verfahren, welche für einen gegebenen Funktionsausdruck $f(x)$ eine Stammfunktion $F(x)$ als *geschlossenen Funktionsausdruck* ermittelt. Wenn dies gelingt, können auch konkrete Integrale $\int_a^b f(t)\, dt$ als Zahl durch den Ausdruck $F(b) - F(a)$ berechnet werden.

Beide Zugänge haben ihre Bedeutung und wichtigen Anwendungen. Verfahren der numerischen Integration sind Thema in jeder einführenden Vorlesung zur „Numerischen Mathematik"; sie stehen *für jeden* sinnvollen Integranden zur Verfügung. Mit der symbolischen Integration befassen wir uns etwas näher im nächsten Abschnitt; sie funktioniert grundsätzlich nur für *gewisse* Integranden.

Beispiel. Für all diejenigen Funktionen, die sich mehr oder minder *zufällig* in den Tabellen 5 und 6 in der Zeile der Ableitungen finden lassen, kennen wir natürlich bereits eine Stammfunktion: Wir müssen nur in der Zeile der Ausgangsfunktionen nachschauen. So kommt Tabelle 7 zustande. Achten Sie bei der Verwendung solcher Tabellen aber bitte stets auf die evtl. nicht mit angegebenen Definitionsbereiche und vermeiden Sie singuläre Situationen. Mit Hilfe dieser Tabelle können wir beispielsweise

Tabelle 7. Stammfunktionen einiger elementarer Funktionen.

$f(x)$	x^a $(a \neq -1)$	$1/x$	e^x	a^x
$\int f(x)\,dx$	$x^{a+1}/(a+1)$	$\ln x$	e^x	$a^x/\ln a$
$f(x)$	$\sin x$	$\cos x$	$1/\sqrt{1-x^2}$	$1/(1+x^2)$
$\int f(x)\,dx$	$-\cos x$	$\sin x$	$\arcsin x$	$\arctan x$

$$\int_0^\pi \sin(x)\,dx = -\cos x\big|_{x=0}^\pi = 2$$

ausrechnen, oder auch das uneigentliche Integral

$$\int_{-\infty}^\infty \frac{dx}{1+x^2} = \lim_{x\to\infty}\arctan x - \lim_{x\to-\infty}\arctan x = \pi.$$

Umformung von Integralen

Durch die Umkehrung der systematischen Ableitungsregeln entstehen zwar nützliche, aber *unsystematische* Integrationsregeln. Wir betrachten zwei wichtige Beispiele.

Wir beginnen mit der Produktregel: Für stetig differenzierbare Funktionen f, g ist $f \cdot g$ nämlich eine Stammfunktion der *stetigen* Funktion $f' \cdot g + f \cdot g'$, so dass der Hauptsatz die Regel der *partiellen Integration*

$$\int_a^b f'(t)g(t)\,dt = f(x)\cdot g(x)\big|_{x=a}^b - \int_a^b f(t)g'(t)\,dt \qquad (8.7)$$

liefert.

Als nächsten nehmen wir die Kettenregel: Für eine stetige Funktion f sei F auf I eine Stammfunktion, also $F' = f$. Weiter sei eine stetig differenzierbare Funktion $\phi : J \to I$ gegeben. Dann ist $F \circ \phi(t)$ eine Stammfunktion der stetigen Funktion $f(\phi(t))\phi'(t)$ und wir erhalten aus dem Hauptsatz die *Substitutionsregel*

$$\int_{\phi(a)}^{\phi(b)} f(x)\,dx = F(\phi(b)) - F(\phi(a)) = \int_a^b f(\phi(t))\phi'(t)\,dt. \qquad (8.8)$$

In vielen Anwendungen der Substitutionsregel müssen *gegebene* Integrationsgrenzen für f zunächst auf die Form $\phi(b)$ und $\phi(a)$ gebracht werden, wofür man meist gleich die Invertierbarkeit von ϕ verlangt.

Hauptsatz vs. Mittelwertsätze

Für *stetig* differenzierbare Funktionen $f : I \to \mathbb{R}$ besitzen wir jetzt zwei Möglichkeiten, um Differenzen von Funktionswerten durch die Ableitung auszudrücken:

$$f(b) - f(a) = \int_a^b f'(x)\,dx,$$

$$= (b - a)f'(\xi) \qquad \text{für ein gewisses } \xi \in (a, b).$$

Die erste Gleichung folgt aus dem Hauptsatz, die zweite hingegen aus dem Mittelwertsatz der *Differentialrechnung*. (Der Mittelwertsatz der *Integralrechnung* kann hier nur $\xi \in [a, b]$ spezifizieren und ist daher *schwächer*.) Welche der beiden Formen man in konkreten Fällen wählt, ist oft genug reine Geschmackssache.

8.3 Computergestützte symbolische Integration

Der Hauptsatz lehrt uns, dass jeder stetige Integrand f eine Stammfunktion F besitzt. Aber wissen wir deshalb bereits, wie sich für eine gegebene Funktion eine solche Stammfunktion als *geschlossene Formel* (engl.: „in finite terms") berechnen ließe? Können wir Tabelle 7, die Regel der partiellen Integration und die Substitutionsregel nehmen und mehr oder minder maschinell geschlossene Formeln für die Stammfunktionen der Funktionen

$$f(x) = e^x \sin x \tan x \, (1 + \tan x) \qquad \text{oder} \qquad f(x) = \frac{\sin x}{x} \qquad (8.9)$$

ausrechnen? Wenn Sie sich einen Moment Zeit nehmen und darüber nachdenken, so werden Sie feststellen, dass Sie eigentlich keine *systematischen* Anhaltspunkte haben, wie Sie vorgehen sollten. Sie haben vielleicht in der Schule einige Stammfunktionen ausgerechnet und den diffusen Eindruck einer „Tricksammlung" gewonnen. Die meisten Lehrbücher und Vorlesungen zur Analysis suggerieren ebenfalls, dass die Berechnung geschlossener Formeln für Stammfunktionen eine „Mischung aus Kunst und Wissenschaft" sei und zeigen anhand vieler Beispiele und Tricks weit mehr *Kunst* als *Wissenschaft*.[31] Ganz anders bei der Differentiation: Die Berechnung von f' ist eine rein maschinelle Fleiß- und Konzentrationssache, sie verlangt keine Tricks und keine Kunstfertigkeit. Insbesondere lässt sich daher die Richtigkeit einer irgendwie gefundenen Stammfunktion durch Differentiation nachträglich leicht *überprüfen*.

Liouville hingegen war seiner Zeit weit voraus,[32] als er sich gerade einmal 24-jährig 1833 mit dem Problem aus Sicht der *Wissenschaft* zu beschäftigen begann und fragte:

---

[31] Machen Sie sich den Spaß und geben Sie den ersten Integranden aus (8.9) einem Mathematikstudenten oder -professor: Sie werden nur ganz wenige „Künstler" finden, die *selbständig*, d.h. ohne Hilfe eines Computeralgebra-Systems in der Lage sind, hierfür die Stammfunktion (8.12) auszurechnen.

[32] Liouvilles Theorie wurde zwar gerne in Fußnoten zitiert, galt aber lange als „esoterisch" und wurde deshalb kaum studiert oder gar weiterentwickelt. Erst als es den Mathematikern Ritt, Ostrowski und schließlich Rosenlicht gelang, das

(1) Könnte die Schwierigkeit vielleicht darin bestehen, dass gar nicht jede Stammfunktion eine geschlossene Formel *besitzt*?

Erinnern wir uns nämlich: Die ganzen Zahlen $\mathbb{Z}$ können beliebig miteinander multipliziert werden, aber die *Umkehroperation* der Division führt auf die rationalen Zahlen $\mathbb{Q}$. Diese können beliebig mit ganzzahligen Exponenten potenziert werden, aber die Umkehroperation des Radizierens (Wurzelziehens) führt auf die komplexen Zahlen $\mathbb{C}$. Es ist also plausibel zu vermuten, dass auch die Integration als Umkehroperation der Differentiation aus der Klasse der durch geschlossene Formeln definierten Funktionen *hinausführen* kann.

Beispiel. Betrachten wir die *rationalen Funktionen* $\mathbb{R}(x)$, also den Körper der Brüche von Polynomen aus dem Polynomring $\mathbb{R}[x]$; das sind Funktionen der Bauart

$$f(x) = \frac{x^4 - 3x^2 + 6}{x^6 - 5x^4 + 5x^2 + 4}. \tag{8.10}$$

Produkt- und Quotientenregel der Differentiation zeigen induktiv, dass mit $r \in \mathbb{R}(x)$ auch $r' \in \mathbb{R}(x)$ gilt, dass die rationalen Funktionen also unter der Differentiation abgeschlossen sind. Andererseits zeigt Tabelle 7, dass bereits so einfache Integrale rationaler Funktionen wie

$$\int \frac{dx}{x} = \ln x, \qquad \int \frac{dx}{1 + x^2} = \arctan x$$

aus der Klasse der rationalen Funktionen hinausführen. Mehr kann hier aber nicht passieren, denn ganz allgemein lässt sich – wie schon Bernoulli 1703 wusste – jede rationale Funktion durch rationale Funktionen, Logarithmus und Arkustangens geschlossen integrieren.

Tatsächlich konnte Liouville seine Frage mit „Ja" beantworten, nachdem er in einem ersten Schritt präzisiert hatte, was eigentlich eine Funktion mit einer „geschlossenen Formel", oder kurz eine *elementare Funktion* ist: Eine solche Funktion entsteht durch Verschachtelung der folgenden drei grundlegenden Operationen:

- *rationale* Operationen (die vier „Grundrechenarten");
- *algebraische* Operationen (Nullstellenbestimmung von Polynomen);

Problem der „Integration in geschlossenen Formeln" als ein rein *algebraisches* Problem ohne jede analytische Semantik zu formulieren und damit einer computergestützten *symbolischen* Behandlung zu öffnen, wurde völlig neues Interesse geweckt. Die dabei erzielten weitreichenden Erfolge waren mit ein Grund, warum sich Computeralgebra-Systeme bei den Praktikern in den Ingenieurs- und Naturwissenschaften schließlich so großer Beliebtheit erfreuen konnten.

- *elementare transzendente* Funktionen: Exponentialfunktion, Logarithmus, die trigonometrischen Funktionen und ihre Umkehrfunktionen.

Die Ableitungsregeln zeigen sofort, dass die elementaren Funktionen unter der Differentiation abgeschlossen sind. Wie steht es nun aber mit der Umkehrung, der Integration?

Beispiel. Liouville hat 1835 herausgefunden, dass der zweite elementare Integrand aus (8.9) *keine* elementare Stammfunktion besitzt, also der *Integralsinus*

$$\text{Si}(x) = \int_0^x \frac{\sin x}{x} \, dx \tag{8.11}$$

nicht elementar ist und daher eine *höhere transzendente Funktion* darstellt. Liouville zeigte auch, dass die für die Statistik so wichtige *Gauß'sche Fehlerfunktion*

$$\text{erf}(x) = \frac{2}{\sqrt{\pi}} \int_0^x e^{-x^2} \, dx$$

zu dieser Klasse von Funktionen gehört. (Für die Idee siehe [BM04, §8.1.1].)

Dieses Ergebnis führt zu ganz natürlichen Anschlussfragen:

(2) Lässt es sich wenigstens *entscheiden*, ob eine elementare Funktion eine elementare Stammfunktion besitzt?

(3) Und wenn wir das entscheiden können, können wir eine elementare Stammfunktion gegebenenfalls auch systematisch und effektiv, d.h. algorithmisch *berechnen*?

Auf diese zweite und dritte Frage fand Liouville nur partielle Antworten und sie blieben über 100 Jahre offen, bis Risch sie schließlich 1968 in seiner Dissertation ebenfalls mit „Ja" beantwortete. Die vollständige Umsetzung dieses *Risch'schen Algorithmus* in Computeralgebra-Systeme ist aber noch heute, fast 40 Jahre später, ein aktiver Forschungsgegenstand im Grenzbereich von Mathematik und Informatik. Im Einzelnen beherrscht man heute den Algorithmus für diejenigen elementaren Funktionen, die sich aus der Verschachtelung von rationalen Operationen und elementaren transzendenten Funktionen ergeben.[33] Der weit schwierigere Fall algebraischer Operationen ist dagegen nur teilweise realisiert, da die effektive Behandlung einiger tiefliegender algorithmischer Fragen der algebraischen Geometrie noch immer Probleme bereitet.

---

[33] Siehe hierzu das 325-seitige Buch [Bro05] von Manuel Bronstein, der 21 Jahre nach Robert Risch bei Maxwell Rosenlicht promoviert hat und wesentliche Beiträge für die effektive praktische Umsetzung des Risch'schen Algorithmus lieferte. Er starb 2005 unerwartet und tragisch im Alter von nur 41 Jahren an einem Herzinfarkt; der angekündigte Band II zur Integration algebraischer Funktionen blieb daher unvollendet.

Sie dürfen jedoch getrost davon ausgehen, dass ein Computeralgebra-System heute weit mehr Integrale geschlossen zu lösen vermag, als es auch sehr gut ausgebildete Leute ohne Computerunterstützung je schaffen könnten. Vor diesem Hintergrund ist das verbreitete Gerede über Integration in geschlossenen Formeln als „Mischung aus Kunst und Wissenschaft" schlicht und ergreifend: veraltet, uninformiert und irreführend.[34]

Beispiel. Wie steht es mit dem ersten elementaren Integranden aus (8.9)? Die Implementierung des Risch'schen Algorithmus in Maple liefert eine *elementare* Stammfunktion:

```
> simplify(convert(int(exp(x)*sin(x)*tan(x)*(1+tan(x)),x),trig));
```

$$-\frac{\sin x \cosh x \cos x + \sin x \sinh x \cos x - \sinh x - \cosh x}{\cos x}$$

Warum Maple (anders als Mathematica) nicht auch noch die Vereinfachung $\cosh x + \sinh x = e^x$ durchführt, bleibt zwar eine nicht nachvollziehbare „Design-Entscheidung", aber wir erhalten trotzdem das hübsche Resultat:

$$\int e^x \sin x \, \tan x \, (1 + \tan x) \, dx = e^x (\sec x - \sin x), \qquad (8.12)$$

mit der *Sekansfunktion* $\sec x = 1/\cos x$. Wenn Sie diesem Ergebnis nicht trauen, so können Sie es natürlich ganz „einfach" durch Differentiation über-prüfen (ich hoffe, Sie erkennen den ursprünglichen Integranden wieder):

---

[34] Auch das von mir eigentlich sehr geschätzte Lehrbuch [Kö4a] behauptet in §11.7 auf irreführende Weise, dass es nach „einem Ergebnis von grundsätzlicher Be-deutung von D. Richardson (1968) keinen Algorithmus gibt, mit dessen Hilfe entschieden werden kann, ob eine elementare Funktion eine elementare Stamm-funktion besitzt oder nicht". Nun, Dan Richardson hatte nur einen vordergründi-gen Zusammenhang mit dem fundamentalen „identity problem" hergestellt. Er argumentierte, dass der Charakter (elementar oder nicht elementar, das ist hier die Frage) der Stammfunktion

$$\int a e^{-x^2} dx$$

mit einer durch eine Formel gegebenen Konstanten a ja nur dann entschieden werden könne, wenn eine Entscheidung über $a = 0$ oder $a \neq 0$ möglich wäre – was im allgemeinen aber unentscheidbar ist. Um ein Gefühl für dieses „identity problem" zu bekommen, könnten Sie beispielsweise versuchen, Maple dazu zu bewegen, diese Entscheidung für die Konstante

$$16 \cos(2\pi/17) + 1 - \sqrt{17} - \sqrt{34 - 2\sqrt{17}} - 2\sqrt{17 + 3\sqrt{17} - \sqrt{34 - 2\sqrt{17}} - 2\sqrt{34 + 2\sqrt{17}}}$$

zu treffen: Viel Spaß dabei. Das „identity problem" wird heutzutage vom Problem der geschlossenen Integration logisch sauber getrennt. Der Risch'sche Algorith-mus darf daher grundsätzlich *voraussetzen*, dass die Natur der im Integranden auftretenden Konstanten genau *bekannt* ist (für Fachleute: es wird eine explizite *Transzendenzbasis* der Konstanten vorausgesetzt, siehe [Bro05, S. 285]).

```
> simplify(simplify(diff(exp(x)*(sec(x)-sin(x)),x)));
```

$$\frac{e^x \sin^2 x \, (\cos x + \sin x)}{\cos^2 x}.$$

Das Resultat (8.12) ist insofern bemerkenswert, als dass die explizite Ausnutzung der Linearität des Integrals hier nicht weitergeholfen hätte: Der Summand

$$\int e^x \sin x \, \tan x \, dx$$

des betrachteten Integrals ist *nicht* elementar, so dass also in der Summe (8.12) eine Auslöschung nicht elementarer Terme stattgefunden haben muss. Maple teilt uns dieses Ergebnis des Risch'schen Algorithmus in einer Form mit, die als partielle Arbeitsverweigerung missverstanden werden könnte:

```
> algsubs(sinh(x)+cosh(x)=exp(x),
     simplify(convert(int(exp(x)*sin(x)*tan(x),x),trig)));
```

$$-\frac{e^x}{2}(\cos x + \sin x) + \int \frac{e^x}{\cos x} \, dx.$$

Mathematica liefert das Ergebnis hingegen unter Verwendung einer der wichtigsten höheren transzendenten Funktionen überhaupt, der Gauß'schen *hypergeometrischen Funktion* $_2F_1(a, b; c; x)$:

$$\int \frac{e^x}{\cos x} \, dx = (1 - i)e^{(1+i)x} \, {}_2F_1\left(\frac{1-i}{2}, 1; \frac{3-i}{2}; -e^{2ix}\right). \tag{8.13}$$

Dieses Resultat liegt außerhalb der Reichweite der Liouville'schen Theorie und des Risch'schen Algorithmus. Mathematica berechnet es mit einem auf eine große Klasse höherer transzendenter Funktionen (sogenannte „Mellin–Barnes-Integrale") spezialisierten Algorithmus des ukrainischen Mathematikers Marichev [Mar82]. Aber schon beim Integral $\int x^x \, dx$ sind beide Computeralgebra-Systeme mit ihrem Latein am Ende: Diese *höhere* transzendente Funktion (denn wäre sie elementar, so hätte der Risch'sche Algorithmus ein Ergebnis geliefert) besitzt keinen Namen und steht auch in keiner bekannten Relation zu anderen namhaften Funktionen. Vermutlich ist sie auch nicht weiter wichtig.

Fallstricke bei der Verwendung singulärer Stammfunktionen

Beispiel. Ich betrachte die rationale Funktion aus (8.10) und möchte für sie das bestimmte Integral

$$\int_1^2 \frac{x^4 - 3x^2 + 6}{x^6 - 5x^4 + 5x^2 + 4} \, dx$$

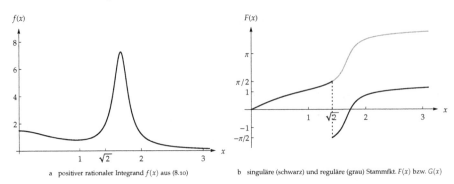

a positiver rationaler Integrand $f(x)$ aus (8.10)   b singuläre (schwarz) und reguläre (grau) Stammfkt. $F(x)$ bzw. $G(x)$

Abb. 19. Zu dem Beispiel (8.14) einer Stammfunktion mit „unnötigen" Singularitäten.

ausrechnen. Ein Blick auf Abb. 19a lehrt mich, dass ich mir wegen des Nenners des Integranden $f(x)$ keine Sorgen zu machen brauche: $f(x)$ ist auf dem ganzen Intervall stetig. Nun rechne ich mit Mathematica – Papier- und Bleistiftrechnungen *müssen* an diesem Integranden kläglich *scheitern*[35] – die Stammfunktion

$$F(x) = \int \frac{x^4 - 3x^2 + 6}{x^6 - 5x^4 + 5x^2 + 4}\, dx = \arctan\left(\frac{x^3 - 3x}{x^2 - 2}\right) \qquad (8.14)$$

aus und ermittle mit dem Hauptsatz den Wert des bestimmten Integrals:

$$F(2) - F(1) = \arctan(1) - \arctan(2) = -0.32175 \cdots$$

Halt, da kann etwas nicht stimmen: Der Integrand ist auf dem Intervall $[1, 2]$ *positiv* (siehe Abb. 19a) und darf daher keinen *negativen* Integralwert besitzen. Was habe ich falsch gemacht?

Nun, die Darstellung der Stammfunktion $F(x)$ in Abb. 19b zeigt deutlich, dass $F(x)$ bei $x = \sqrt{2}$ um π nach unten springt: $x = \sqrt{2}$ ist die Nullstelle des Nenners $x^2 - 2$ im Argument der Arkustangensfunktion in (8.14) und damit eine Singularität. Die Stammfunktion F ist also in $x = \sqrt{2}$ *nicht* differenzierbar und daher *in diesem Punkt* auch gar nicht wirklich eine „Stammfunktion". Der Hauptsatz „funktioniert" mit ihr nur für Integrationsintervalle, die diesen singulären Punkt nicht enthalten.

Wenn wir nicht von vornherein auf numerische Integrationsverfahren zurückgreifen wollen, sondern wirklich eine Stammfunktion *als Formel* benötigen, so gibt es wenigstens drei Möglichkeiten, hier Abhilfe zu schaffen. Zum einen können wir das Intervall im Punkt der Singularität zerlegen und als Summe zweier Integrale berechnen:

---

[35] Für Dozenten: Da der Nenner dieses rationalen Integranden über $\mathbb{Q}[x]$ *irreduzibel* ist, hilft einem das seit Johann Bernoullis Publikation vor über 300 Jahren unterrichtete klassische Verfahren der Partialbruchzerlegung nicht *ernsthaft* weiter.

$$\int_1^2 f(x)\,dx = \int_1^{\sqrt{2}} f(x)\,dx + \int_{\sqrt{2}}^2 f(x)\,dx$$

$$= \left(\lim_{x\uparrow\sqrt{2}} F(x) - F(1) \right) + \left(F(2) - \lim_{x\downarrow\sqrt{2}} F(x) \right)$$

$$= F(2) - F(1) + \underbrace{\lim_{x\uparrow\sqrt{2}} F(x) - \lim_{x\downarrow\sqrt{2}} F(x)}_{\text{Höhe des Sprungs von } F(x) \text{ in } x = \sqrt{2}}$$

$$= F(2) - F(1) + \lim_{x\to\infty} \arctan x - \lim_{x\to-\infty} \arctan x$$

$$= F(2) - F(1) + \pi = 2.81984\cdots$$

Zum zweiten können wir den Sprung in der Stammfunktion kompensieren und die reguläre, also wirklich überall differenzierbare Stammfunktion (siehe Abb. 19b)

$$G(x) = \begin{cases} F(x), & x < \sqrt{2}, \\ \pi/2, & x = \sqrt{2}, \\ F(x) + \pi, & x > \sqrt{2}, \end{cases}$$

einführen. Der Integralwert berechnet sich nach dem Hauptsatz zu

$$\int_1^2 f(x)\,dx = G(2) - G(1) = F(2) + \pi - F(1) = 2.81984\cdots$$

Der Nachteil dieser beiden letztlich äquivalenten Verfahren[36] besteht darin, dass wir die singulären Stellen und Sprünge der Stammfunktion explizit ermitteln müssen. Deshalb ist es beruhigend zu wissen, dass – zum dritten – Rioboo für reelle rationale Integranden 1991 einen Algorithmus [Bro05, §2.8] entwickelt hat, der unnötige Singularitäten in der Stammfunktion vermeidet und in Maple sogar standardmäßig implementiert ist:

```
> G(x)=int((x^4-3*x^2+6)/(x^6-5*x^4+5*x^2+4),x);
```

$$G(x) = \arctan\left(\frac{x^5 - 3x^3 + x}{2} \right) + \arctan(x^3) + \arctan x.$$

Es handelt sich dabei wirklich um die *gleiche* reguläre Stammfunktion $G(x)$ wie oben, nur diesmal elegant und ohne Fallunterscheidung aufgeschrieben. Wir erkennen jetzt auch auf den ersten Blick, dass $G(x)$ keine Singularitäten besitzt.

---

[36] Dieses Vorgehen wird im übrigen auch von Computeralgebra-Systemen *intern* zur bestimmten Integration herangezogen, sobald das Programm Singularitäten in der vorbereitend berechneten Stammfunktion identifiziert.

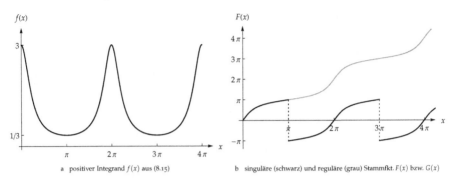

a positiver Integrand $f(x)$ aus (8.15)   b singuläre (schwarz) und reguläre (grau) Stammfkt. $F(x)$ bzw. $G(x)$

Abb. 20. Zu dem Beispiel (8.16) einer Stammfunktion mit „unnötigen" Singularitäten.

Beispiel. Für den auf ganz $\mathbb{R}$ definierten, positiven und stetigen Integranden

$$f(x) = \frac{3}{5 - 4\cos x} \tag{8.15}$$

– siehe Abb. 20a – berechnen Mathematikstudenten, Mathematica und Maple übereinstimmend die Stammfunktion

```
> F(x)=int(3/(5-4*cos(x)),x);
```

$$F(x) = 2\arctan\left(3\tan\left(\frac{x}{2}\right)\right). \tag{8.16}$$

Diese besitzt (siehe Abb. 20b) Sprünge in den Punkten $x_k = (2k + 1)\pi$ (für $k \in \mathbb{Z}$), ist dort also singulär. Wir müssen diese Sprünge so kompensieren, dass tatsächlich die in Abb. 20b gezeigte, wirklich überall differenzierbare Stammfunktion $G(x)$ entsteht. Jeffrey hat für derartige Integranden, nämlich rationale Ausdrücke von trigonometrischen Funktionen, 1997 einen Algorithmus [Jef97] angegeben, der Stammfunktionen ohne künstliche Singularitäten berechnet und hier

$$\int \frac{3}{5 - 4\cos x} = x + 2\arctan\left(\frac{\sin x}{2 - \cos x}\right)$$

liefert. Leider ist dieser Algorithmus in Maple bisher nicht implementiert.

Merke:

Unnötige Sprünge in Stammfunktionen können zu subtilen Fehlern führen. Man muss solche Singularitäten entweder identifizieren und kompensieren,[37] oder Algorithmen zur symbolischen Integration verwenden, die Sprünge vermeiden. Hier hinken die Computeralgebra-Systeme der Forschung in unterschiedlichem Maße hinterher.

---

[37] Was im Einzelfall durchaus schwierig sein kann: Wie steht es etwa mit dem Ergebnis in (8.13)? Auch Computeralgebra-Systeme machen bei der Identifikation und Kompensation von Singularitäten intern zuweilen notorische Fehler.

8.4 Vertauschung von Integration und Grenzwerten

Parameterabhängige Integrale

Wenn uns ein von einem Parameter x abhängiges Integral vorliegt, so stellt sich die Frage nach Stetigkeit, Differenzierbarkeit und Integrierbarkeit des Integrals als Funktion $F(x)$ des Parameters und daran anschließend die Frage nach der Vertauschbarkeit der Integration mit diesen Grenzwerten. Wie stets ist bei solchen Vertauschungen Obacht geboten und die Prüfung von Zusatzvoraussetzungen unumgänglich. Eine der einfachsten Voraussetzungen ist in diesem Zusammenhang wie in Abschnitt 6.3 die *Stetigkeit*, die uns zusätzlich bequemerweise auch gleich die Integrierbarkeit sichert.

Satz. *Für jede stetige Funktion $f : [a, b] \times J \to \mathbb{R}$ mit einem Parameterintervall $J \subseteq \mathbb{R}$ definiert das Integral*

$$F(x) = \int_a^b f(t, x)\, dt \qquad (x \in J)$$

eine stetige Funktion $F : J \to \mathbb{R}$. Zusätzlich gilt:

- *Wenn $f(t, x)$ auf $[a, b] \times J$ eine stetige partielle Ableitung $\partial_x f$ besitzt, so ist $F(x)$ auch stetig differenzierbar und die Ableitung berechnet sich durch Differentiation unter dem Integralzeichen:*

$$F'(x) = \int_a^b \partial_x f(t, x)\, dt \qquad (x \in J).$$

- *Ist $J = [c, d]$ kompakt, so gilt*

$$\int_c^d F(x)\, dx = \int_c^d \left(\int_a^b f(t, x)\, dt \right) dx = \int_a^b \left(\int_c^d f(t, x)\, dx \right) dt,$$

d.h. die Integrationsreihenfolge des Doppelintegrals darf vertauscht werden.

Beispiel. Die Vertauschung von Integration und Grenzwerten führt häufig zu überraschenden und interessanten Ergebnissen. So lassen sich nicht elementare Integrale oft dadurch näher *untersuchen*, dass man (1) einen künstlichen Parameter einführt, (2) nach diesem Parameter unter dem Integralzeichen differenziert (hier findet die Vertauschung statt) und schließlich (3) das Ganze wieder hochintegriert (also den Hauptsatz anwendet). Das funktioniert besonders dann gut, wenn im Schritt (2) ein elementares Integral entstanden ist. Ich möchte dieses Vorgehen am Beispiel des Integralsinus (8.11)

$$\mathrm{Si}(x) = \int_0^x \frac{\sin t}{t}\, dt$$

näher erläutern. Wir führen im Schritt (1) einen Parameter $s \in \mathbb{R}$ in folgender Form ein:

$$I(x,s) = \int_0^x \frac{e^{-st} \sin t}{t} \, dt, \quad \text{so dass also} \quad I(x,0) = \text{Si}(x). \tag{8.17}$$

Nach unserem Satz ist $I(x,s)$ nach dem Parameter s stetig partiell differenzierbar (d.h. nämlich: bei *festem* x nach s stetig differenzierbar) und wir dürfen im Schritt (2) die Ableitung nach s unter dem Integralzeichen ausführen. Das so entstehende Integral besitzt eine elementare Stammfunktion, die wir mit dem Risch'schen Algorithmus z.B. in Maple finden:

$$\partial_s I(x,s) = \int_0^x \partial_s \left(\frac{e^{-st} \sin t}{t} \right) dt$$

$$= -\int_0^x e^{-st} \sin t \, dt = -\frac{1}{1+s^2} + \frac{e^{-sx}(\cos x + s \sin x)}{1+s^2}.$$

Der Hauptsatz liefert daher im Schritt (3)

$$I(x,s) = I(x,0) + \int_0^s \partial_t I(x,t) \, dt$$

$$= \text{Si}(x) - \arctan s + \int_0^s \frac{e^{-tx}(\cos x + t \sin x)}{1+t^2} \, dt.$$

Was haben wir nun eigentlich gewonnen, außer einer deutlich komplizierteren neuen Formel für den Integralsinus, nämlich

$$\text{Si}(x) = \arctan s + \int_0^x \frac{e^{-st} \sin t}{t} \, dt - \int_0^s \frac{e^{-tx}(\cos x + t \sin x)}{1+t^2} \, dt \ ?$$

Wir haben Freiheiten gewonnen, um $\text{Si}(x)$ für große x abzuschätzen! Denn unser Arsenal liefert mehr oder weniger sofort die beiden Abschätzungen

$$\left| \frac{\sin t}{t} \right| \leqslant 1 \quad \text{und} \quad \left| \frac{\cos x + t \sin x}{1+t^2} \right| \leqslant \frac{1 \cdot \sqrt{1+t^2}}{1+t^2} = \frac{1}{\sqrt{1+t^2}} \leqslant 1.$$

(Die erste folgt aus einer kurzen Kurvendiskussion, siehe auch (9.2); für die zweite erinnern wir uns – für den Ausdruck im Zähler – zunächst an die Cauchy–Schwarz'sche Ungleichung aus Satz 2.2 und dann natürlich an den trigonometrischen Satz des Pythagoras (6.16).) Mit diesen Ungleichungen bewaffnet können wir für $s, x > 0$ abschätzen, dass

$$|\text{Si}(x) - \arctan s| \leqslant \int_0^x e^{-st} \, dt + \int_0^s e^{-tx} \, dt = \frac{1-e^{-sx}}{s} + \frac{1-e^{-sx}}{x} \leqslant \frac{1}{s} + \frac{1}{x}.$$

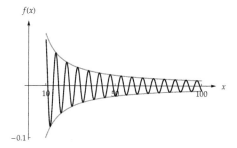

Abb. 21. Visualisierung von (8.18): Si$(x) - \frac{\pi}{2}$ (schwarz) und $\pm\frac{1}{x}$ (grau).

Jetzt spezifizieren wir den Parameter s so, dass der Term $1/s$ auf der rechten Seite verschwindet: Wir lassen also $s \to \infty$ gehen und erhalten

$$\left| \mathrm{Si}(x) - \frac{\pi}{2} \right| \leqslant \frac{1}{x}. \tag{8.18}$$

Diese Abschätzung – ihre exzellente Qualität ist in Abb. 21 dargestellt – können wir auch in der Landau'schen Form als Asymptotik

$$\mathrm{Si}(x) = \frac{\pi}{2} + O(x^{-1}) \qquad \text{für } x \to \infty$$

schreiben, woraus wir nicht nur die Konvergenz und den Wert des *uneigentlichen* Integrals

$$\int_0^\infty \frac{\sin t}{t}\, dt = \frac{\pi}{2}$$

ablesen, sondern auch die „Geschwindigkeit" dieser Konvergenz.

Bemerkung. Bis auf die Einführung des wunderwirkenden Faktors e^{-st} im Integral (8.17) war unser Vorgehen rein *explorativ*: Wir haben uns entlang eines Plans treiben lassen, ohne zu wissen, was kommt. Der Faktor e^{-st} erinnert hingegen an den „deus ex machina" der griechischen Tragödie: Hier war höheres Wissen am Werke. Die Einführung dieses Faktors in ein Integral ist aber ein so häufig gespielter Theatertrick, dass er nach seinem Erfinder als *Laplace-Transformation* des Integranden – hier also von $\sin(t)/t$ – bezeichnet wird.

Integration von Reihen

Die gliedweise Integration von Reihen, also die Vertauschung von Integration und Summation

$$\int_a^b \sum_{k=1}^\infty f_k(x)\, dx = \sum_{k=1}^\infty \int_a^b f_k(x)\, dx,$$

lässt sich wie die gliedweise Differentiation in Abschnitt 6.4 mit dem Begriff der majorisierten Konvergenz rechtfertigen.

Satz. *Wenn die aus den integrierbaren Funktionen $f_k : [a,b] \to \mathbb{R}$ gebildete Reihe*

$$f(x) = \sum_{k=1}^{\infty} f_k(x)$$

majorisiert konvergiert, so ist die Funktion f auf $[a,b]$ integrierbar und die Reihe darf gliedweise integriert werden:

$$\int_a^b f(x)\,dx = \int_a^b \sum_{k=1}^{\infty} f_k(x)\,dx = \sum_{k=1}^{\infty} \int_a^b f_k(x)\,dx.$$

Beispiel. Die geometrische Reihe (Viète 1593)

$$\frac{1}{1+x} = \sum_{k=0}^{\infty} (-1)^k x^k \qquad (|x| < 1) \tag{8.19}$$

konvergiert für $|x| \leqslant q < 1$ *majorisiert*, denn es gilt:

$$\sum_{k=0}^{\infty} |x|^k \leqslant \sum_{k=0}^{\infty} q^k < \infty.$$

Also können wir nach dem oben formulierten Satz gliedweise integrieren:

$$\int_0^x \frac{dt}{1+t} = \sum_{k=0}^{\infty} (-1)^k \int_0^x t^k\,dt = \sum_{k=0}^{\infty} (-1)^k \frac{x^{k+1}}{k+1}.$$

Da andererseits

$$\int_0^x \frac{dt}{1+t} = \ln(1+x) \qquad (x > -1)$$

gilt und $0 < q < 1$ beliebig gewählt werden durfte, erhalten wir – wie Mercator 1668 – folgende Darstellung des natürlichen Logarithmus:

$$\ln(1+x) = \sum_{k=0}^{\infty} (-1)^k \frac{x^{k+1}}{k+1} \qquad (|x| < 1). \tag{8.20}$$

Definition. Funktionsdarstellungen der Bauart

$$f(x) = \sum_{k=0}^{\infty} a_k x^k \qquad (|x| < r), \tag{8.21}$$

nennt man die *Entwicklung* der Funktion f in eine *Potenzreihe* („Polynom vom Grad ∞"); die hierfür bestmögliche (also: größtmögliche) Gültigkeitsschranke r nennt man den *Konvergenzradius* der Potenzreihe.

Mit der Theorie der Potenzreihenentwicklungen werden wir uns ausführlicher im nächsten Kapitel beschäftigen.

Beispiel. Setzen wir x^2 an Stelle von x in die geometrische Reihe (8.19) ein, so erhalten wir

$$\frac{1}{1+x^2} = \sum_{k=0}^{\infty}(-1)^k x^{2k} \qquad (|x|<1). \tag{8.22}$$

Wie im vorigen Beispiel dürfen wir für $|x| \leqslant q < 1$ gliedweise integrieren und gelangen zu

$$\int_0^x \frac{dt}{1+t^2} = \sum_{k=0}^{\infty}(-1)^k \int_0^x t^{2k}\,dt = \sum_{k=0}^{\infty}(-1)^k \frac{x^{2k+1}}{2k+1},$$

also zusammen mit

$$\int_0^x \frac{dt}{1+t^2} = \arctan x$$

zur Potenzreihenentwicklung der Arkustangens-Funktion (Gregory 1671):

$$\arctan x = \sum_{k=0}^{\infty}(-1)^k \frac{x^{2k+1}}{2k+1} \qquad (|x|<1). \tag{8.23}$$

Bemerkung. Wenn wir in die Potenzreihenentwicklung (8.20) des natürlichen Logarithmus $x = 1$ einsetzen, so erhalten wir den Wert der alternierenden harmonischen Reihe:

$$\ln 2 = \sum_{k=0}^{\infty} \frac{(-1)^k}{k+1}. \tag{8.24}$$

Aber Vorsicht: Die Entwicklung (8.20) ist nur für $|x| < 1$ hergeleitet worden, für $x = -1$ ergibt sie gar keinen Sinn. Warum sollten wir also einfach $x = 1$ einsetzen dürfen? Nun, für $0 \leqslant x < 1$ ist (8.20) eine *alternierende* Reihe, so dass die Fehlerabschätzung (4.4) für diesen Reihentyp anwendbar ist:

$$\left| \ln(1+x) - \sum_{k=0}^{n-2}(-1)^k \frac{x^{k+1}}{k+1} \right| \leqslant \frac{x^n}{n} \qquad (0 \leqslant x < 1).$$

Hier führen wir zunächst den Grenzübergang $x \to 1$ aus und sehen, dass die Abschätzung aus Stetigkeitsgründen auch für $x = 1$ gültig bleibt. Erst dann betrachten wir $n \to \infty$ und gelangen so schließlich zu der Formel (8.24).

Ganz genauso dürfen wir auch in (8.23) den Grenzübergang $x \to 1$ gliedweise vollziehen und erhalten daraus wegen $\arctan 1 = \pi/4$ den Wert der Leibniz'schen Reihe,

$$\frac{\pi}{4} = \sum_{k=0}^{\infty} \frac{(-1)^k}{2k+1},$$

den wir – aufgrund einer numerischen Rechnung – am Schluss des Abschnitts 4.4 bereits vermutet hatten.

9 Anwendungen des Integrals

9.1 Ungleichungen

Aus der Monotonie des Integrals folgt ein einfaches, aber effektives Prinzip: Die Integration von Ungleichungen liefert neue Ungleichungen. Wir wollen das an einem signifikanten Beispiel auf einen Schlag *unendlich oft* erproben.

Beispiel. Aus der geometrischen Definition der trigonometrischen Funktionen (siehe Abb. 11) folgt sofort die völlig unschuldige Ungleichung

$$\cos x \leqslant 1 \qquad (x \geqslant 0). \tag{9.1}$$

Integration dieser Ungleichung liefert ohne große Mühe die *neue* Abschätzung

$$\sin x = \int_0^x \cos t \, dt \leqslant \int_0^x dt = x \qquad (x \geqslant 0). \tag{9.2}$$

Beachten Sie bitte, dass diese Ungleichung sehr viel schärfer ist als die „alte" Ungleichung (6.18), die wir aus einer Flächenbetrachtung in Abb. 11 hergeleitet hatten, nämlich $\sin x \leqslant x / \cos x$ für $0 \leqslant x < \pi/2$.

Nun, wenn das so gut gelaufen ist, machen wir doch einfach weiter:

$$1 - \cos x = \int_0^x \sin t \, dt \leqslant \int_0^x t \, dt = \frac{x^2}{2} \qquad (x \geqslant 0), \tag{9.3}$$

womit wir jetzt eine Abschätzung der Kosinusfunktion *nach unten* gewonnen haben:

$$\cos x \geqslant 1 - \frac{x^2}{2} \qquad (x \geqslant 0).$$

Jetzt kommen wir auf den Geschmack und hören nicht auf: Weiter

$$\sin x = \int_0^x \cos t \, dt \geqslant \int_0^x \left(1 - \frac{t^2}{2}\right) dt = x - \frac{x^3}{6} \qquad (x \geqslant 0)$$

und weiter

$$1 - \cos x = \int_0^x \sin t \, dt \geqslant \int_0^x \left(t - \frac{t^3}{6}\right) dt = \frac{x^2}{2} - \frac{x^4}{24} \qquad (x \geqslant 0),$$

also

$$\cos x \leqslant 1 - \frac{x^2}{2} + \frac{x^4}{24} \qquad (x \geqslant 0).$$

Wir brauchen – so glaube ich – nicht länger *explizit* weiter zu gehen, Sie dürften das Schema erkannt haben: Rekursiv erhalten wir – und induktiv beweisen wir, wenn wir es unbedingt wollen – auf diese Weise abwechselnd obere und untere Abschätzungen von Sinus bzw. Kosinus, nämlich die Ungleichungen (für $m \in \mathbb{N}_0$)

$$\sum_{k=0}^{2m+1} (-1)^k \frac{x^{2k+1}}{(2k+1)!} \leqslant \sin x \leqslant \sum_{k=0}^{2m} (-1)^k \frac{x^{2k+1}}{(2k+1)!} \qquad (x \geqslant 0) \qquad (9.4)$$

und

$$\sum_{k=0}^{2m+1} (-1)^k \frac{x^{2k}}{(2k)!} \leqslant \cos x \leqslant \sum_{k=0}^{2m} (-1)^k \frac{x^{2k}}{(2k)!} \qquad (x \geqslant 0). \qquad (9.5)$$

Da alle hier auftretenden Summen durch die stets konvergente Potenzreihe $E(x) = \sum_{k=0}^{\infty} x^k/k!$ des abschließenden Beispiels aus Abschnitt 4.5 majorisiert werden, dürfen wir sogar den Grenzübergang $m \to \infty$ durchführen: Aus den Einschließungen (9.4) und (9.5) werden so die Potenzreihenentwicklungen (Newton 1669):[38]

$$\sin x = \sum_{k=0}^{\infty} (-1)^k \frac{x^{2k+1}}{(2k+1)!} \qquad (x \in \mathbb{R}), \qquad (9.6)$$

und

$$\cos x = \sum_{k=0}^{\infty} (-1)^k \frac{x^{2k}}{(2k)!} \qquad (x \in \mathbb{R}). \qquad (9.7)$$

Was für eine Schöpfung aus dem „Nichts" der einen Ungleichung (9.1).

9.2 Abschätzungen von Summen und Reihen

Abschätzung von Summen

Für monotone Funktionen lassen sich Integrale durch Summen und umgekehrt abschätzen. Aus Abb. 22 können wir dazu unmittelbar den folgenden Satz ablesen, sobald wir die „Treppenflächen" als Summen identifizieren:

Satz. *Es seien $a, b \in \mathbb{Z}$ mit $a \leqslant b$, sowie $f : [a,b] \to \mathbb{R}$ monoton. Dann gilt:*

$$f \text{ monoton wachsend} \quad \Rightarrow \quad \sum_{k=a}^{b-1} f(k) \leqslant \int_a^b f(x)\,dx \leqslant \sum_{k=a+1}^{b} f(k);$$

$$f \text{ monoton fallend} \quad \Rightarrow \quad \sum_{k=a+1}^{b} f(k) \leqslant \int_a^b f(x)\,dx \leqslant \sum_{k=a}^{b-1} f(k).$$

---

[38] Wir bekommen sie mit unserer Herleitung zunächst nur für $x \geqslant 0$, können sie aber wegen der Symmetrien $\cos(-x) = \cos x$ und $\sin(-x) = -\sin x$ auf alle $x \in \mathbb{R}$ fortsetzen. Genauso sehen wir, dass die Einschließung (9.5) von $\cos x$ für alle $x \in \mathbb{R}$ gilt, und sich in der Einschließung (9.4) von $\sin x$ für $x \leqslant 0$ die Ungleichheitszeichen umkehren.

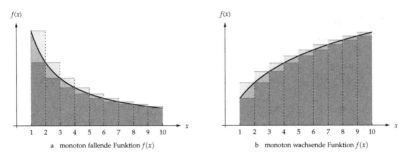

Abb. 22. Abschätzung von Summen monotoner Funktionen durch Integrale.

Beispiel. Wir wollen für eine reelle Zahl $\alpha > 0$ die Summe

$$\sum_{k=1}^{n} k^{\alpha}$$

abschätzen. Solche Summen treten oft beim Zählen der Anzahl von Operationen in einem Algorithmus auf. Nun, für $\alpha > 0$ ist die Funktion $f(x) = x^{\alpha}$ auf dem Intervall $[0, n]$ monoton wachsend und der Satz liefert die Einschließung

$$\frac{n^{\alpha+1}}{\alpha+1} = \int_0^n x^{\alpha}\, dx \leqslant \sum_{k=1}^{n} k^{\alpha} \leqslant \int_1^{n+1} x^{\alpha}\, dx = \frac{(n+1)^{\alpha+1} - 1}{\alpha+1}, \qquad (9.8)$$

die sich ganz einfach mit einem Taschenrechner auswerten lässt; so etwa für $\alpha = 1/2$ und $n = 1\,000$:

$$21\,081.8 \cdots = \frac{1000^{1.5}}{1.5} \leqslant \sum_{k=1}^{1\,000} \sqrt{k} \leqslant \frac{1001^{1.5} - 1}{1.5} = 21\,112.8 \cdots$$

(Der Wert der Summe beträgt tatsächlich $21097.4 \cdots$) Die Einschließung (9.8) liefert zudem die wichtige asymptotische Formel

$$\sum_{k=1}^{n} k^{\alpha} \simeq \frac{n^{\alpha+1}}{\alpha+1} \qquad (n \to \infty, \alpha > 0). \qquad (9.9)$$

Beispiel. Das Sortieren von n Elementen benötigt bis zu $\log_2(n!)$ Vergleiche. Mit

$$\ln(n!) = \ln 1 + \ln 2 + \cdots + \ln n \leqslant n \ln n \qquad (n \in \mathbb{N}) \qquad (9.10)$$

erhalten wir hierfür eine einfache Abschätzung, wobei jeder Summand durch den größten ersetzt wird, nämlich $\ln n$. Da $f(x) = \ln x$ monoton wächst, liefert uns jedoch der Satz die weit genauere Einschließung (beachte $\ln 1 = 0$)

$$n \ln n - n + 1 = \int_1^n \ln x\, dx \leqslant \ln(n!) \leqslant \int_1^{n+1} \ln x\, dx = (n+1)\ln(n+1) - n.$$

So erhalten wir etwa für $n = 100$

$$361.51 \cdots = 100 \ln 100 - 99 \leqslant \ln(100!) \leqslant 101 \ln 101 - 100 = 366.12 \cdots,$$

(Tatsächlich ist $\ln(100!) = 363.73 \cdots$; die einfache Schranke (9.10) liefert hingegen nur die relativ grobe Abschätzung $\ln(100!) \leqslant 100 \ln 100 = 460.51 \cdots$)
Die Einschließung impliziert sofort die asymptotische Entwicklung:

$$\ln(n!) = n \ln n - n + O(\ln n) \qquad (n \to \infty). \tag{9.11}$$

Für eine asymptotische Beschreibung von $n!$ ist das aber noch nicht genau genug, wir erhalten nämlich durch Exponentiation von (9.11) nur

$$n! = e^{\ln(n!)} = \left(\frac{n}{e}\right)^n \cdot n^{O(1)},$$

was uns keine einfache Antwort auf die Frage nach der Asymptotik „$n! \simeq ?$" gestattet. Dazu müssen wir in Kapitel VII noch lernen, den $O(\ln n)$-Term in der Entwicklung (9.11) weiter zu präzisieren.

Abschätzung von Reihen

Für monoton fallende Funktionen $f : [1, \infty) \to [0, \infty)$ liefert der Satz die Abschätzungen

$$\sum_{k=2}^{n} f(k) \leqslant \sum_{k=2}^{n+1} f(k) \leqslant \int_1^{n+1} f(x) \, dx \leqslant \sum_{k=1}^{n} f(k),$$

und damit die *Beschränktheit* der Abweichungen zwischen Summe und Integral:

$$0 \leqslant a_n = \sum_{k=1}^{n} f(k) - \int_1^{n+1} f(x) \, dx \leqslant f(1).$$

Die Folge wächst monoton, denn der Satz liefert für $a = n+1$ und $b = n+2$

$$a_{n+1} = a_n + f(n+1) - \int_{n+1}^{n+2} f(x) \, dx \geqslant a_n. \tag{9.12}$$

Sie konvergiert daher und wir haben auf diese Weise hergeleitet:

Integralkriterium. *Für monoton fallende Funktionen $f : [1, \infty) \to [0, \infty)$ existiert der Grenzwert der Abweichungen zwischen Summe und Integral und erfüllt*

$$0 \leqslant \lim_{n \to \infty} \left(\sum_{k=1}^{n} f(k) - \int_1^{n+1} f(x) \, dx \right) \leqslant f(1). \tag{9.13}$$

Insbesondere gilt

$$\sum_{k=1}^{\infty} f(k) \text{ konvergiert} \quad \Leftrightarrow \quad \int_1^{\infty} f(x) \, dx \text{ konvergiert.} \tag{9.14}$$

Beispiel. Die definierende Reihe (6.13) der Riemann'schen Zetafunktion, also

$$\zeta(s) = \sum_{k=1}^{\infty} \frac{1}{k^s},$$

erfüllt mit $f(x) = x^{-s}$ die Voraussetzungen des Integralkriteriums. Anhand des Integralwerts

$$\int_1^n x^{-s}\, dx = \frac{1 - n^{1-s}}{s - 1}$$

erkennen wir, dass das *uneigentliche* Integral

$$\int_1^{\infty} x^{-s}\, dx = \frac{1}{s - 1}$$

und damit die betrachtete Reihe *genau* für $s > 1$ konvergiert. Wegen (9.13) gilt also die Abschätzung

$$0 \leqslant \zeta(s) - \frac{1}{s - 1} \leqslant 1 \qquad (s > 1).$$

Wenn wir das Integralkriterium stattdessen auf die um einen Index versetzte Reihe $\sum_{k=2}^{\infty} k^{-s}$ anwenden, so erhalten wir die weit bessere Abschätzung

$$1 \leqslant \zeta(s) - \frac{2^{1-s}}{s - 1} \leqslant 1 + 2^{-s} \qquad (s > 1),$$

aus der wir in Verschärfung von (6.14) die asymptotische Formel

$$\zeta(s) = 1 + O(2^{-s}) \qquad (s \to \infty) \tag{9.15}$$

ablesen können.

Beispiel. Für die auf $[1, \infty)$ nichtnegative und monoton fallende Funktion $f(x) = 1/x$ ergeben unsere Ergebnisse einen präzisen Zusammenhang zwischen den harmonischen Zahlen H_n aus Abschnitt 3.8 und dem natürlichen Logarithmus:

$$H_n = \sum_{k=1}^n \frac{1}{k}, \qquad \ln n = \int_1^n \frac{dx}{x}.$$

So liefert (9.13) sofort die Existenz der *Euler–Mascheroni-Konstanten*[39]

$$0 \leqslant \gamma = \lim_{n \to \infty} (H_n - \ln(n+1)) \leqslant 1. \tag{9.16}$$

---

[39] Es ist $\gamma = 0.57721\,56649 \cdots$; für die effiziente Berechnung dieser Dezimalziffern siehe Abschnitt 15.4. Die Zahl γ wurde erstmalig 1735 von Euler betrachtet. Es ist bis heute nicht bekannt, ob γ irrational oder gar transzendent ist. Zur Geschichte und Bedeutung dieser bemerkenswerten Konstanten siehe das Buch [Hav07].

Da wir aus (9.12) wissen, dass die diesem Grenzwert zugrundeliegende Folge monoton *wächst*, erhalten wir als Verbesserung von (3.11) die Abschätzungen

$$\ln(n+1) \leqslant H_n \leqslant \gamma + \ln(n+1) \qquad (n \in \mathbb{N}).$$

Insbesondere gewinnen wir aus $\ln n \to \infty$ für $n \to \infty$ einen neuen Beweis der Divergenz $H_n \to \infty$ der harmonischen Reihe. Wegen

$$\ln(n+1) - \ln n = \ln\left(1 + \frac{1}{n}\right) \ \to \ \ln 1 = 0 \qquad (n \to \infty)$$

können wir die Existenz der Zahl γ auch zu folgender einfachen asymptotischen Entwicklung der harmonischen Zahlen ummünzen (warum?):

$$H_n = \ln n + \gamma + o(1) \qquad (n \to \infty). \tag{9.17}$$

9.3 Produktdarstellung der Sinusfunktion

Polynome $p \in \mathbb{C}[z]$ vom Grad $n \geqslant 1$ besitzen nach dem Fundamentalsatz der Algebra Nullstellen in $\mathbb{C}$ und können daher durch fortgesetztes Abdividieren entsprechender Linearfaktoren $(z - z_{\text{Nullstelle}})$ auf die Form

$$p(z) = c_n(z - z_1) \cdots (z - z_n)$$

gebracht werden. Dabei hat p genau die Nullstellen $z_1, \ldots, z_n$ (mit entsprechenden Vielfachheiten). Die Konstante $c_n \neq 0$ ergibt sich aus einem speziellen Wert $p(z_*) \neq 0$. Ist dieser spezielle Wert $p(0)$, d.h. sind alle Nullstellen von Null verschieden, so können wir

$$p(z) = p(0) \left(1 - \frac{z}{z_1}\right) \cdots \left(1 - \frac{z}{z_n}\right)$$

schreiben. Euler hat diese Formel 1735 kühn auf die Potenzreihe (9.6) des Sinus („Polynom vom Grad ∞"), geschrieben in der Form

$$\frac{\sin x}{x} = 1 - \frac{x^2}{3!} + \frac{x^4}{5!} - \frac{x^6}{7!} + \cdots \qquad (x \in \mathbb{R}),$$

verallgemeinert: Er schloss aus der Aufzählung sämtlicher Nullstellen, nämlich

$$\frac{\sin x}{x} = 0 \quad \Leftrightarrow \quad x = k\pi \text{ mit } 0 \neq k \in \mathbb{Z},$$

und aus dem Wert für $x = 0$, also dem Grenzwert (6.19)

$$\lim_{x \to 0} \frac{\sin x}{x} = 1,$$

ohne jeden Skrupel auf die Produktdarstellung[40]

$$\frac{\sin x}{x} = \left(1 - \frac{x}{\pi}\right) \cdot \left(1 + \frac{x}{\pi}\right) \cdot \left(1 - \frac{x}{2\pi}\right) \cdot \left(1 + \frac{x}{2\pi}\right) \cdot \left(1 - \frac{x}{3\pi}\right) \cdot \left(1 + \frac{x}{3\pi}\right) \cdots$$

$$= \left(1 - \frac{x^2}{\pi^2}\right) \cdot \left(1 - \frac{x^2}{4\pi^2}\right) \cdot \left(1 - \frac{x^2}{9\pi^2}\right) \cdots = \prod_{k=1}^{\infty} \left(1 - \frac{x^2}{k^2\pi^2}\right).$$

Dieser Analogieschluss ging selbst seinen Zeitgenossen zu weit. Sie bemängelten, dass sein Argument schon bei *reellen* Polynomen versagen würde, wenn man nur die reellen Nullstellen aufzählt und diejenigen in $\mathbb{C} \setminus \mathbb{R}$ ignoriert. Könnte es nicht sein, dass $\sin x$ Faktoren wie $1 + x^2$ enthält und damit Nullstellen in $\mathbb{C}$ besitzt? Euler brauchte einige Jahre, um einen allseits akzeptierten Beweis seiner Behauptung zu finden.

Wir verlassen jetzt den historischen Pfad und springen direkt zu dem sehr einfachen Beweis [BM04, §6.8], den der indische Mathematiker Venkatachaliengar 1962 als „Abfallprodukt" seiner Exploration der folgenden Integralfamilie erhalten hat:

$$I_n(x) = \int_0^{\pi/2} \cos(2xt)\cos^n t\, dt, \qquad (x \in \mathbb{R},\, n \in \mathbb{N}_0). \qquad (9.18)$$

Solche Integrale laden zur partiellen Integration förmlich ein und Venkatachaliengar bekam induktiv die folgende Formel

$$\sin(\pi x) = \pi x \cdot \prod_{k=1}^{n} \left(1 - \frac{x^2}{k^2}\right) \cdot \frac{I_{2n}(x)}{I_{2n}(0)}. \qquad (9.19)$$

Ich rechne Ihnen das nicht vor, es geht beinahe rein maschinell und es steckt wirklich keine weitere Idee dahinter. (Rechnen Sie doch mit Maple einfach ein paar konkrete n durch, um sich von der „Bauform" der Formel zu überzeugen.) In (9.19) steht nun aber im wesentlichen bereits die Euler'sche Produktformel der Sinusfunktion; wir müssen nur noch

$$\lim_{n \to \infty} \frac{I_n(x)}{I_n(0)} = 1 \qquad (x \in \mathbb{R})$$

---

[40] Für eine Zahlenfolge (a_k) bildet man – analog zu unendlichen Reihen – die Folge der *Partialprodukte*

$$p_n = a_1 \cdots a_n = \prod_{k=1}^{n} a_k.$$

Konvergiert $p_n \to p$ für $n \to \infty$, so heißt

$$p = \prod_{k=1}^{\infty} a_k$$

der *Wert* des aus (a_k) gebildeten *unendlichen Produkts*.

zeigen. Eine nächste Trainingseinheit im Abschätzen von Integralen liefert zu diesem Zweck:

$$0 \leqslant I_n(0) - I_n(x) = \int_0^{\pi/2} (1 - \cos(2xt)) \cos^n t \, dt$$

$$\leqslant 2x^2 \int_0^{\pi/2} t^2 \cos^n t \, dt \leqslant 2x^2 \int_0^{\pi/2} t \cos^{n-1} t \sin t \, dt = \frac{2x^2}{n} I_n(0). \quad (9.20)$$

Dabei folgen die beiden Abschätzungen des Integrals aus den Ungleichungen (9.3) und (6.18), also

$$1 - \cos s \leqslant s^2/2 \quad (s \in \mathbb{R}), \quad \text{bzw.} \quad t \cos t \leqslant \sin t \quad (0 \leqslant t \leqslant \pi/2).$$

Die Gleichheit am Schluss ist ein Zwischenschritt bei der Herleitung von (9.19), lässt sich also mit partieller Integration zeigen. Zusammenfassend gilt

$$1 - \frac{2x^2}{n} \leqslant \frac{I_n(x)}{I_n(0)} \leqslant 1, \quad (9.21)$$

so dass wir in (9.19) den Grenzübergang $n \to \infty$ vollziehen dürfen und schließlich die Euler'sche Produktformel der Sinusfunktion erhalten:

$$\sin(\pi x) = \pi x \cdot \prod_{k=1}^{\infty} \left(1 - \frac{x^2}{k^2}\right) \quad (x \in \mathbb{R}). \quad (9.22)$$

Wallis'sches Produkt

Setzen wir in (9.22) das spezielle Argument $x = 1/2$ ein, so erhalten wir

$$1 = \sin(\pi/2) = \frac{\pi}{2} \cdot \prod_{k=1}^{\infty} \left(1 - \frac{1}{4k^2}\right) = \frac{\pi}{2} \cdot \prod_{k=1}^{\infty} \left(\frac{2k-1}{2k} \cdot \frac{2k+1}{2k}\right),$$

und damit das Wallis'sche Produkt (1655)

$$\frac{\pi}{2} = \lim_{n \to \infty} \left(\frac{2}{1} \cdot \frac{4}{3} \cdot \frac{6}{5} \cdots \frac{2n}{2n-1} \cdot \frac{2}{3} \cdot \frac{4}{5} \cdot \frac{6}{7} \cdots \frac{2n}{2n+1}\right)$$

$$= \lim_{n \to \infty} \left(\frac{2}{1} \cdot \frac{4}{3} \cdot \frac{6}{5} \cdots \frac{2n}{2n-1}\right)^2 \cdot \frac{1}{2n+1}$$

$$= \lim_{n \to \infty} \frac{p_n^2}{2n+1} = \frac{1}{2} \cdot \lim_{n \to \infty} \frac{p_n^2}{n}.$$

Dabei haben wir uns an die Abkürzung p_n aus (3.2) erinnert. Ziehen der Quadratwurzel liefert die bereits in (3.3) und (3.4) formulierte Asymptotik

$$\lim_{n \to \infty} \frac{p_n}{\sqrt{n}} = \sqrt{\pi}, \quad \text{d.h.} \quad p_n \simeq \sqrt{\pi n} \quad (n \to \infty),$$

und somit die dort diskutierte grundlegende Asymptotik des zentralen Binomialkoeffizienten:

$$\binom{2n}{n} \simeq \frac{4^n}{\sqrt{\pi n}} \qquad (n \to \infty). \tag{9.23}$$

Partialbruchzerlegung des Kotangens

Logarithmisches Differenzieren der Venkatachaliengar'schen Formel (9.19) liefert für $x \notin \mathbb{Z}$

$$\pi \cot(\pi x) = \frac{1}{x} + \sum_{k=1}^{n} \left(\frac{1}{x+k} + \frac{1}{x-k} \right) + \frac{I'_{2n}(x)}{I_{2n}(x)}. \tag{9.24}$$

Mit einer letzten Trainingseinheit im Abschätzen von Integralen zeigen wir, dass $I'_n(x)/I_n(x) \to 0$ für $n \to \infty$. Denn Differentiation unter dem Integralzeichen in (9.18) liefert

$$I'_n(x) = -2 \int_0^{\pi/2} t \sin(2xt) \cos^n t \, dt,$$

so dass wegen $|\sin s| \leqslant |s|$ (vgl. (9.2)) und mit exakt der gleichen Abschätzung wie im letzten Schritt von (9.20) gilt:

$$|I'_n(x)| \leqslant 4|x| \int_0^{\pi/2} t^2 \cos^n t \, dt \leqslant \frac{4|x|}{n} I_n(0).$$

Mit Blick auf (9.21) konvergiert daher für $n \to \infty$

$$\left| \frac{I'_n(x)}{I_n(x)} \right| \leqslant \frac{4|x|}{n} \cdot \left| \frac{I_n(0)}{I_n(x)} \right| \to 0 \qquad (x \in \mathbb{R}).$$

Wir dürfen demnach auch in (9.24) den Grenzübergang $n \to \infty$ vollziehen und erhalten so eine weitere wichtige Formel des großen Euler, nämlich die sogenannte *Partialbruchzerlegung* der Kotangensfunktion (1748):

$$\pi \cot(\pi x) = \frac{1}{x} + \sum_{k=1}^{\infty} \left(\frac{1}{x+k} + \frac{1}{x-k} \right) \qquad (x \notin \mathbb{Z}). \tag{9.25}$$

Wir kennen jetzt *drei* fundamentale Darstellungsformen von Funktionen durch Grenzwertbildung rationaler Ausdrücke:

- Potenzreihe,

- unendliches Produkt,

- Partialbruchzerlegung.

(Eine vierte Darstellungsform ist die *Kettenbruchentwicklung*, die wir in dieser Vorlesung aber nicht behandeln werden.) Im nächsten Kapitel werden wir sehen, dass ein Vergleich verschiedener Darstellungen ein und derselben Funktion weitere interessante Ergebnisse zu Tage fördert, die wir etwa zur Beschreibung des asymptotischen Verhaltens diskreter Größen nutzen können.

Aufgaben

1. Plotten Sie im Intervall $[0, 6\pi]$ den Verlauf der Funktion

$$F(x) = \int_0^x \frac{5}{100 - 99\sin(t)}\, dt.$$

Hinweis. Achten Sie auf evtl. Singularitäten in der Stammfunktion, die Ihnen Maple liefert.

2. Berechnen Sie die Stammfunktion

$$\int_0^x \arctan(t)\, dt$$

auf zwei verschiedene Weisen:

a) Mit dem Risch'schen Algorithmus in Maple.

b) Indem Sie

$$\arctan(t) = \int_0^t \frac{ds}{1+s^2}$$

einsetzen und die Integrationsreihenfolge vertauschen.

3. Drücken Sie die Differenz

$$f(b) - f(a)$$

durch die Ableitung f' der Funktion aus. Verwenden Sie dazu den Hauptsatz und die Mittelwertsätze und vergleichen Sie Voraussetzungen und Ergebnisse.

4. Betrachten Sie für $x \geqslant 0$ die Funktionen

$$f(x) = \left(\int_0^x e^{-t^2}\, dt \right)^2 \qquad \text{und} \qquad g(x) = \int_0^1 \frac{e^{-x^2(1+t^2)}}{1+t^2}\, dt.$$

a) Zeigen Sie $f + g = \text{const.}$ und berechnen Sie den Wert dieser Konstanten.
    Hinweis. Differentiation. Für welches x lassen sich f bzw. g besonders leicht auswerten?

b) Berechnen Sie $\lim\limits_{x \to \infty} g(x)$ und – mit Hilfe von a) – den Grenzwert

$$\int_0^\infty e^{-t^2}\, dt = \sqrt{\lim_{x \to \infty} f(x)}$$

c) Warum ist die Gauß'sche Fehlerfunktion

$$\text{erf}(x) = \frac{2}{\sqrt{\pi}} \int_0^x e^{-t^2}\, dt$$

so merkwürdig normiert?

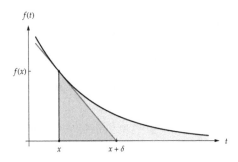

Abb. 23. Skizze für Aufgabe 6.

5. Betrachten Sie die Potenzreihe

$$f(x) = \sum_{k=0}^{\infty} \frac{x^k}{k!} \qquad (x \in \mathbb{R})$$

und berechnen Sie

$$\int_0^x f(t)dt \qquad \text{bzw.} \qquad f'(x)$$

durch gliedweise Integration bzw. Differentiation. Drücken Sie die Ergebnisse unter Verwendung von f aus.

6. Es sei $f : [x, \infty) \to \mathbb{R}$ stetig differenzierbar, streng monoton fallend und konvex. Orientieren Sie sich an Abb. 23 und den Eigenschaften von f, um eine einfache Abschätzung des Integrals

$$\int_x^{\infty} f(t)dt$$

nach *unten* zu gewinnen. Wenden Sie diese Abschätzung auf den Integranden $f(x) = e^{-x^2}$ an.

7. Schätzen Sie das Integral

$$\int_x^{\infty} e^{-t^2}\, dt$$

nach *oben* ab und vergleichen Sie das Ergebnis mit der vorherigen Aufgabe.

Hinweis. Fügen Sie den Faktor $t/x \geqslant 1$ in den Integranden ein.

8. Untersuchen Sie die Konvergenz der uneigentlichen Integrale

$$\int_{-\infty}^{\infty} \sin(t^2)\, dt, \qquad \int_{-\infty}^{\infty} \sin(e^t)\, dt.$$

Können Sie ggf. die Werte angeben?

Hinweis. Bringen Sie die Integrale mit einer geeigneten Variablensubstitution auf die Form $\int (\cdots) \sin u\, du$. Schreiben Sie das so erhaltene Integral durch Unterteilung des Integrationsintervalls als eine *alternierende* Reihe – vgl. [BLWW06, §1.8].

8. Wenden Sie die Integralabschätzungen der Vorlesung auf die Reihen

$$\sum_{k=m}^{\infty} k^{-s} \quad (s > 1,\ m \in \mathbb{N})$$

an und leiten Sie hieraus eine Einschließung von

$$\zeta(s) = \sum_{k=1}^{\infty} k^{-s}$$

her. Bestimmen Sie ein geeignetes m, um $\zeta(3)$ auf wenigstens 5 Dezimalstellen genau zu berechnen.

9. Finden Sie eine asymptotische Entwicklung der Form

$$\sum_{k=0}^{\infty} e^{-k^2/n} \ = \ ? + O(1) \quad (n \to \infty).$$

Hinweis. Integralabschätzung. Nutzen Sie das Ergebnis aus Aufgabe 4.

10. Finden Sie – mit den Integralabschätzungen der Vorlesung – für die Hyperfaktorielle

$$Q_n = 1^1 \cdot 2^2 \cdot 3^3 \cdots (n-1)^{n-1} \cdot n^n \quad (n \in \mathbb{N})$$

eine asymptotische Entwicklung ihres Logarithmus in der Form

$$\ln(Q_n) = \ ? + O(n \ln n) \quad (n \to \infty).$$

11. Untersuchen Sie, für welche $s \in \mathbb{R}$ die folgenden Reihen konvergieren:

$$\sum_{k=2}^{\infty} \frac{1}{k \cdot (\ln k)^s}, \quad \sum_{k=3}^{\infty} \frac{1}{k \cdot \ln k \cdot (\ln \ln k)^s}, \quad \sum_{k=16}^{\infty} \frac{1}{k \cdot \ln k \cdot \ln \ln k \cdot (\ln \ln \ln k)^s}.$$

12. Zeigen Sie, dass folgender Grenzwert existiert:

$$\tilde{\gamma} = \lim_{n \to \infty} \left(\sum_{k=2}^{n} \frac{1}{k \cdot \ln k} - \ln \ln n \right).$$

Geben Sie eine einfache Einschließung von $\tilde{\gamma}$ an.

13. Eine weitere Asymptotik.

a) Diskutieren Sie den Verlauf der Funktion $f(x) = x^{-1} \cdot \ln x$ für $x > 0$. Wo liegen die Maxima/Minima, wo wächst bzw. fällt die Funktion monoton, wo ist sie konvex, wo konkav?

b) Betrachten Sie die Folge

$$\tau_n = 1^{1/1} \cdot 2^{1/2} \cdot 3^{1/3} \cdots n^{1/n} \quad (n \in \mathbb{N}).$$

Geben Sie mit Hilfe der Integration eine einfache Einschließung von $\ln \tau_n$ an. Warum sind hierfür die Kenntnisse aus a) wichtig?

c) Füllen Sie das Fragezeichen in folgender asymptotischen Entwicklung:

$$\ln \tau_n \ = \ ? + O(1) \quad (n \to \infty).$$

V

Potenzreihen

Im vorangehenden Kapitel hatten wir die Funktionen $1/(1+x)$, $\ln(1+x)$, $\arctan x$, $\sin x$ und $\cos x$ jeweils in eine Potenzreihe entwickelt:

$$f(x) = \sum_{k=0}^{\infty} a_k x^k = a_0 + a_1 x + a_2 x^2 + a_3 x^3 + \cdots \qquad (|x| < r),$$

Solche Entwicklungen haben – falls existent – zwei komplementäre Aspekte:

- Für ein gegebenes f will man die *Entwicklungskoeffizienten* (a_k) berechnen. Die daraus aufgebaute Potenzreihe wird dann beispielsweise zur Approximation der Funktion f herangezogen.

- Für eine gegebene Koeffizientenfolge (a_k) möchte man die *erzeugende Funktion* f finden. Aus den analytischen Eigenschaften von f lassen sich beispielsweise das asymptotische Verhalten von a_k für $k \to \infty$ ermitteln. Aus den funktionalen Beziehungen von f lassen sich oft Rekursionsformeln oder gar geschlossene Ausdrücke für a_k bestimmen.

Beide Aspekte sind für Informatiker interessant: Der erste ist wichtig für die *Numerik*, der zweite für die *Kombinatorik*. Ich widme daher beiden einen eigenen Abschnitt dieser Vorlesung.

10 Entwicklung von Funktionen in Potenzreihen

10.1 Die Taylor'sche Formel

Für eine differenzierbare Funktion f hatte ich die Ableitung $f'(a)$ über die eindeutige Steigung der bestmöglichen *linearen* Approximation von $f(x)$ in der Nähe $x = a + h \approx a$ eines *festen* Punktes a eingeführt:

$$f(a + h) = f(a) + f'(a)h + o(h) \qquad (h \to 0).$$

Es stellt sich die Frage, ob sich nicht durch geeignete Polynome *höherer* Ordnung in h bessere Approximationen erzielen lassen, etwa

$$f(x) = f(a+h) = f(a) + f'(a)h + a_2 h^2 + \cdots + a_n h^n + o(h^n) \qquad (h \to 0).$$

Wie müssen hierfür die Koeffizienten a_k gewählt werden? Wenn eine solche Approximation vorliegt, so gilt nach der Definition von $o(h^n)$, dass

$$a_n = \lim_{h \to 0} \frac{f(a+h) - f(a) - f'(a)h - a_2 h^2 - \cdots - a_{n-1} h^{n-1}}{h^n}.$$

Dieser Grenzwert ist vom Typ „0/0", so dass wir zu seiner Berechnung die l'Hospital'sche Regel anwenden wollen. Da der Nenner bis einschließlich zur $n-1$-ten Ableitung nach h für $h = 0$ Null wird, müssen wir die l'Hospital'sche Regel n-fach anwenden und erhalten so – unter der Voraussetzung der n-fachen Differenzierbarkeit von f – schließlich

$$a_n = \lim_{h \to 0} \frac{\partial_h^n \left(f(a+h) - f(a) - f'(a)h - a_2 h^2 - \cdots - a_{n-1} h^{n-1} \right)}{\partial_h^n (h^n)} = \frac{f^{(n)}(a)}{n!}.$$

Der „Witz" ist hierbei, dass die n-te Ableitung des Zählers das dort stehende Polynom vom Grad $n-1$ hat verschwinden lassen. Zusammengefasst haben wir für n-fach differenzierbares f die *Taylor'sche Formel* (1715) hergeleitet:

$$f(a+h) = \sum_{k=0}^{n} \frac{f^{(k)}(a)}{k!} h^k + o(h^n) \qquad (h \to 0). \tag{10.1}$$

Das rechts stehende, approximierende Polynom vom Grad n in h heißt das n-te *Taylorpolynom* um den Entwicklungspunkt a.

Restgliedabschätzung

Für viele Anwendungen benötigen wir eine präzise Vorstellung des Restglieds $o(h^n)$ der Taylor'schen Formel (10.1).

Satz. *Es sei* $f : I \to \mathbb{R}$ *auf dem offenen Intervall* I *eine* $(n+1)$*-fach stetig differenzierbare Funktion. Dann gilt für* $x, a \in I$

$$f(x) = \sum_{k=0}^{n} \frac{f^{(k)}(a)}{k!} (x-a)^k + R_{n+1}(a, x) \tag{10.2}$$

mit der Restgliedformeln (Cauchy 1821 bzw. Lagrange 1772)

$$R_{n+1}(a, x) = \frac{1}{n!} \int_a^x (x-t)^n f^{(n+1)}(t)\, dt = \frac{f^{(n+1)}(\xi)}{(n+1)!} h^{n+1}$$

für ein gewisses ξ *zwischen* a *und* x.

Beweis. Ich schreibe kurz $h = x - a$. Nach dem Hauptsatz gilt in einem vorbereitenden „nullten" Schritt

$$f(x) = f(a) + \int_a^x f'(t)\, dt.$$

Dieses Integral formen wir jetzt durch wiederholte partielle Integration um: In einem ersten Schritt erhalten wir

$$\int_a^x f'(t)\, dt = -\int_a^x (\partial_t (x - t)) \cdot f'(t)\, dt$$

$$= -(x - t) \cdot f'(t)|_{t=a}^x + \int_a^x (x - t) \cdot f''(t)\, dt$$

$$= f'(a)h + \int_a^x (x - t) f''(t)\, dt$$

und weiter durch partielle Integration der jeweils entstehenden Integrale dann im k-ten Schritt:

$$\int_a^x \frac{(x - t)^{k-1}}{(k-1)!} \cdot f^{(k)}(t)\, dt = -\int_a^x \left(\partial_t \frac{(x - t)^k}{k!} \right) \cdot f^{(k)}(t)\, dt$$

$$= -\frac{(x - t)^k}{k!} \cdot f^{(k)}(t)|_{t=a}^x + \int_a^x \frac{(x - t)^k}{k!} \cdot f^{(k+1)}(t)\, dt$$

$$= \frac{f^{(k)}(a)}{k!} h^k + \int_a^x \frac{(x - t)^k}{k!} \cdot f^{(k+1)}(t)\, dt.$$

Diese fortgesetzte partielle Integration erzeugt also in jedem Schritt einen weiteren Summanden des Taylorpolynoms sowie ein aktualisiertes Restglied. Nach dem n-ten Schritt dieser Prozedur erhalten wir die Taylor'sche Formel mit dem Restglied in der Cauchy'schen Integralform.

Da $(x - t)^n$ für t zwischen a und x ein *festes* Vorzeichen besitzt, können wir auf das Restgliedintegral den Mittelwertsatz der Integralrechnung anwenden und erhalten für ein gewisses ξ zwischen a und x, dass

$$\frac{1}{n!} \int_a^x (x - t)^n f^{(n+1)}(t)\, dt = f^{(n+1)}(\xi) \int_a^x \frac{(x - t)^n}{n!}\, dt = \frac{f^{(n+1)}(\xi)}{(n+1)!} h^{n+1},$$

womit auch die Lagrange'sche Form des Restglieds bewiesen ist.   □

Bemerkung. Unter der Voraussetzung der $(n + 1)$-fachen stetigen Differenzierbarkeit von f können wir demnach die Taylor'sche Formel (10.1) in der Form

$$f(a + h) = \sum_{k=0}^n \frac{f^{(k)}(a)}{k!} h^k + O(h^{n+1}) \qquad (h \to 0) \tag{10.3}$$

verschärfen.

Beispiel. Aus (3.1) wissen wir, dass

$$e_n = \left(1 + \frac{1}{n}\right)^n \simeq e \qquad (n \to \infty).$$

Ich möchte diese Asymptotik detaillierter untersuchen, um die Genauigkeit der Approximation $e_n \approx e$ für große n abschätzen zu können. Um die Taylor'sche Formel verwenden zu können, transformiere ich den Grenzwert $n \to \infty$ einfach zu $x_n = 1/n \to 0$ und führe dazu die beliebig häufig differenzierbare (warum?) Funktion $f : \mathbb{R} \to \mathbb{R}$

$$f(x) = \begin{cases} e, & x = 0, \\ (1 + x)^{1/x} = \exp(x^{-1} \ln(1 + x)), & \text{sonst,} \end{cases}$$

ein, für die ja $e_n = f(1/n)$ gilt. Taylorentwicklung um $a = 0$ liefert bis zur Ordnung 4:

$$f(x) = f(0) + f'(0)x + \frac{f''(0)}{2!}x^2 + \frac{f'''(0)}{3!}x^3 + O(x^4) \qquad (x \to 0).$$

Zur Berechnung der Ableitungen verwende ich Maple, so etwa für $f''(x)$:

```
> simplify(diff(exp(ln(1+x)/x),x$2));
```

$$(1 + x)^{\frac{1-2x}{x}} \left(2 \ln(1 + x) x^2 + 2 \ln(1 + x) x^3 - x^2 - 3 x^3\right.$$
$$\left. + (\ln(1 + x))^2 + 2 (\ln(1 + x))^2 x + (\ln(1 + x))^2 x^2\right) x^{-4}$$

In dem Faktor vor der großen Klammer erkennen wir $f(x)/(1 + x)^2$, hinter der großen Klammer kommt aber noch ein Faktor x^{-4}. Wir können also nicht einfach $x = 0$ in den Ausdruck einsetzen, es handelt sich für $x \to 0$ um einen Grenzwert vom „0/0"-Typ. Wir müssten also zur Berechnung von $f''(0)$ die Regel von l'Hospital insgesamt *viermal* heranziehen; aber das erledigt Maple für uns im Handumdrehen:

```
> f´´(0)=limit(%,x=0);
```

$$f''(0) = \frac{11}{12}e.$$

Tatsächlich kann man Maple gleich die ganze Taylorentwicklung bis zur gewünschten Ordnung durch den Befehl `series` berechnen lassen:

```
f(x)=series(exp(ln(1+x)/x),x=0,5);
```

$$f(x) = e - \frac{e}{2}x + \frac{11e}{24}x^2 - \frac{7e}{16}x^3 + O(x^4) \qquad (x \to 0). \tag{10.4}$$

Dabei setzt Maple intern Verfeinerungen derjenigen Techniken ein, die wir in Abschnitt 10.3 behandeln werden. Wie auch immer, wir erhalten mit $x = 1/n$ für unsere Ausgangsfragestellung die asymptotische Entwicklung

$$\left(1 + \frac{1}{n}\right)^n = e - \frac{e}{2n} + \frac{11e}{24n^2} - \frac{7e}{16n^3} + O(n^{-4}) \qquad (n \to \infty). \qquad (10.5)$$

Die Folge der e_n konvergiert also zu langsam gegen e, um etwa die ersten 10 Dezimalziffern von e mit vertretbarem Aufwand zu berechnen. Das gelingt uns jedoch im nächsten Beispiel mit einer anderen Approximation von e.

Beispiel. Für $f(x) = e^x$ ist stets $f^{(n)}(x) = e^x$, also insbesondere $f^{(n)}(0) = 1$. Taylorentwicklung um $a = 0$ liefert bei Verwendung des Lagrange'schen Restglieds demnach

$$e^x = 1 + x + \frac{x^2}{2!} + \frac{x^3}{3!} + \cdots + \frac{x^n}{n!} + e^\zeta \frac{x^{n+1}}{(n+1)!}. \qquad (10.6)$$

mit einem gewissen ζ zwischen 0 und x. Aus dieser Formel wollen wir zwei nützliche Dinge herleiten. Zum einen erhalten wir für $x = 1$ mit $1 \leqslant e^\zeta \leqslant e \leqslant 3$ die Einschließung

$$\sum_{k=0}^n \frac{1}{k!} + \frac{1}{(n+1)!} \leqslant e \leqslant \sum_{k=0}^n \frac{1}{k!} + \frac{3}{(n+1)!}.$$

Die so erzielte Approximationsgenauigkeit ist ungleich besser als die des vorangegangenen Beispiels: Bereits für $n = 13$ erhalten wir nämlich

$$2.71828\,18284\,58 \cdots \leqslant e \leqslant 2.71828\,18284\,81 \cdots$$

und damit die ersten 10 Dezimalziffern von e:

$$e = 2.71828\,18284 \cdots$$

Zum anderen erinnern wir uns an die zum Schluss von Abschnitt 4.5 gezeigte Konvergenz der Reihe

$$E(x) = \sum_{k=0}^\infty \frac{x^k}{k!}$$

für *alle* $x \in \mathbb{R}$, woraus die Konvergenz des Restglieds in (10.6) gegen Null folgt:

$$0 \leqslant e^\zeta \frac{|x|^{n+1}}{(n+1)!} \leqslant \max(1, e^x) \frac{|x|^{n+1}}{(n+1)!} \to 0 \qquad (n \to 0).$$

Wir dürfen also in (10.6) den Grenzübergang $n \to \infty$ vollziehen und erhalten die Entwicklung der Exponentialfunktion in eine Potenzreihe (Euler 1748):

$$e^x = \sum_{k=0}^\infty \frac{x^k}{k!} \qquad (x \in \mathbb{R}). \qquad (10.7)$$

Taylorreihe

Wie im letzten Beispiel folgt ganz allgemein für eine beliebig häufig differenzierbare Funktion aus der Taylor'schen Formel (10.2), dass

$$\lim_{n \to \infty} R_n(a, x) = 0 \quad \Rightarrow \quad f(x) = \sum_{k=0}^{\infty} \frac{f^{(k)}(a)}{k!} (x - a)^k.$$

Man nennt die rechts stehende Reihe deshalb auch die *Taylorreihe*.

Beispiel. Die Voraussetzung $\lim_{n \to \infty} R_n(a, x) = 0$ ist ganz wesentlich. So ist für die auf $\mathbb{R}$ beliebig häufig differenzierbare Funktion

$$f(x) = \begin{cases} 0, & x = 0, \\ \exp(-1/x^2), & \text{sonst,} \end{cases}$$

stets $f^{(n)}(0) = 0$ (visualisieren Sie sich den Funktionsverlauf), aber natürlich

$$f(x) \neq \sum_{k=0}^{\infty} \frac{f^{(k)}(0)}{k!} x^k = 0 \qquad (x \neq 0).$$

Wir sehen also insbesondere, dass sich *nicht* jede Funktion in eine Potenzreihe entwickeln lässt. Wir brauchen dafür einen „Gutartigkeitsbegriff", der über die beliebig häufige Differenzierbarkeit hinausgeht: Funktionen, die sich in der Nähe eines Arguments $x = a$ in eine Potenzreihe (d.h. in ihre Taylorreihe) entwickeln lassen, heißen dort *analytisch*.

Beispiel. Bei fest gewähltem $a \in \mathbb{R}$ ist die Funktion $f(x) = (1 + x)^a$ für $x > -1$ definiert und dort beliebig häufig differenzierbar. Ihre Ableitungen betragen

$$f^{(n)}(x) = a^{\underline{n}} \cdot (1 + x)^{a-n}, \qquad a^{\underline{n}} = a \cdot (a - 1) \cdot (a - 2) \cdots (a - n + 1),$$

so dass mit dem allgemeinen Binomialkoeffizienten gilt:

$$\frac{f^{(k)}(0)}{k!} = \frac{a^{\underline{k}}}{k!} = \binom{a}{k}.$$

Die Taylor'sche Formel (10.2) liefert daher

$$(1 + x)^a = \sum_{k=0}^{n} \binom{a}{k} x^k + R_{n+1}(0, x) \qquad (x > -1).$$

Mit einigem Aufwand – vor dem ich Sie verschone – lässt sich für $|x| < 1$ zeigen, dass das Restglied asymptotisch verschwindet: $R_n(0, x) \to 0$ für $n \to \infty$.

Es gilt also die *Binomialreihe* (Newton 1669)

$$(1+x)^a = \sum_{k=0}^{\infty} \binom{a}{k} x^k \qquad (|x| < 1,\ a \in \mathbb{R}),$$

die den binomischen Lehrsatz

$$(1+x)^n = \sum_{k=0}^{n} \binom{n}{k} x^k = \sum_{k=0}^{\infty} \binom{n}{k} x^k \qquad (n \in \mathbb{N})$$

(letztere Gleichheit gilt wegen $\binom{n}{k} = 0$ für $k > n$) umfassend verallgemeinert.
Der Spezialfall $a = -1/2$ liefert beispielsweise die Potenzreihe

$$\frac{1}{\sqrt{1+x}} = \sum_{k=0}^{\infty} \binom{-\frac{1}{2}}{k} x^k = \sum_{k=0}^{\infty} \frac{(-1)^k}{4^k} \binom{2k}{k} x^k \qquad (|x| < 1),$$

bzw. – bei Umkehrung der Betrachtungsweise – die *erzeugende Funktion* der
zentralen Binomialkoeffizienten

$$\sum_{k=0}^{\infty} \binom{2k}{k} x^k = \frac{1}{\sqrt{1-4x}} \qquad (|x| < 1/4). \tag{10.8}$$

10.2 Potenzreihen im Komplexen

Wenn man das Konvergenzverhalten von Potenzreihen

$$\sum_{k=0}^{\infty} a_k z^k \tag{10.9}$$

systematisch analysiert, so erlebt man eine Überraschung: Sie konvergieren
nicht nur für *reelle* Argumente $z \in \mathbb{R}$ mit $|z| < r$, sondern auch für *komplexe*
Argumente $z \in \mathbb{C}$ mit exakt der *gleichen* Beschränkung.

Lemma. *Zu jeder Potenzreihe (10.9) gibt es einen Konvergenzradius $r \geqslant 0$ (wobei
ggf. auch $r = \infty$ zulässig ist), so dass für alle $z \in \mathbb{C}$ gilt:*

$$|z| < r \quad \Rightarrow \quad \sum_{k=0}^{\infty} a_k z^k \text{ absolut konvergent,}$$

$$|z| > r \quad \Rightarrow \quad \sum_{k=0}^{\infty} a_k z^k \text{ divergent.}$$

Der Konvergenzradius ist dabei durch die Cauchy–Hadamard'sche Formel

$$r^{-1} = \limsup_{k \to \infty} \sqrt[k]{|a_k|} \tag{10.10}$$

*gegeben (wenn wir ggf. $1/0 = \infty$ und $1/\infty = 0$ setzen). Man nennt die Menge
der $z \in \mathbb{C}$ mit $|z| < r$ den Konvergenzkreis der Potenzreihe.*

Beweis. Das Wurzelkriterium koppelt das Konvergenzverhalten der Potenzreihe an den Vergleich der Größe

$$\rho = \limsup_{k \to \infty} \sqrt[k]{|a_k z^k|} = |z| \cdot \limsup_{k \to \infty} \sqrt[k]{|a_k|} = |z|/r.$$

mit 1: Dabei impliziert $\rho < 1$, also $|z| < r$, die absolute Konvergenz; $\rho > 1$, also $|z| > r$, hingegen die Divergenz. □

Definition. Eine Funktion $f(x)$ heißt in $x = 0$ *analytisch*, wenn sie sich mit *positivem* Konvergenzradius $r > 0$ in eine Potenzreihe entwickeln lässt.

Ist eine *reelle* Funktion $f(x)$ in $x = 0$ analytisch, so besitzt sie nach dem Lemma vermittels ihrer Potenzreihe eine *analytische Fortsetzung* $f(z)$ für *komplexe* Argumente z aus dem Konvergenzkreis.

Beispiel. Die Entwicklung (10.7) der Exponentialfunktion in eine Potenzreihe konvergiert für alle reellen und somit – nach dem Lemma – auch für alle komplexen Argumente. Wir *definieren* daher für $z \in \mathbb{C}$ die komplexe Exponentialfunktion e^z über eben diese stets konvergente Potenzreihe

$$e^z = \sum_{k=0}^{\infty} \frac{z^k}{k!} \qquad (z \in \mathbb{C}).$$

Als Beispiel für die Multiplikation von Reihen hatten wir gezeigt, dass diese Potenzreihe die Funktionalgleichung (4.9) der Exponentialfunktion für komplexe Argumente erfüllt. Also gilt

$$e^{z+w} = e^z \cdot e^w \qquad (z, w \in \mathbb{C})$$

und damit erst recht

$$e^{x+iy} = e^x \cdot e^{iy} \qquad (x, y \in \mathbb{R}).$$

Für den zweiten Faktor erhalten wir aus der Potenzreihe durch Aufspaltung in gerade und ungerade Summationsindizes die Euler'sche Formel (1743)

$$e^{iy} = \sum_{k=0}^{\infty} \frac{(iy)^k}{k!} = \sum_{k=0}^{\infty} \frac{(iy)^{2k}}{(2k)!} + \sum_{k=0}^{\infty} \frac{(iy)^{2k+1}}{(2k+1)!}$$

$$= \sum_{k=0}^{\infty} (-1)^k \frac{y^{2k}}{(2k)!} + i \sum_{k=0}^{\infty} (-1)^k \frac{y^{2k+1}}{(2k+1)!}$$

$$= \cos y + i \sin y,$$

wobei wir im letzten Schritt von unserer Kenntnis der Potenzreihen (9.6) und (9.7) Gebrauch gemacht haben. Da sich die Potenzreihen von sin und cos

– und damit alle trigonometrischen Funktionen – genauso in die komplexe Ebene fortsetzen lassen, gilt ganz allgemein:

$$e^{iz} = \cos z + i \sin z \qquad (z \in \mathbb{C}), \tag{10.11}$$

bzw. durch Auflösung dieser Gleichung und der entsprechenden mit $-z$:

$$\cos z = \frac{e^{iz} + e^{-iz}}{2}, \qquad \sin z = \frac{e^{iz} - e^{-iz}}{2i} \qquad (z \in \mathbb{C}). \tag{10.12}$$

Also lassen sich die Exponentialfunktion, die trigonometrischen und die hyperbolischen Funktionen durch Fortsetzung in die komplexen Ebene wechselseitig ineinander umformen, z.B.

$$z \cot z = iz \coth(iz) \qquad (z \in \mathbb{C} \setminus \{k\pi : k \in \mathbb{Z}\}). \tag{10.13}$$

Bemerkung. Die Euler'sche Formel (10.11) und die zugehörige Fortsetzung der Exponentialfunktion sowie der trigonometrischen Funktionen in die komplexe Ebene sind nur der Anfang einer umfangreichen, eleganten und nützlichen *komplexen Analysis*, auch *Funktionentheorie* genannt. Diese lehrt beispielsweise, dass auf dem Rand des Konvergenzkreises einer Potenzreihe eine Singularität der zugehörigen komplexen Funktion liegen *muss*. Dieses Kriterium macht die Berechnung von Konvergenzradien oft extrem einfach, sehr viel einfacher jedenfalls als die direkte Auswertung der Cauchy–Hadamard'schen Formel (10.10).

10.3 Kalkül der Potenzreihen

Wir können mit Potenzreihen recht einfach rechnen (zumindest mit Maple an unserer Seite), sofern wir wissen, ob die entsprechenden Operationen zulässig sind. Ich möchte hierfür die wichtigsten Resultate zusammenstellen, wobei ich jeweils kurz die dahinterstehende Argumentation angeben werde.

Satz. Die Funktionen f, g seien in $x = 0$ *analytisch,* so dass sie sich also mit positiven Konvergenzradien $r_f, r_g > 0$ in die Potenzreihen

$$f(x) = \sum_{k=0}^{\infty} a_k x^k \quad (|x| < r_f), \qquad g(x) = \sum_{k=0}^{\infty} b_k x^k \quad (|x| < r_g),$$

entwickeln lassen. Dann gilt:

- **Differentiation**: f' ist in $x = 0$ analytisch; genauer:

$$f'(x) = \sum_{k=0}^{\infty} (k+1) a_{k+1} \, x^k \qquad (|x| < r_f). \tag{10.14}$$

Iterativ sieht man, dass f für $|x| < r_f$ beliebig oft differenzierbar ist. *Argumentation:* Gliedweise Differentiation nach Abschnitt 6.4.

- **Eindeutigkeit der Koeffizienten:**

$$a_k = \frac{f^{(k)}(0)}{k!} \qquad (k \in \mathbb{N}_0).$$

Argumentation: Taylor'sche Formel (10.1).

- **Integration:** Stammfunktionen $\int f(x)\,dx$ sind in $x = 0$ analytisch; genauer:

$$\int_0^x f(t)\,dt = \sum_{k=1}^\infty \frac{a_{k-1}}{k}\,x^k \qquad (|x| < r_f).$$

Argumentation: Gliedweise Integration nach Abschnitt 8.4.

- **Summe:** $f + g$ ist in $x = 0$ analytisch; genauer:

$$(f + g)(x) = \sum_{k=0}^\infty (a_k + b_k)\,x^k \qquad (|x| < \min(r_f, r_g)).$$

Argumentation: Siehe den Anfang von Abschnitt 4.5.

- **Produkt:** $f \cdot g$ ist in $x = 0$ analytisch; genauer:

$$(f \cdot g)(x) = \sum_{k=0}^\infty \left(\sum_{j=0}^k a_j \cdot b_{k-j} \right) x^k \qquad (|x| < \min(r_f, r_g)). \tag{10.15}$$

Die Koeffizientenfolge von $f \cdot g$ heißt *Faltung* oder *Cauchy-Produkt* derjenigen von f und g. *Argumentation:* Siehe (4.7).

- **Quotient:** Falls $g(0) = b_0 \neq 0$, so ist f/g in $x = 0$ analytisch. Die zugehörige Koeffizientenfolge (c_k) ergibt sich rekursiv aus

$$c_k = \frac{1}{b_0}\left(a_k - \sum_{j=0}^{k-1} c_j \cdot b_{k-j} \right) \qquad (k \in \mathbb{N}_0). \tag{10.16}$$

Argumentation: Folgt mit $(f/g) \cdot g = f$ aus dem Resultat über Produkte.

- **Komposition:** Falls $|g(0)| = |b_0| < r_f$, so ist $f \circ g$ in $x = 0$ analytisch. (Die Berechnung der zugehörigen Koeffizientenfolge führe ich besser gleich an einem konkreten Beispiel vor.) *Argumentation:* Cauchy'scher Doppelreihensatz aus Abschnitt 4.5.

Beispiel. Ich möchte die Taylorentwicklung (10.4) mit dem Potenzreihenkalkül reproduzieren (und damit erklären, was unter der Motorhaube von Maple beim Ausführen des `series`-Befehls im wesentlichen tatsächlich passiert). Ich beginne mit der Potenzreihe (8.20) des Logarithmus, nämlich

$$\ln(1 + x) = \sum_{k=0}^\infty (-1)^k \frac{x^{k+1}}{k+1} = x - \frac{x^2}{2} + \frac{x^3}{3} - \frac{x^4}{4} + O(x^5) \qquad (|x| < 1),$$

wobei ich in diesem Beispiel jeweils die ersten vier Summanden einer Potenzreihe explizit ausschreibe. Division durch x zeigt, dass die Funktion

$$\frac{\ln(1+x)}{x} = \sum_{k=0}^{\infty} (-1)^k \frac{x^k}{k+1} = 1 - \frac{x}{2} + \frac{x^2}{3} - \frac{x^3}{4} + O(x^4) \qquad (|x| < 1)$$

in $x = 0$ stetig durch den Wert 1 fortgesetzt wird und diese Fortsetzung dort dann sogar analytisch ist. Komposition mit der Exponentialfunktion liefert, dass

$$f(x) = \exp(\ln(1+x)/x) = \exp\left(1 - \frac{x}{2} + \frac{x^2}{3} - \frac{x^3}{4} + O(x^4)\right)$$

in $x = 0$ analytisch ist und dort den Wert $f(0) = e$ besitzt. Insbesondere sehen wir auf einen Blick, dass $f(x)$ in $x = 0$ beliebig häufig differenzierbar ist – ein Ergebnis, das Ihnen auf der Ebene des Beispiels in Abschnitt 10.1 vermutlich noch Schwierigkeiten bereitet hätte. Mit Hilfe der Exponentialreihe (10.7) erhalten wir schließlich erneut die asymptotische Entwicklung (10.4) für $x \to 0$:

$$\exp(\ln(1+x)/x) = e \cdot \exp\left(-\frac{x}{2} + \frac{x^2}{3} - \frac{x^3}{4} + O(x^4)\right)$$

$$= \sum_{k=0}^{\infty} \frac{e}{k!} \left(-\frac{x}{2} + \frac{x^2}{3} - \frac{x^3}{4} + O(x^4)\right)^k = \sum_{k=0}^{3} \frac{e}{k!} \left(-\frac{x}{2} + \frac{x^2}{3} - \frac{x^3}{4}\right)^k + O(x^4)$$

$$= e\left(1 + \left(-\frac{x}{2} + \frac{x^2}{3} - \frac{x^3}{4}\right) + \frac{1}{2}\left(-\frac{x}{2} + \frac{x^2}{3}\right)^2 + \frac{1}{6}\left(-\frac{x}{2}\right)^3\right) + O(x^4)$$

$$= e\left(1 - \frac{x}{2} + \frac{11x^2}{24} - \frac{7x^3}{16}\right) + O(x^4),$$

indem wir sukzessive in jedem Schritt jene Summanden nicht mehr hinschreiben, die im Endergebnis ohnehin nur zu Termen der Ordnung $O(x^4)$ führen. (Überzeugen Sie sich von der Richtigkeit jeder einzelnen dieser Weglassungen. Das kompetente Weglassen solcher Terme geht am Anfang gaaaanz langsam, mit etwas Übung dann aber immer schneller. Ohne Übung geht es aber nun einmal nicht; Mathematik ist auch Handwerk.)

Gerade und ungerade Funktionen

Definition. Eine für $|x| < r$ definierte Funktion $f(x)$ heißt *gerade*, falls

$$f(-x) = f(x) \qquad (|x| < r),$$

und *ungerade*, falls

$$f(-x) = -f(x) \qquad (|x| < r),$$

Diese Begriffsbildung wird für Potenzreihen $f(x) = \sum_{k=0}^{\infty} a_k x^k$ besonders transparent. Denn aus der Eindeutigkeit der Koeffizienten folgt sofort:

$$f \text{ gerade} \quad \Leftrightarrow \quad f(x) = \sum_{k=0}^{\infty} a_{2k} \, x^{2k}, \tag{10.17}$$

$$f \text{ ungerade} \quad \Leftrightarrow \quad f(x) = \sum_{k=0}^{\infty} a_{2k+1} \, x^{2k+1}.$$

10.4 Die Bernoulli'schen Zahlen

Dieser Abschnitt ist praktisch ein einziges längeres Beispiel, eine groß angelegte *explorative* „Trainingseinheit" im Umgang mit Potenzreihen. Die Ergebnisse dieses Trainings werden aber im Kapitel VII eine prominente Rolle spielen.

Definition der Bernoulli'schen Zahlen

Wir beginnen mit der Potenzreihe (10.7) der Exponentialfunktion, nämlich

$$e^z = \sum_{k=0}^{\infty} \frac{z^k}{k!} = 1 + z + \frac{z^2}{2!} + \frac{z^3}{3!} + \cdots \qquad (z \in \mathbb{C}),$$

aus der wir sofort

$$\frac{e^z - 1}{z} = \sum_{k=0}^{\infty} \frac{z^k}{(k+1)!} = 1 + \frac{z}{2!} + \frac{z^2}{3!} + \frac{z^3}{4!} + \cdots \qquad (z \in \mathbb{C})$$

erhalten. Erkennen Sie hier im ersten Summanden den Grenzwert (3.10) wieder? Da der Wert dieser analytischen Funktion für $z = 0$ demnach von Null verschieden ist, dürfen wir den Kehrwert bilden und erhalten eine Potenzreihe

$$\frac{z}{e^z - 1} = \sum_{k=0}^{\infty} \frac{B_k}{k!} z^k \qquad (|z| < r_B) \tag{10.18}$$

mit einem gewissen[41] Konvergenzradius $r_B > 0$. Das Ganze ist so zu verstehen, dass diese Potenzreihenentwicklung die Zahlen B_k *definiert*, sie heißen *Bernoulli'sche Zahlen* (Bernoulli 1705).

Wie lassen sich die B_k nun *berechnen*? Die Rekursionsformel (10.16) für die Koeffizienten des Quotienten zweier Potenzreihen, hier also für

$$\sum_{k=0}^{\infty} \frac{B_k}{k!} z^k = \frac{1}{\sum_{k=0}^{\infty} \frac{z^k}{(k+1)!}},$$

---

[41] Den genauen Wert ermitteln wir später, siehe (10.26).

Tabelle 8. Die ersten Bernoulli'schen Zahlen B_k.

k	0	1	2	3	4	5	6	7	8	9	10	11	12
B_k	1	$-\frac{1}{2}$	$\frac{1}{6}$	0	$-\frac{1}{30}$	0	$\frac{1}{42}$	0	$-\frac{1}{30}$	0	$\frac{5}{66}$	0	$-\frac{691}{2730}$

liefert uns $B_0 = 1$ und weiter rekursiv

$$B_k = -\sum_{j=0}^{k-1} \frac{k! \cdot B_j}{(k-j+1)! \cdot j!} = -\frac{1}{k+1} \sum_{j=0}^{k-1} \binom{k+1}{j} B_j \qquad (k \in \mathbb{N}). \quad (10.19)$$

Daraus erhalten wir zum einen $B_k \in \mathbb{Q}$ und zum anderen die Werte in Tabelle 8. Spätestens der merkwürdige Bruch $B_{12} = -691/2730$ macht jede Hoffnung zunichte, eine einfache geschlossene Formel für die B_k zu finden.

Aber wir entdecken in Tabelle 8 gewisse Muster und *verallgemeinern* diese kühn zu den beiden *Thesen*:

- Bis auf B_1 sind die Bernoulli'schen Zahlen mit *ungeradem* Index Null:

$$B_{2k+1} = 0 \quad \text{für} \quad k = 1, 2, 3, \dots \quad (10.20)$$

- Die Bernoulli'schen Zahlen mit geradem Index besitzen ab B_2 alternierendes Vorzeichen:

$$(-1)^{k-1} B_{2k} > 0 \quad \text{für} \quad k = 1, 2, 3, \dots \quad (10.21)$$

Die erste These ist nach (10.17) *genau dann* richtig, falls die um den „Ausreißer" $B_1 z$ korrigierte Funktion

$$\frac{z}{e^z - 1} - B_1 z = \frac{z}{e^z - 1} + \frac{z}{2}$$

eine *gerade* Funktion darstellt. Nun sehen wir aber leicht ein, dass

$$\frac{z}{e^z - 1} + \frac{z}{2} = \frac{z}{2} \cdot \frac{e^z + 1}{e^z - 1} = \frac{z}{2} \cdot \frac{e^{z/2} + e^{-z/2}}{e^{z/2} - e^{-z/2}} = \frac{z}{2} \coth \frac{z}{2} \quad (10.22)$$

tatsächlich gerade ist – die These (10.20) ist daher korrekt. Von der Richtigkeit der zweiten These (10.21) werden wir uns weiter unten überzeugen können.

Reihenentwicklung des Kotangens

Die Beziehung (10.22) und die Definition der Bernoulli'schen Zahlen (10.18) liefern uns die Potenzreihe

$$\frac{z}{2} \coth \frac{z}{2} = \sum_{k=0}^{\infty} \frac{B_{2k}}{(2k)!} z^{2k} \qquad (|z| < r_B).$$

Mit $z = ix$ und der Formel (10.13), also $z \coth(z/2)/2 = x \cot(x/2)/2$, erhalten wir

$$\frac{x}{2} \cot \frac{x}{2} = \sum_{k=0}^{\infty} (-1)^k \frac{B_{2k}}{(2k)!} x^{2k} \qquad (|x| < r_B).$$

Da der Nenner von $\cot(x/2) = \cos(x/2)/\sin(x/2)$ bei $x = 2\pi$ Null wird und Potenzreihen im Konvergenzkreis nicht singulär sein können, dürfen wir auf die Einschränkung $r_B \leqslant 2\pi$ des Konvergenzradius schließen. Tatsächlich werden wir später sehen, dass $r_B = 2\pi$ ist. Etwas umgeschrieben, erhalten wir zusammenfassend die Reihenentwicklung des Kotangens:

$$\cot x = \frac{1}{x} - \sum_{k=1}^{\infty} (-1)^{k-1} \frac{4^k B_{2k}}{(2k)!} x^{2k-1} \qquad (0 < |x| < r_B/2). \qquad (10.23)$$

Potenzreihe des Tangens

Aus einer der vielen nützlichen trigonometrischen Identitäten, der Verdoppelungsformel $\tan x = \cot x - 2 \cot(2x)$, erhalten wir mit (10.23) die Potenzreihe des Tangens:

$$\tan x = \sum_{k=1}^{\infty} (-1)^{k-1} \frac{4^k(4^k - 1) B_{2k}}{(2k)!} x^{2k-1} \qquad (|x| < r_B/4). \qquad (10.24)$$

Auch wenn Sie es mir jetzt noch nicht glauben: Diese Reihe spielt eine große Rolle bei der Beschreibung der Anzahl *alternierender Permutationen*.

Vergleich von Reihenentwicklung und Partialbruchzerlegung des Kotangens

Wir kennen jetzt zwei verschiedene Darstellungen des Kotangens: Die Reihenentwicklung (10.23) und die Partialbruchzerlegung (9.25). Aus dem Vergleich sollte etwas Nützliches entstehen. Die Idee besteht darin, die Partialbruchzerlegung (9.25) in eine Reihe umzuformen und dann die Koeffizienten zu vergleichen: Mit geometrischer Reihe und Zetafunktion zur Hand gilt für $0 < |x| < 1$

$$\pi \cot(\pi x) = \frac{1}{x} + \sum_{k=1}^{\infty} \left(\frac{1}{x+k} + \frac{1}{x-k} \right) = \frac{1}{x} + \sum_{k=1}^{\infty} \frac{2x}{x^2 - k^2}$$

$$= \frac{1}{x} - \sum_{k=1}^{\infty} \frac{2x}{k^2} \cdot \frac{1}{1 - x^2/k^2} = \frac{1}{x} - 2x \sum_{k=1}^{\infty} \frac{1}{k^2} \sum_{j=0}^{\infty} \frac{x^{2j}}{k^{2j}}$$

$$= \frac{1}{x} - 2x \sum_{j=0}^{\infty} x^{2j} \sum_{k=1}^{\infty} \frac{1}{k^{2j+2}} = \frac{1}{x} - 2 \sum_{j=0}^{\infty} \zeta(2j+2)x^{2j+1}$$

$$= \frac{1}{x} - \sum_{j=1}^{\infty} 2\zeta(2j)x^{2j-1}$$

(die Summen vertauschen nach dem Doppelreihensatz), also nach Anpassung von Argument und Summationsindex die Reihenentwicklung

$$\cot x = \frac{1}{x} - \sum_{k=1}^{\infty} \frac{2\zeta(2k)}{\pi^{2k}} x^{2k-1} \qquad (0 < |x| < \pi).$$

Ein Vergleich mit (10.23) liefert – zum einen – wegen der Eindeutigkeit der Koeffizienten einer Potenzreihe eine weitere von Eulers triumphalen Formeln (1755), nämlich

$$\zeta(2k) = \frac{(-1)^{k-1}(2\pi)^{2k} B_{2k}}{2(2k)!} \qquad (k \in \mathbb{N}) \qquad (10.25)$$

– und daher mit den Werten aus Tabelle 8 beispielsweise die konkreten Fälle

$$\sum_{k=1}^{\infty} \frac{1}{k^2} = \frac{\pi^2}{6}, \qquad \sum_{k=1}^{\infty} \frac{1}{k^6} = \frac{\pi^6}{945}, \qquad \sum_{k=1}^{\infty} \frac{1}{k^{12}} = \frac{691\pi^{12}}{638512875}.$$

Insbesondere folgt aus $\zeta(2k) > 0$, dass $(-1)^{k-1} B_{2k} > 0$ für $k \in \mathbb{N}$. Also ist auch die These (10.21) korrekt.

Ein Vergleich des Konvergenzbereichs der beiden Reihenentwicklungen liefert – zum anderen – die Abschätzung $\pi \leqslant r_B/2$, da r_B ja den größtmöglichen Konvergenzbereich beschreibt. Zusammen mit der oben bemerkten Abschätzung $r_B \leqslant 2\pi$ erhalten wir wie angekündigt den präzisen Wert des Konvergenzradius von (10.18):

$$r_B = 2\pi. \qquad (10.26)$$

Asymptotik der Bernoulli'schen Zahlen

Mit dem Grenzwert $\zeta(s) \to 1$ für $s \to \infty$ (siehe (6.14) bzw. (9.15)) erhalten wir aus (10.25) sofort die Asymptotik der Bernoulli'schen Zahlen:

$$(-1)^{k-1} B_{2k} \simeq \frac{2(2k)!}{(2\pi)^{2k}} \qquad (k \to \infty). \qquad (10.27)$$

(Das ist wirklich ein *massives* Wachstum.) Wir können diese Asymptotik übrigens benutzen, um mit Hilfe der Cauchy–Hadamard'schen Formel (10.10) den Konvergenzradius r_B der Potenzreihe (10.18) ein weiteres Mal zu berechnen:

$$r_B^{-1} = \limsup_{k \to \infty} \sqrt[k]{\frac{|B_k|}{k!}} = \lim_{k \to \infty} \sqrt[2k]{\frac{(-1)^{k-1} B_{2k}}{(2k)!}} = \lim_{k \to \infty} \frac{\sqrt[2k]{2}}{2\pi} = \frac{1}{2\pi}.$$

Es passt also tatsächlich alles ganz wunderbar zusammen, siehe (10.26).

Ich kann Ihnen nur raten, diesen wichtigen Abschnitt im Sinne des eingangs erwähnten Charakters als „Trainingseinheit" ein paar Mal zu wiederholen und dabei jede einzelne Rechnung und jedes einzelne Argument ganz genau nachzuvollziehen.

11 Erzeugende Funktionen von Zahlenfolgen

Das Konzept der erzeugenden Funktion (übrigens eine weitere grandiose Idee von Euler)

$$f(x) = \sum_{k=0}^{\infty} a_k \, x^k$$

einer *gegebenen* Zahlenfolge (a_k) baut eine mächtige Brücke zwischen der diskreten Mathematik auf der einen Seite und den Werkzeugen der Analysis auf der anderen Seite. Hierzu gehört eine hochentwickelte Systematik, um aus kombinatorischen Problemen die erzeugende Funktion zu gewinnen und aus dieser dann interessante Rückschlüsse auf das Ausgangsproblem zu ziehen. Ich möchte mich auf zwei – wie ich finde – sehr instruktive, aber typische Beispiele beschränken, um Ihr Interesse zu wecken. Sollte mir das gelingen, so empfehle ich Ihnen zur weiteren Einführung das Kapitel 7 in [GKP94] sowie zur Vertiefung – neben dem Standardwerk „generatingfunctionology" [Wil06] von Wilf – auch das umfassende neue Magnum opus [FS08] zur analytischen Kombinatorik von den theoretischen Informatikern Flajolet und Sedgewick.

11.1 Beispiel 1: Das Geldwechselproblem

Ich beginne mit einem einfachen Beispiel, das bereits viele typische Elemente für die Verwendung erzeugender Funktionen enthält (Pólya 1956):

> Wieviele Möglichkeiten a_k gibt es, einen Geldbetrag von k Cents in Münzen der Stückelung 1, 2, 5, 10, 20 und 50 Cents herauszugeben?

Betrachten wir zur Einstimmung den Fall $k = 10$:

$$
\begin{aligned}
10 &= 10 \cdot \boxed{1} \\
&= 8 \cdot \boxed{1} + 1 \cdot \boxed{2} \\
&= 6 \cdot \boxed{1} + 2 \cdot \boxed{2} \\
&= 4 \cdot \boxed{1} + 3 \cdot \boxed{2} \\
&= 2 \cdot \boxed{1} + 4 \cdot \boxed{2} \\
&= \qquad\quad\; + 5 \cdot \boxed{2} \\
&= 5 \cdot \boxed{1} \qquad\qquad\quad + 1 \cdot \boxed{5} \\
&= 3 \cdot \boxed{1} + 1 \cdot \boxed{2} + 1 \cdot \boxed{5} \\
&= 1 \cdot \boxed{1} + 2 \cdot \boxed{2} + 1 \cdot \boxed{5} \\
&= \qquad\qquad\qquad\quad\; 2 \cdot \boxed{5} \\
&= \qquad\qquad\qquad\qquad\quad 1 \cdot \boxed{10}
\end{aligned}
$$

Das macht insgesamt 11 Möglichkeiten, also $a_{10} = 11$. Es dürfte aber klar sein, dass wir auf diese Weise kaum die Anzahlen a_{100}, $a_{1\,000}$ oder gar $a_{10\,000}$ berechnen können: Wir brauchen einen *systematischen* Zugang zu dem Problem. Der Fall $k = 10$ lehrt uns, dass wir im allgemeinen die Anzahl a_k der 6-Tupel $(j_1, \ldots, j_6) \in \mathbb{N}_0^6$ bestimmen müssen, für die

$$k = j_1 \cdot \boxed{1} + j_2 \cdot \boxed{2} + j_3 \cdot \boxed{5} + j_4 \cdot \boxed{10} + j_5 \cdot \boxed{20} + j_6 \cdot \boxed{50}$$

gilt. Damit können wir unter Verwendung der geometrischen Reihe die *erzeugende Funktion* der Folge (a_k) ohne große Mühe direkt angeben:

$$f(x) = \sum_{k=0}^{\infty} a_k\, x^k = \sum_{j_1=0}^{\infty} \sum_{j_2=0}^{\infty} \sum_{j_3=0}^{\infty} \sum_{j_4=0}^{\infty} \sum_{j_5=0}^{\infty} \sum_{j_6=0}^{\infty} x^{j_1 \cdot 1 + j_2 \cdot 2 + j_3 \cdot 5 + j_4 \cdot 10 + j_5 \cdot 20 + j_6 \cdot 50}$$

$$= \sum_{j_1=0}^{\infty} x^{1 \cdot j_1} \cdot \sum_{j_2=0}^{\infty} x^{2 \cdot j_2} \cdot \sum_{j_3=0}^{\infty} x^{5 \cdot j_3} \cdot \sum_{j_4=0}^{\infty} x^{10 \cdot j_4} \cdot \sum_{j_5=0}^{\infty} x^{20 \cdot j_5} \cdot \sum_{j_6=0}^{\infty} x^{50 \cdot j_6}$$

$$= \frac{1}{1 - x^1} \cdot \frac{1}{1 - x^2} \cdot \frac{1}{1 - x^5} \cdot \frac{1}{1 - x^{10}} \cdot \frac{1}{1 - x^{20}} \cdot \frac{1}{1 - x^{50}}.$$

(Die Potenzreihen konvergieren für $|x| < 1$.) Die Bauart der erzeugenden Funktion $f(x)$ fällt ganz unmittelbar ins Auge und es sollte daher klar sein, was passiert, wenn wir noch die Münzen zu 1 und 2 Euro mit an Bord nehmen; oder wenn wir bestimmte Münzen, etwa die zu 1 Cent, nicht zulassen wollen; oder wenn eine ganz andere Stückelung vorliegt.

Mit der Taylor'schen Formel (10.1) sieht es nun auf den ersten Blick so aus, als ob das Geldwechselproblem durch den Ausdruck

$$a_k = \frac{f^{(k)}(0)}{k!} = \frac{1}{k!} \frac{d^k}{dx^k} \left(\frac{1}{1 - x^1} \cdot \frac{1}{1 - x^2} \cdot \frac{1}{1 - x^5} \cdot \frac{1}{1 - x^{10}} \cdot \frac{1}{1 - x^{20}} \cdot \frac{1}{1 - x^{50}} \right) \Bigg|_{x=0}$$

prinzipiell gelöst wäre. Theoretisch schon, aber praktisch können wir a_k für größere k (wie etwa $k = 100$) so *nicht* wirklich *ausrechnen*: Der Aufwand für die 100-fache Differentiation von $f(x)$ *als Formel* wäre astronomisch hoch und würde jedes menschliche oder maschinelle Maß an Speicherplatz und Rechenzeit bei weitem sprengen. Stattdessen greifen wir auf den Potenzreihenkalkül aus Abschnitt 10.3 zurück; seine Implementierung in Maple liefert sofort:

```
> f := x -> 1/(1-x)/(1-x^2)/(1-x^5)/(1-x^10)/(1-x^20)/(1-x^50):
> a := n -> coeff(series(f(x),x=0,n+1),x^n):
> ['a[100]'=a(100),'a[1000]'=a(1000),'a[10000]'=a(10000)];
```

$$[a_{100} = 4\,562,\ a_{1\,000} = 103\,119\,386,\ a_{10\,000} = 8\,518\,079\,396\,351] \qquad (11.1)$$

Spätestens jetzt sollten Sie von der bemerkenswerten Potenz der Potenzreihen restlos überzeugt sein.

Eine Rekursionsformel

Die explizite Kenntnis einer erzeugenden Funktion führt häufig auf Rekursionsformeln zur effizienten Berechnung der Koeffizienten a_k. (Ein Beispiel hierfür haben Sie in Abschnitt 10.4 bereits für die Bernoulli'schen Zahlen B_k kennengelernt.) Eine solche Möglichkeit ist für die erzeugende Funktion $f(x)$ des Geldwechselproblems zunächst nicht ganz offensichtlich: Als Produkt von 6 geometrischen Reihen macht $f(x)$ den Eindruck, als ob wir zur Berechnung der Koeffizienten a_k eine 6-fache Faltung (10.15) von Koeffizienten geometrischer Reihen auswerten müssten – was sich nicht besonders effizient anhört.

Da Summen von Potenzreihen wesentlich einfacher als Produkte zu behandeln sind, möchte ich das Produkt $f(x)$ in eine Summe umwandeln. Das hierfür geeignete Werkzeug ist die logarithmische Ableitung: Sie liefert die Potenzreihe

$$\frac{f'(x)}{f(x)} = \frac{1}{1-x} + \frac{2x}{1-x^2} + \frac{5x^4}{1-x^5} + \frac{10x^9}{1-x^{10}} + \frac{20x^{19}}{1-x^{20}} + \frac{50x^{49}}{1-x^{50}}$$

$$= \sum_{k=0}^{\infty} \left(x^k + 2x^{2k+1} + 5x^{5k+4} + 10x^{10k+9} + 20x^{20k+19} + 50x^{50k+49} \right)$$

$$= \sum_{k=0}^{\infty} b_k\, x^k$$

mit den Koeffizienten

$$b_k = \sum_{m \in \{1,2,5,10,20,50\}} m \cdot [\, m \backslash (k+1)\,] \qquad (k \in \mathbb{N}_0).$$

Hierbei habe ich die Knuth'sche Indikator-Notation [GKP94, S. 102] verwendet:

$$[\, m \backslash (k+1)\,] = \begin{cases} 1, & \text{falls: } m \text{ teilt } k+1, \\ 0, & \text{sonst.} \end{cases}$$

Wenn wir jetzt die Faltungsformel (10.15) auf die Koeffizienten des Produkts $f'(x) = f(x) \cdot \sum_{k=0}^{\infty} b_k\, x^k$ anwenden, erhalten wir schließlich wegen (10.14) die gewünschte effiziente Rekursionsformel

$$a_{k+1} = \frac{1}{k+1} \sum_{j=0}^{k} a_j\, b_{k-j} \qquad (k \in \mathbb{N}_0)$$

mit dem Startwert $a_0 = f(0) = 1$. Diese Formel lässt sich – völlig unabhängig von Maples Möglichkeiten im Umgang mit Potenzreihen – ganz einfach programmieren und auswerten; tun Sie es bitte und reproduzieren Sie damit die speziellen Werte a_k aus (11.1).

11.2 Beispiel 2: Alternierende Permutationen

Angenommen, Sie interessieren sich für jenen speziellen Typ von Permutationen der Zahlen $\{1, 2, 3, \ldots, n\}$, in denen das erste Element *kleiner* ist als das zweite, dieses wiederum *größer* ist als das dritte, welches dann selbst *kleiner* als das vierte ist, usw. Wir beschränken uns auf ungerade Ordnungen $n = 2k + 1$. Ein Beispiel mit $n = 9$ ist etwa die Permutation[42]

$$(4,8,6,7,5,9,1,3,2) = \begin{pmatrix} & 8 & & 7 & & 9 & & 3 & \\ \diagup & & \diagdown \diagup & & \diagdown \diagup & & \diagdown \diagup & & \diagdown \\ 4 & & 6 & & 5 & & 1 & & 2 \end{pmatrix},$$

deren Darstellung deutlich macht, warum solche Permutation in der Literatur „Zickzack-Permutationen" genannt werden. Etwas würdevoller spricht man auch von *alternierenden Permutationen*. Wir stellen uns nun dem Problem, die Anzahl A_n der alternierenden Permutationen der Ordnung $n = 2k + 1$ zu bestimmen.

Der Schlüssel zur Lösung liegt hier darin, die kombinatorische Äquivalenz der alternierenden Permutationen mit vollen Max-Heaps[43] über der Menge $\{1, 2, \ldots, n\}$ zu erkennen. Partitionieren wir nämlich eine alternierende Permutation σ an der Position ihres maximalen Eintrags, also $\sigma = (\sigma_L, \max(\sigma), \sigma_R)$, so erhalten wir rekursiv einen vollen Max-Heap, beispielsweise

$$(4,8,6,7,5,9,1,3,2) = \begin{array}{c} 9 \\ \diagup \diagdown \\ (4,8,6,7,5) \quad (1,3,2) \end{array} = \begin{array}{c} 9 \\ \diagup \qquad \diagdown \\ 8 \qquad 3 \\ \diagup \diagdown \quad \diagup \diagdown \\ 4 \quad 7 \quad 1 \quad 2 \\ \diagup \diagdown \\ 6 \quad 5 \end{array}.$$

Die Heap-Eigenschaft besagt gerade, dass jeder Knoten eine Zahl repräsentiert, die größer als seine Abkömmlinge ist. Man sieht sofort ein, dass sich diese Konstruktion umkehren lässt, die Zuordnung von alternierenden Permutationen zu vollen Max-Heaps ist also ein-eindeutig:

> Es gibt genausoviele alternierende Permutationen der Ordnung $n = 2k + 1$ wie volle Max-Heaps über der Menge $\{1, 2, \ldots, n\}$. Diese Anzahl bezeichnen wir mit A_n.

Die rekursive Definition voller Max-Heaps führt uns sofort auf eine Rekursionsformel für A_{2k+1}: Nachdem wir das Maximum an die Wurzel des Heaps gesetzt haben, verbleiben $2k$ Zahlen für die restliche Knoten. Von diesen müssen wir $2j - 1$ $(j = 1, 2, \ldots, k)$ für den linken Teilheap auswählen, die

---

[42] Ich schreibe $\sigma = (4,8,6,7,5,9,1,3,2)$ für $\sigma(1) = 4, \sigma(2) = 8, \ldots, \sigma(9) = 2$.
[43] Voller Max-Heap = monoton markierter voller Binärbaum.

übrigen $2k - 2j + 1$ Zahlen bilden den rechten Teilheap. Für den linken Teilheap gibt es dann A_{2j-1} Möglichkeiten, für den rechten entsprechend $A_{2k-2j+1}$. Wir erhalten auf diese Weise $A_1 = 1$ und

$$A_{2k+1} = \sum_{j=1}^{k} \binom{2k}{2j-1} \cdot A_{2j-1} \cdot A_{2k-2j+1} \qquad (k \in \mathbb{N}).$$

Diese Rekursionsformel wollen wir mit der Methodik der erzeugenden Funktionen versuchen „zu lösen". Die Summe in der Rekursionsformel sieht bis auf den Binomialkoeffizienten bereits verdächtig wie eine Faltung (10.15) aus. Mit etwas Erfahrung springt einem förmlich ins Auge, dass der Übergang zu den Größen $A_{2k+1}/(2k+1)!$ daraus tatsächlich eine Faltung macht:[44]

$$(2k+1)\frac{A_{2k+1}}{(2k+1)!} = \sum_{j=1}^{k} \frac{A_{2j-1}}{(2j-1)!} \cdot \frac{A_{2k-2j+1}}{(2k-2j+1)!} \qquad (k \in \mathbb{N}). \qquad (11.2)$$

Jetzt führen wir die erzeugende Funktion dieser skalierten Größen ein,[45]

$$f(x) = \sum_{k=1}^{\infty} \frac{A_{2k-1}}{(2k-1)!} x^{2k-1},$$

und erkennen, dass auf der linken Seite der Rekursion (11.2) wegen (10.14) die Koeffizienten der Potenzreihe

$$f'(x) = \sum_{k=0}^{\infty} (2k+1) \frac{A_{2k+1}}{(2k+1)!} x^{2k}$$

stehen, auf der rechten Seite hingegen wegen (10.15) diejenigen von

$$f(x)^2 = \sum_{k=1}^{\infty} \left(\sum_{j=1}^{k} \frac{A_{2j-1}}{(2j-1)!} \cdot \frac{A_{2k-2j+1}}{(2k-2j+1)!} \right) x^{2k}.$$

Beachten Sie bitte, dass die Summation einmal bei $k = 0$, das andere Mal aber bei $k = 1$ beginnt. Mit diesem Detail im Hinterkopf und mit $A_1 = 1$ können wir die Rekursion (11.2) in die *Differentialgleichung*

$$f'(x) = 1 + f(x)^2 \qquad (11.3)$$

übersetzen. Die erzeugende Funktion f ist also mit ihrer Ableitung in einer ganz bestimmten Weise *verkoppelt*. Legt diese Verkopplung die Funktion f bereits fest und können wir f daraus ggf. bestimmen?

---

[44] Die Größe $A_n/n!$ ist der Anteil der alternierenden Permutationen unter *allen* Permutationen der Ordnung n und ist damit die Wahrscheinlichkeit, dass eine zufällig gewählte Permutation der Ordnung n alternierend ist.

[45] Man bezeichnet die so geformte erzeugende Funktion auch als die *exponentiell* erzeugende Funktion der Zahlenfolge A_{2k-1}.

Im folgenden Kapitel VI werden wir lernen, dass stetig differenzierbare Funktionen durch eine solche Differentialgleichung und durch einen bekannten speziellen *Anfangswert* $f(x_0)$, hier

$$f(0) = 0,$$

eindeutig festgelegt sind. Außerdem werden wir Methoden kennenlernen, um die Lösungen f solcher *Anfangswertprobleme* nach Möglichkeit auch konkret auszurechnen. Für die vorliegende Differentialgleichung (11.3) kennen wir aber bereits „rein zufällig" die Lösung mit $f(0) = 0$: Ein Blick auf (6.21) zeigt uns nämlich, dass wegen der angekündigten Eindeutigkeit

$$f(x) = \sum_{k=1}^{\infty} \frac{A_{2k-1}}{(2k-1)!} x^{2k-1} = \tan x \qquad (11.4)$$

gelten muss. Wie nützlich, dass wir in Abschnitt 10.4 die Potenzreihe von $\tan x$ bereits „ausgerechnet" haben: siehe Formel (10.24). Ein Koeffizientenvergleich liefert uns jetzt die folgende geschlossene Formel für die Anzahl alternierender Permutationen der Ordnung $n = 2k - 1$ (André 1881):

$$A_{2k-1} = (-1)^{k-1} \frac{4^k(4^k - 1)B_{2k}}{2k} \qquad (k \in \mathbb{N}).$$

Für $k = 6$ entnehmen wir beispielsweise der Tabelle 8 mit den ersten Bernoulli'schen Zahlen B_k den Wert

$$A_{11} = -\frac{4^6(4^6 - 1)}{12} B_{12} = \frac{4096 \cdot 4095 \cdot 691}{12 \cdot 2730} = 353\,792.$$

Asymptotik

Die Asymptotik (10.27) der Bernoulli'schen Zahlen impliziert nun sofort auch die Asymptotik der Anzahl A_n der alternierenden Permutationen der Ordnung $n = 2k - 1$:

$$A_{2k-1} \simeq 2 \left(\frac{2}{\pi}\right)^{2k} \cdot (2k - 1)! \qquad (k \to \infty).$$

Damit liegt der Anteil der alternierenden Permutationen unter allen Permutationen der ungeraden Ordnung n asymptotisch bei

$$\frac{A_n}{n!} \simeq 2 \left(\frac{2}{\pi}\right)^{n+1} \qquad (n \text{ ungerade} \to \infty). \qquad (11.5)$$

Diese Asymptotik ist tatsächlich sogar bereits für kleine n eine ganz hervorragende Approximation:

$$0.008\,632\,35 \cdots = \frac{A_{11}}{11!} \approx 2 \left(\frac{2}{\pi}\right)^{12} = 0.008\,632\,18 \cdots$$

Bemerkung. Es gibt auch einen direkten, systematischen Weg zur Asymptotik (11.5), der ohne Kenntnisse über die Bernoulli'schen Zahlen auskommt. Die in [FS08] dargestellte analytische Kombinatorik lehrt nämlich, dass die Asymptotik einer Zahlenfolge (a_k) unter recht allgemeinen Bedingungen durch die *Singularitäten* ihrer erzeugenden Funktion

$$f(x) = \sum_{k=0}^{\infty} a_k x^k$$

auf dem Rand des *komplexen* Konvergenzkreises bestimmt wird. Im vorliegenden Fall, also $f(x) = \tan x$, liegen diese Singularitäten genau bei $x = \pm \pi/2$. In ihrer Nähe verhält sich der Tangens asymptotisch wie eine rationale Funktion, die sich recht einfach berechnen lässt:

$$\sum_{k=1}^{\infty} \frac{A_{2k-1}}{(2k-1)!} x^{2k-1} = \tan x \simeq \frac{8x}{\pi^2 - 4x^2} = \sum_{k=1}^{\infty} 2\left(\frac{2}{\pi}\right)^{2k} x^{2k-1} \quad (x \to \pm\frac{\pi}{2}).$$

(Beide Potenzreihen konvergieren für $|x| < \pi/2$). Die Theorie besagt nun, dass wir erstaunlicherweise aus der asymptotischen Gleichheit beider Funktionen (in *allen* Singularitäten auf dem Rand des Konvergenzkreises) auf die asymptotische Gleichheit der Koeffizienten schließen dürfen:

$$\frac{A_{2k-1}}{(2k-1)!} \simeq 2\left(\frac{2}{\pi}\right)^{2k} \quad (k \to \infty),$$

was ja genau die oben hergeleitete Beziehung (11.5) ist.

Alternierende Permutationen gerader Ordnung

Wie sieht es mit der Anzahl A_n der alternierenden Permutationen gerader Ordnung $n = 2k$ aus? Ein ähnliches Arbeitsprogramm wie bei den ungeraden Ordnungen liefert folgende exponentiell erzeugende Funktion (André 1881):

$$\sum_{k=0}^{\infty} \frac{A_{2k}}{(2k)!} x^{2k} = \sec x \quad (|x| < \frac{\pi}{2}).$$

Für die Asymptotik wähle ich den kurzen Weg aus der Bemerkung oben: Der Sekans $\sec x = 1/\cos x$ besitzt auf dem Rand des Konvergenzkreises die Singularitäten $x = \pm\pi/2$ und verhält sich in ihrer Nähe wie folgende rationale Funktion (rechnen Sie das bitte nach):

$$\sec x \simeq \frac{4\pi}{\pi^2 - 4x^2} = \sum_{k=0}^{\infty} 2\left(\frac{2}{\pi}\right)^{2k+1} x^{2k} \quad (x \to \pm\frac{\pi}{2}).$$

Also gilt genau wie für alternierende Permutationen ungerader Ordnung auch für gerade Ordnungen die Asymptotik

$$\frac{A_n}{n!} \simeq 2\left(\frac{2}{\pi}\right)^{n+1} \quad (n \text{ gerade} \to \infty).$$

Aufgaben

1. Mehrfache Nullstellen von Polynomen. Wenn $x_0 \in \mathbb{R}$ Nullstelle des nichtkonstanten Polynoms $p \in \mathbb{R}[x]$ ist, so gibt es ein $n \in \mathbb{N}$ mit

$$p(x) = (x - x_0)^n q(x), \qquad q(x_0) \neq 0,$$

wobei $q \in \mathbb{R}[x]$; n heißt dann die *Vielfachheit* der Nullstelle.

a) Stellen Sie einen Zusammenhang zwischen den Werten $q(x_0)$ und $p^{(n)}(x_0)$ her, indem Sie sich beispielsweise überlegen, wie Sie

$$q(x_0) = \lim_{x \to x_0} \frac{p(x)}{(x - x_0)^n}$$

auswerten könnten. (Geben Sie auch eine ganz kurze Begründung, warum diese Gleichung für $q(x_0)$ überhaupt gilt.) Kommt Ihnen das nicht bekannt vor? Halt: Schauen Sie nicht nur in Abschnitt 7.2 nach, sondern vor allen in Abschnitt 10.1. Sehen Sie den Zusammenhang jetzt „auf einen Blick"?

b) Berechnen Sie die Werte $p'(x_0), p''(x_0), \ldots, p^{(n-1)}(x_0)$. (Wer hier viel rechnet, hat in a) nicht gründlich nachgedacht.)

2. Begründen Sie *kurz*, warum

$$\frac{x}{\sin x}$$

in $x = 0$ analytisch ist. Leiten Sie danach unter Ausnutzung der Formel

$$\frac{x}{\sin x} = \frac{x}{2} \cot\left(\frac{x}{2}\right) + \frac{x}{2} \tan\left(\frac{x}{2}\right),$$

die Potenzreihe her und geben Sie den Konvergenzradius an.

3. Leiten Sie aus

$$\arcsin x = \int_0^x \frac{1}{\sqrt{1 - t^2}} \, dt$$

die Potenzreihe des Arkussinus her und geben Sie den Konvergenzradius an.

4. Genauigkeiten.

a) Schätzen Sie ab, wie groß n gewählt werden muss, damit

$$\left(1 + \frac{1}{n}\right)^n \approx e$$

auf m Dezimalziffern korrekt ist. Drücken Sie n asymptotisch als möglichst einfache Funktion von m aus.

b) Wiederholen Sie die Überlegungen aus a) für

$$1 + \frac{1}{2!} + \frac{1}{3!} + \cdots + \frac{1}{n!} \approx e.$$

c) Finden Sie eine einfache rationale Approximation von sin(1) und geben Sie auch hier den asymptotischen Zusammenhang zwischen Aufwand und Anzahl der korrekten Dezimalziffern an.

5. Es sei $z = x + iy \in \mathbb{C}$ mit $x, y \in \mathbb{R}$.

a) Berechnen Sie jeweils reelle Ausdrücke für die folgenden Real- und Imaginärteile:

$$\mathrm{Re}(e^z), \quad \mathrm{Im}(e^z), \quad \mathrm{Re}(\sin z), \quad \mathrm{Im}(\sin z), \quad \mathrm{Re}(\cos z), \quad \mathrm{Im}(\cos z).$$

b) Berechnen Sie $e^{\pi i/2}$, $e^{\pi i}$ und $e^{2\pi i}$.

6. Bestätigen Sie die Identität

$$\arctan x = \frac{i}{2} \ln\left(\frac{1 - ix}{1 + ix}\right)$$

durch Vergleich der Potenzreihen.

7. Einiges zum Geldwechsel und zu Partitionen.

a) Wieviele Möglichkeiten gibt es, 50 Eurocents in den Münzen der Stückelung zu 1, 2, 5, 10, 20 und 50 Cents herauszugeben?

b) Wieviele Möglichkeiten gibt es, 50 US-Cents in den Münzen der Stückelung zu 1 (penny), 5 (nickel), 10 (dime), 25 (quarter dollar) und 50 (half dollar) Cents herauszugeben?

c) Wieviele Möglichkeiten gibt es, die Zahl 200 additiv in beliebige natürliche Zahlen zu zerlegen (wobei es wie beim Geldwechsel nicht auf die Reihenfolge der Summanden ankommt)?

d) Allgemein bezeichnet man die Anzahl $p(n)$ der Möglichkeiten, eine Zahl $n \in \mathbb{N}_0$ additiv in beliebige natürliche Zahlen zu zerlegen, als *Partitionsfunktion*. Finden Sie in Analogie zum Geldwechselproblem eine Rekursionsformel für $p(n)$.

8. Die erzeugende Funktion der Anzahl a_k an Möglichkeiten, k Cent in Münzen zu 1 Cent und zu 2 Cent herauszugeben, ist nach Abschnitt 11.1

$$f(x) = \sum_{k=0}^{\infty} a_k x^k = \frac{1}{(1-x) \cdot (1-x^2)} = \frac{1}{(1-x)^2 \cdot (1+x)}.$$

a) Bestimmen Sie für $f(x)$ eine Partialbruchzerlegung der Form

$$f(x) = \frac{A}{(1-x)^2} + \frac{B}{1-x} + \frac{C}{1+x}.$$

Hinweis. Lassen Sie Maple mit dem Befehl `convert(...,parfrac))` für sich rechnen.

b) Bestimmen Sie die Potenzreihe von $1/(1-x)^2$ auf folgende zwei Weisen: Durch Differentiation bzw. durch Quadrieren der geometrischen Reihe für $1/(1-x)$.

c) Geben Sie eine explizite Formel für a_k als Funktion von k an.

9. Bestimmen Sie die erzeugende Funktion

$$f(x) = \sum_{k=1}^{\infty} H_k\, x^k$$

der harmonischen Zahlen. Geben Sie den Konvergenzradius der Potenzreihe an.

10. Die Sekansfunktion.

a) Begründen Sie *kurz*, warum der Sekans

$$\sec x = \frac{1}{\cos x}$$

in $x = 0$ analytisch ist. Die zugehörige Potenzreihe

$$\sec x = \sum_{k=0}^{\infty} \frac{(-1)^k E_{2k}}{(2k)!}\, x^{2k}$$

definiert die Euler'schen Zahlen E_{2k}. Geben Sie eine Rekursionsformel für die Zahlen E_{2k} an und berechnen Sie daraus die Werte $E_0, E_2, E_4, E_6, E_8, E_{10}$. Äußern Sie Vermutungen über die Eigenschaften der Folge E_{2k}, $k \in \mathbb{N}$.

b) Leiten Sie aus der Partialbruchzerlegung des Kotangens diejenige des Sekans $\sec x = 1/\cos x$ her:

$$\pi \sec(\pi x) = \sum_{k=0}^{\infty} (-1)^k \frac{4(2k+1)}{(2k+1)^2 - 4x^2}.$$

Für welche $x \in \mathbb{R}$ ist diese Entwicklung gültig?

Hinweis. Benutzen Sie die trigonometrischen Beziehungen

$$\frac{1}{\sin x} = \cot \frac{x}{2} - \cot x, \qquad \cos x = \sin\left(\frac{\pi}{2} - x\right).$$

Schreiben Sie ein paar Terme der unendlichen Reihen aus, um ggf. zu erkennen, wie gewisse Terme geschickt zusammengefasst werden können.

c) Schauen Sie sich noch einmal an, wie wir in Abschnitt 10.4 die Werte $\zeta(2k)$ bestimmt haben. Versuchen Sie analog, eine Formel für die Werte $\beta(2n+1)$ ($n \in \mathbb{N}_0$) herzuleiten, wobei

$$\beta(s) = \sum_{k=0}^{\infty} \frac{(-1)^k}{(2k+1)^s}.$$

Überprüfen Sie Ihr Ergebnis anhand des Werts von $\beta(1)$ und bestimmen Sie den Wert von $\beta(7)$.

d) Bestimmen Sie die Asymptotik der Entwicklungskoeffizienten der Potenzreihe des Sekans.

e) Zeigen Sie, dass der Sekans die exponentiell erzeugende Funktion der alternierenden Permutationen *gerader* Ordnung ist. Deuten Sie das Ergebnis aus d) kombinatorisch.

11. Leiten Sie die erzeugende Funktion

$$\sum_{k=0}^{\infty} f_k \, x^k = \frac{x}{1 - x - x^2}$$

der Fibonacci-Zahlen f_k (also $f_0 = 0$, $f_1 = 1$, $f_{k+1} = f_k + f_{k-1}$) her. Setzen Sie das asymptotische Wachstum von f_k mit den Singularitäten der Funktion in Beziehung.

12. Die *Catalan'schen Zahlen* C_n beschreiben die Anzahl der Binärbäume mit n Knoten. Die rekursive Definition dieser Bäume liefert sofort auch eine Rekursion für ihre Anzahl:

$$C_0 = 1, \qquad C_{n+1} = \sum_{k=0}^{n} C_k \cdot C_{n-k} \quad (n \in \mathbb{N}_0).$$

Wir wollen diese Zahlen jetzt genauer studieren:

a) Betrachten Sie die erzeugende Funktion

$$f(x) = \sum_{k=0}^{\infty} C_k \, x^k$$

und geben Sie die Koeffizienten der Potenzreihe $f(x)^2$ an. Fällt Ihnen etwas auf?

b) Leiten Sie aus der Rekursionsformel für die C_n eine algebraische Gleichung für $f(x)$ her. Lösen Sie diese, wobei Sie auf $f(0) = C_0 = 1$ achten.

c) Stellen Sie einen einfachen Zusammenhang zwischen $f(x)$ und der Funktion

$$\frac{1}{\sqrt{1 - 4x}} = \sum_{k=0}^{\infty} \binom{2k}{k} x^k \qquad (|x| < 1/4)$$

her (vgl. (10.8)), um eine einfache geschlossene Formel für C_n herzuleiten. *Hinweis.* Berechnen Sie

$$\int_0^x \frac{dt}{\sqrt{1 - 4t}}$$

als Funktion *und* als Potenzreihe.

d) Geben Sie eine einfache asymptotische Formel des Wachstums der C_n für $n \to \infty$ an.

e) Bestimmen Sie den Konvergenzradius der erzeugenden Funktion $f(x)$ mit Hilfe der Cauchy–Hadamard'schen Formel.

13. Lösen Sie die spezielle Schröder'sche Funktionalgleichung

$$f\left(\frac{x + x^2}{2}\right) = \frac{1}{2} f(x),$$

indem Sie für die Koeffizienten des Potenzreihenansatzes

$$f(x) = \sum_{k=0}^{\infty} a_k \, x^k$$

eine Rekursionsformel herleiten. Zeigen Sie, dass $a_1 = f'(0)$ frei gewählt werden kann, die restlichen Koeffizienten dann aber festgelegt sind. Wählen Sie $f'(0) = 1$ und plotten Sie den Verlauf von f über dem Intervall $[0, 1/2]$. Überlegen Sie dabei genau, nach wieviel Termen Sie die Potenzreihe zu diesem Zwecke abbrechen dürfen. Berechnen Sie $f(1/2)$ auf wenigstens 10 Dezimalziffern genau.

VI

Differentialgleichungen

Eine der zentralen Einsichten Newtons hatte darin bestanden, dass sein Kraftgesetz („Kraft = Masse × Beschleunigung") tatsächlich die Form einer Differentialgleichung besitzt, nämlich

Zustandsänderungsrate = gegebene „einfache" Funktion des Zustands.

Durch die *Lösung* solcher Differentialgleichungen wurde es möglich, aus dem aktuell beobachteten Zustand eines mechanischen Systems seine zukünftigen Zustände präzise zu berechnen.

Der durchschlagende wissenschaftliche und technologische Erfolg dieser Methode diente als Vorbild für weitere quantitative Wissenschaften: Tatsächlich lässt sich eine enorme Vielzahl von Phänomenen mathematisch durch Differentialgleichungen beschreiben („modellieren"): Satellitenbahnen und GPS, Wetter und Klima, chemische Reaktionen und Moleküldynamik, elektrische Schaltkreise und Chips, Finanz- und Wirtschaftskreisläufe, Ausbreitung von Epidemien und Tsunamis, Planung medizinischer Operationen und von Sportausrüstung, u.v.a.m. Hochtechnologie ist stets *auch* Mathematik.

Die Lösung von Differentialgleichungen erfolgt heute mit massiver Computerhilfe, man spricht dann von der „Computersimulation" des durch die Differentialgleichung beschriebenen Phänomens.[46] In dieser Vorlesung kann ich Ihnen aber leider nur einen ganz kleinen Einblick in diesen zentralen Bereich der mathematischen Wissenschaften geben.

---

[46] So haben die USA 1992 ihre Atomwaffentests vor allem deswegen eingestellt, weil sie diese kostengünstiger hinreichend genau simulieren konnten. In der aktuellen Top500-Liste der leistungsfähigsten Supercomputer der Welt (Juni 2008) befinden sich unter den ersten 10 ganze sechs Systeme aus den USA, die neben militärischen Zwecken auch etwa Simulationen im Bereich der Molekularbiologie dienen. Der leistungsfähigste Supercomputer in Deutschland (auf Platz 6) steht zur Zeit im Forschungszentrum Jülich, das ebenfalls aus der Kernforschung hervorgegangen ist und sich heute mit Problemen aus Gesundheit, Energie und Umwelt befasst.

12 Anfangswertprobleme

Konkret beschreibt eine *gewöhnliche* Differentialgleichung einen Zustands-vektor[47] $y(x) \in \mathbb{R}^d$ in Abhängigkeit einer *skalaren* unabhängigen Variablen $x \in \mathbb{R}$ (meist die physikalische Zeit), indem seine Änderungsrate $y'(x)$ durch eine Gleichung der Form

$$y'(x) = f(x, y(x)) \qquad (12.1)$$

angegeben wird: Die „rechte Seite" f der Differentialgleichung ist dabei also eine explizit bekannte Abbildung. Die Lösung der Differentialglei-chung besteht nun in der Berechnung einer differenzierbaren Funktion $y : [x_0, x_1] \to \mathbb{R}^d$, welche (12.1) für alle $x \in [x_0, x_1]$ erfüllt. Wir werden se-hen, dass eine solche Lösung unter recht allgemeinen Voraussetzung bereits durch die Angabe eines *Anfangswerts*

$$y(x_0) = y_0$$

eindeutig festgelegt ist. Der Definitionsbereich $\Omega \subseteq \mathbb{R} \times \mathbb{R}^d$ der rechten Seite f heißt *erweiterter Phasenraum*; er liegt oft in der Form $\Omega = I \times \Omega_0$ vor und wir nennen Ω_0 dann den *Phasenraum* der Differentialgleichung.

12.1 Erste Beispiele: Zurückführung auf Integrale

Stammfunktionen

Mit Hilfe des Hauptsatzes können wir für eine rechte Seite $f : [x_0, x_1] \to \mathbb{R}$, die nur von x anhängt und *stetig* ist, das Anfangswertproblem

$$y'(x) = f(x), \qquad y(x_0) = y_0,$$

sofort durch Integration lösen:

$$y(x) = y_0 + \int_{x_0}^{x} y'(t)\, dt = y_0 + \int_{x_0}^{x} f(t)\, dt \qquad (x \in [x_0, x_1]).$$

Insbesondere zeigt sich, dass die Lösung *eindeutig* ist. Die Berechnung von Stammfunktionen ist also ein *Spezialfall* der Lösung von Differentialgleichun-gen.

Historisch gesehen war man anfänglich bemüht, ganz allgemein die Lö-sung von Differentialgleichungen auf die Berechnung von Stammfunktionen zurückzuführen. Später hat man dann gelernt, dass dies nur für die Klasse der *integrablen Systeme* möglich ist.

---

[47] Die Dimension d dieses Vektors kann in den Anwendungen beträchtlich sein: Von etwa einigen 100 in der chemischen Reaktionskinetik, bis zu einigen 10^6 im Chipdesign oder der Moleküldynamik.

Charakterisierung der Exponentialfunktion

Die Exponentialfunktion $y(x) = e^x$ erfüllt das einfache Anfangswertproblem

$$y'(x) = y(x), \qquad y(0) = 1.$$

Ich behaupte nun umgekehrt, dass die Exponentialfunktion tatsächlich sogar die *einzige* Lösung ist. Denn aus Stetigkeitsgründen gilt für jede Lösung für x in der Nähe von $x_0 = 0$, dass $y(x) > 0$ und damit dort

$$\frac{y'(x)}{y(x)} = 1.$$

Die linke Seite ist nun aber gerade die Ableitung von $\ln y(x)$, so dass wir mit Hilfe des Hauptsatzes

$$\ln y(x) = \ln y(0) + \int_0^x 1 \, dt = \ln 1 + x = x$$

und daher nach Exponentiation $y(x) = e^x$ erhalten.

Trennung der Variablen

Unsere ersten beiden Beispiele sind Spezialfälle eines Anfangswertproblems mit einer *separierbaren* rechten Seite:

$$y'(x) = f(x) \cdot g(y(x)), \qquad y(x_0) = y_0.$$

(Die Funktionen $f : \mathbb{R} \to \mathbb{R}$ und $g : \mathbb{R} \to \mathbb{R}$ seien dabei als *stetig* vorausgesetzt.) Gilt nun $g(y_0) \neq 0$, so gilt aus Stetigkeitsgründen für jede differenzierbare Lösung $y(x)$ auch $g(y(x)) \neq 0$ für x in der Nähe von x_0. Division „trennt" die Variablen y und x in der Form

$$\frac{y'(x)}{g(y(x))} = f(x)$$

(die y-abhängigen Terme stehen jetzt links, die unmittelbar von x-abhängigen rechts). Integration liefert sodann

$$\int_{x_0}^x \frac{y'(t)}{g(y(t))} \, dt = \int_{x_0}^x f(t) \, dt,$$

wobei wir auf das links stehende Integral sofort die Substitutionsregel anwenden können:

$$\int_{y_0}^{y(x)} \frac{ds}{g(s)} = \int_{x_0}^x f(t) \, dt.$$

Mit den zugehörigen Stammfunktionen, nämlich

$$G(y) = \int_{y_0}^{y} \frac{ds}{g(s)}, \qquad F(x) = \int_{x_0}^{x} f(t)\, dt,$$

erhalten wir daher für *jede* differenzierbare Lösung $y(x)$ des Anfangswertproblems die Beziehung

$$G(y(x)) = F(x).$$

Falls nun die Umkehrfunktion G^{-1} existiert, so ist die Lösung *eindeutig* durch

$$y(x) = G^{-1}(F(x))$$

gegeben; die Lösung des Anfangswertproblems ist also prinzipiell mittels zweier Stammfunktionen berechenbar. Diese Lösungstechnik für separierbare rechte Seiten heißt in der Literatur *Trennung der Variablen*. Ich empfehle aber, sich nur die Grundidee („erst Division durch den y-abhängigen Term, dann Integration über x") und nicht die Lösungsformel selbst zu merken: Im konkreten Fall geht man einfach schnell den gesamten Weg wieder durch.

Beispiel. Die Differentialgleichung (11.3) für die exponentiell erzeugende Funktion der Anzahl alternierender Permutationen ungerader Ordnung, nämlich (mit dem zugehörigen Anfangswert)

$$y'(x) = 1 + y(x)^2, \qquad y(0) = 0,$$

ist separabel, kann also mit Trennung der Variablen gelöst werden. Division durch den y-abhängigen Teil liefert

$$\frac{y'(x)}{1 + y(x)^2} = 1.$$

Integration über x (mit sofortiger Anwendung der Subsitutionsregel) ergibt sodann

$$\int_{0}^{y} \frac{ds}{1 + s^2} = \int_{0}^{x} 1\, dt,$$

also die Beziehung

$$\arctan y = x.$$

Für $0 \leqslant x < \pi/2$ lässt sich das *eindeutig* und *stetig differenzierbar* nach y auflösen (vgl. Abb. 12):

$$y(x) = \tan x.$$

Das ist genau die in Abschnitt 11.2 verwendete Lösung. Maple beherrscht natürlich die Technik der Trennung der Variablen und wendet sie in diesem Beispiel auch nachweislich an:

```
> infolevel[dsolve]:=3:
> dsolve({D(y)(x)=1+y(x)^2,y(0)=0},y(x));
```

```
Methods for first order ODEs:
--- Trying classification methods ---
trying a quadrature
trying 1st order linear
trying Bernoulli
trying separable
<- separable successful
```

$$y(x) = \tan x.$$

Der durch `infolevel[dsolve]:=3` ermöglichte Blick unter die Motorhaube zeigt, dass Maple verschiedene Zugänge ausprobiert: An vierter Stelle wird auf Trennung der Variablen getestet, ihre erfolgreiche Anwendbarkeit festgestellt und dann das Ergebnis berechnet.

In Maples Liste tauchen vor der Trennung der Variablen die Punkte „quadrature", „1st order linear" und „Bernoulli" auf. Dabei bezeichnet „quadrature" unser erstes Beispiel der direkten Berechnung von Stammfunktionen; „1st order linear" bezeichnet lineare Gleichungen der Form

$$y'(x) = a(x) \cdot y(x) + b(x),$$

die sich mit einer Technik, die „Variation der Konstanten" heißt, ebenfalls durch die (geschachtelte) Berechnung von Stammfunktionen lösen lassen; „Bernoulli" steht für die Bernoulli'sche Differentialgleichung

$$y'(x) = a(x) \cdot y(x) + b(x) \cdot y(x)^\alpha \qquad (\alpha \neq 1),$$

deren Lösung sich schließlich durch die Transformation $z = y^{1-\alpha}$ auf die lineare Gleichung

$$z'(x) = (1 - \alpha)\,(a(x) \cdot z(x) + b(x))$$

zurückführen lässt. Von dieser Art gibt es einen ganzen Zoo spezieller Gleichungen und zugehöriger Lösungstechniken, die von jedem besseren Computeralgebra-System im Sinne eines „Expertensystems" beherrscht werden – wir kommen auf diesen Aspekt der symbolischen Lösung gewöhnlicher Differentialgleichungen in Abschnitt 12.4 zurück. Ich kann daher keinen tieferen Sinn darin entdecken, Ihnen weitere Lösungstechniken im Detail beizubringen, und werde Sie folgerichtig damit verschonen.

12.2 Existenz und Eindeutigkeit

In den Beispielen des vorigen Abschnitts hatte sich die *Existenz* und *Eindeutigkeit* der Lösung von Anfangswertproblemen stets aus der Rückführung der Lösung auf Integrale, also aus dem Hauptsatz ergeben. Im allgemeinen

ist eine solche Rückführung aber *nicht* möglich und die Existenz und Eindeutigkeit muss mit anderen Methoden sichergestellt werden. Wir geben
hier ohne Beweis einen weitreichenden Satz an, der auf Picard und Lindelöf
zurückgeht.

Satz. *Es sei die rechte Seite f des Anfangswertproblems*

$$y'(x) = f(x, y(x)), \qquad y(x_0) = y_0,$$

auf dem erweiterten Phasenraum[48] *$\Omega = (\underline{x}, \overline{x}) \times \Omega_0 \subseteq \mathbb{R} \times \mathbb{R}^d$ mit $(x_0, y_0) \in \Omega$
stetig und bezüglich jeder Komponente der Zustandsvariablen y stetig differenzier-
bar. Dann besitzt das Anfangswertproblem eine in beiden Richtungen, d.h. für
$x < x_0$ und $x > x_0$, bis an den Rand von Ω fortgesetzte Lösung. Diese ist
eindeutig bestimmt, d.h. Fortsetzung jeder weiteren Lösung.*

Bemerkung. Bitte beachten Sie, dass die Voraussetzung der stetigen Differenzierbarkeit nach dem Zustand y sehr wichtig ist und nur unwesentlich
abgeschwächt werden kann. Ohne eine entsprechende Voraussetzung, also
allein aufgrund der Stetigkeit von f, kann zwar noch die Existenz, aber nicht
länger die Eindeutigkeit einer Lösung gesichert werden (Satz von Peano).[49]

Was bedeutet nun aber die Fortsetzbarkeit „bis an den Rand" genau?
Betrachten wir die Richtung $x > x_0$. Dort besagt der Satz, dass es ein
maximales $x_+ \in (x_0, \overline{x}]$ und eine eindeutige Lösung $y : [x_0, x_+) \to \mathbb{R}^d$ gibt,
so dass genau einer der folgenden drei Fälle vorliegt:

- Die Lösung $y(x)$ existiert „bis zum Schluss": $x_+ = \overline{x}$.

- Die Lösung „explodiert vorzeitig" (engl. *Blow-up*): $x_+ < \overline{x}$ und

$$\lim_{x \to x_+} \|y(x)\| = \infty.$$

- Die Lösung „kollabiert vorzeitig". Für $\Omega_0 = (\underline{y}, \overline{y})$ bedeutet das beispielsweise, dass $x_+ < \overline{x}$ und

$$\lim_{x \to x_+} y(x) = \underline{y} \quad \text{oder} \quad \lim_{x \to x_+} y(x) = \overline{y}.$$

Um diesen Fall vom Blow-up zu unterscheiden, muss natürlich $-\infty <
\underline{y} < \overline{y} < \infty$ vorausgesetzt werden.

Für die Richtung $x < x_0$ gibt es dann ein x_- mit ganz analogen Aussagen,
deren Formulierung ich Ihnen zur Übung überlasse. Ich möchte aber jeden
dieser Fälle mit einem Beispiel illustrieren.

---

[48] Der Phasenraum $\Omega_0 \subset \mathbb{R}^d$ muss dabei technisch als *offen* vorausgesetzt werden:
Das bedeutet, dass Ω_0 zu jedem Punkt $y \in \Omega_0$ noch eine ganze Umgebung
$B_r(y) \subseteq \Omega_0$ für ein gewisses $r > 0$ enthält.

[49] Für ein Beispiel siehe Aufgabe 3 auf S. 169.

Existenz bis zum Schluss

Auf dem erweiterten Phasenraum $\Omega = (\underline{x}, \overline{x}) \times \mathbb{R}^d$ betrachte ich das allgemeine lineare Anfangswertproblem

$$y'(x) = A(x)\,y(x) + f(x), \qquad y(x_0) = y_0. \qquad (12.2)$$

Dabei setze ich die matrixwertige Abbildung $A : (\underline{x}, \overline{x}) \to \mathbb{R}^{d \times d}$ und die vektorwertige Abbildung $f : (\underline{x}, \overline{x}) \to \mathbb{R}^d$ als stetig voraus. Ohne weitere Annahmen lässt sich hier zeigen, dass Lösungen weder vorzeitig kollabieren ($\Omega_0 = \mathbb{R}^d$ besitzt keinen Rand) noch explodieren können (aufgrund geeigneter Abschätzungen der Lösung, siehe [DB08, S. 48]). Damit ist die Existenz einer eindeutigen Lösung

$$y : (\underline{x}, \overline{x}) \to \mathbb{R}^d$$

auf dem *gesamten* zur Verfügung stehenden Intervall gesichert.

Blow-Up

Auf dem erweiterten Phasenraum $\Omega = \mathbb{R} \times \mathbb{R}$ betrachte ich das quadratische Anfangswertproblem

$$y'(x) = y(x)^2, \qquad y(0) = 1.$$

Trennung der Variablen ergibt für $-\infty < x < 1$ die eindeutige Lösung[50]

$$y(x) = \frac{1}{1-x}.$$

Aus dem Grenzverhalten

$$\lim_{x \to 1} y(x) = \infty$$

---

[50] Maple erhält sie aufgrund der gewählten Testreihenfolge „bereits" als Lösung einer Bernoulli'schen Differentialgleichung:

```
> infolevel[dsolve]:=3:
> dsolve({D(y)(x)=y(x)^2,y(0)=1},y(x));

Methods for first order ODEs:
--- Trying classification methods ---
trying a quadrature
trying 1st order linear
trying Bernoulli
<- Bernoulli successful
```

$$y(x) = -\frac{1}{x-1}$$

schließen wir auf Blow-up und $x_+ = 1$. Auf genau dem gleichen Phasenraum besitzt unser guter alter Bekannter (11.3), also

$$y'(x) = 1 + y(x)^2, \qquad y(0) = 0,$$

für $-\pi/2 < x < \pi/2$ die Lösung $y(x) = \tan(x)$. Aus dem Grenzverhalten

$$\lim_{x \to \pm\pi/2} = \pm\infty$$

schließen wir auf einen Blow-up in beiden Richtungen und $x_\pm = \pm\pi/2$.

Wenn Sie sich jetzt vor Augen führen, dass die Differentialgleichungen der chemischen Reaktionskinetik diverse *quadratische* Terme enthalten, dann können Sie vielleicht „verstehen", wie chemische Explosionen mathematisch zu Stande kommen.

Kollaps

Auf dem erweiterten Phasenraum $\Omega = \mathbb{R} \times (0, \infty)$ betrachte ich das Anfangswertproblem

$$y'(x) = -\frac{1}{\sqrt{y(x)}}, \qquad y(0) = 1.$$

Trennung der Variablen liefert für $-\infty < x < 2/3$ die Lösung[51]

$$y(x) = (1 - 3x/2)^{2/3}.$$

Aus dem Grenzverhalten

$$\lim_{x \to 2/3} y(x) = 0,$$

schließen wir auf $x_+ = 2/3$: Die Lösung kollabiert „vorzeitig" in der Singularität $y = 0$ der rechten Seite der Differentialgleichung.

Solche Differentialgleichungen beschreiben beispielsweise die Höhe eines Satelliten im Gravitationsfeld der Erde unter Berücksichtigung atmosphärischer Reibung. Das Beispiel erklärt daher, warum Satelliten ohne Korrekturantriebe im Einflussbereich der Atmosphäre irgendwann wieder zur Erde stürzen *müssen*.

12.3 Gleichungen höherer Ordnung

Bislang haben wir gewöhnliche Differentialgleichungen *erster* Ordnung betrachtet, in denen also nur die *erste* Ableitung der gesuchten Funktion $y(x)$ auftauchte:

---

[51] Welche Methode benutzt Maple? Überprüfen Sie Ihre Vermutung.

$$y'(x) = f(x, y(x)).$$

Wie steht es nun mit Differentialgleichungen n-ter Ordnung der Form

$$y^{(n)}(x) = f(x, y(x), y'(x), y''(x), \ldots, y^{(n-1)}(x)) \tag{12.3}$$

(wiederum mit vektorwertigem Zustand $y(x) \in \mathbb{R}^d$) ? Vom Standpunkt der Theorie stellen sie nichts wirklich Neues dar. Führen wir nämlich den $n \cdot d$-dimensionalen Vektor

$$w(x) = \begin{pmatrix} y(x) \\ y'(x) \\ y''(x) \\ \vdots \\ y^{(n-1)(x)} \end{pmatrix}$$

ein, so lässt sich (12.3) wieder als eine Differentialgleichung erster Ordnung, diesmal aber von der Dimension $n \cdot d$, schreiben:

$$w'(x) = \begin{pmatrix} y'(x) \\ y''(x) \\ y'''(x) \\ \vdots \\ y^{(n)(x)} \end{pmatrix} = \begin{pmatrix} w_2(x) \\ w_3(x) \\ w_4(x) \\ \vdots \\ w_n(x) \\ f(x, w_1(x), w_2(x), \ldots, w_n(x)) \end{pmatrix} = g(x, w(x)).$$

(Dabei bezeichnet w_1 die ersten d Komponenten von w, w_2 die zweiten d Komponenten, usw.) Diese Differentialgleichung benötigt zur eindeutigen Lösbarkeit einen Anfangswert $w(x_0)$, woraus folgt, dass wir der Differentialgleichung (12.3) die Anfangswerte $y(x_0), y'(x_0), \ldots, y^{(n-1)}(x_0)$ mit auf den Weg geben müssen. Jetzt lässt sich der Existenz- und Eindeutigkeitssatz für Gleichungen erster Ordnung anwenden.

Beispiel. Die skalare, inhomogene lineare Differentialgleichung n-ter Ordnung

$$y^{(n)}(x) + c_{n-1}(x) \cdot y^{(n-1)}(x) + \cdots + c_1(x) \cdot y'(x) + c_0(x) \cdot y(x) = f(x)$$

mit stetigen Koeffizientenfunktionen $c_k : (\underline{x}, \overline{x}) \to \mathbb{R}$ und stetiger rechter Seite $f : (\underline{x}, \overline{x}) \to \mathbb{R}$ besitzt für jede beliebige Wahl der Anfangswerte

$$y(x_0), y'(x_0), \ldots, y^{(n-1)}(x_0) \qquad (x_0 \in (\underline{x}, \overline{x}))$$

– nach dem Beispiel zu linearen Differentialgleichungen erster Ordnung aus Abschnitt 12.2 – eine *eindeutige* Lösung $y : (\underline{x}, \overline{x}) \to \mathbb{R}$ auf dem *gesamten* Definitionsintervall $(\underline{x}, \overline{x})$ der Koeffizientenfunktionen $c_k(x)$. Denn die zugehörige Differentialgleichung erster Ordnung der Dimension n ist ebenfalls linear und damit von der Form (12.2).

Lineare Differentialgleichungen n-ter Ordnung mit konstanten Koeffizienten

Nach dem letzten Beispiel besitzt die skalare, homogene lineare Differential-gleichung n-ter Ordnung mit *konstanten* Koeffizienten, also

$$y^{(n)}(x) + c_{n-1} \cdot y^{(n-1)}(x) + \cdots + c_1 \cdot y'(x) + c_0 \cdot y(x) = 0$$

für jede Wahl des Anfangspunkts $x_0 \in \mathbb{R}$ und der insgesamt n Anfangswerte $y(x_0), y'(x_0), \ldots, y^{(n-1)}(x_0)$ eine auf ganz $\mathbb{R}$ definierte eindeutige Lösung $y : \mathbb{R} \to \mathbb{R}$. Als Geschmacksprobe der vielfältigen Techniken zur Lösung spezieller Klassen von Differentialgleichungen höherer Ordnung möchte ich Ihnen zeigen, wie sich diese Funktion $y(x)$ prinzipiell berechnen lässt.

Der Schlüssel liegt in dem Ansatz $y(x) = e^{\lambda x}$ mit einer unbekannten Konstanten λ. Setzen wir diese spezielle Wahl in die Differentialgleichung ein, so erhalten wir

$$(\lambda^n + c_{n-1}\lambda^{n-1} + \cdots + c_1\lambda + c_0)e^{\lambda x} = 0.$$

Für das in Klammern stehende Polynom n-ten Grades in λ schreibe ich $p(\lambda)$; es heißt das *charakteristische Polynom* der Differentialgleichung. Da grundsätzlich $e^{\lambda x} \neq 0$ gilt, muss also $p(\lambda) = 0$ sein.[52] Hier kommt nun eine Subtilität ins Spiel: Auch wenn das Polynom p reelle Koeffizienten besitzt, so können doch sämtliche Nullstellen in der komplexen Ebene $\mathbb{C}$ liegen. Wir müssen also $\lambda \in \mathbb{C}$ zulassen. (Wie gut, dass wir in Abschnitt 10.2 die Exponentialfunktion für komplexe Exponenten erklärt haben.)

Zu jeder Nullstelle λ des charakteristischen Polynoms gehört also eine (komplexwertige) Lösung $y(x) = e^{\lambda x}$ der Differentialgleichung. Wir suchen aber jene Lösung, welche auch die vorgegebenen Anfangswerte annimmt. Der Einfachheit halber setze ich jetzt voraus, dass $p(\lambda)$ genau n *verschiedene* Nullstellen $\lambda_1, \ldots, \lambda_n \in \mathbb{C}$ besitzt. Damit lautet – aufgrund der Linearität der Differentialgleichung – die *allgemeine* Lösung

$$y(x) = a_1 e^{\lambda_1 x} + \cdots + a_n e^{\lambda_n x}$$

mit beliebigen Koeffizienten $a_1, \ldots, a_n \in \mathbb{C}$. Diese müssen nun so gewählt werden, dass die Anfangswerte angenommen werden. Ausgeschrieben führt das auf ein *eindeutig* lösbares lineares Gleichungssystem in den Unbekannten $a_1, \ldots, a_n$. Betrachten wir ein

Beispiel. Für einen festen Parameter $\omega > 0$ suche ich die Lösung des An-fangswertproblems

---

[52] Kommt Ihnen das alles irgendwie bekannt vor? Dann schauen Sie sich nocheinmal die Methode an, mit der Sie in den „Diskreten Strukturen" homogene lineare *Rekursionsgleichungen* gelöst haben.

$$y''(x) + \omega^2 \cdot y(x) = 0, \qquad y(0) = 0, \quad y'(0) = 1. \tag{12.4}$$

Das zugehörige charakteristische Polynom lautet

$$p(\lambda) = \lambda^2 + \omega^2$$

und besitzt die Nullstellen $\lambda_1 = i\omega$ und $\lambda_2 = -i\omega$. Die allgemeine Lösung der Differentialgleichung lautet also

$$y(x) = a_1 e^{i\omega x} + a_2 e^{-i\omega x}.$$

Die Anfangswerte erfordern, dass wir a_1 und a_2 als Lösung des linearen Gleichungssystems

$$0 = y(0) = a_1 + a_2, \qquad 1 = y'(0) = i\omega(a_1 - a_2),$$

wählen. Maple liefert uns hierfür

```
> solve({0=a[1]+a[2],1=i*omega*(a[1]-a[2])},[a[1],a[2]]);
```

$$\left[\left[a_1 = \frac{1}{2i\omega}, a_2 = -\frac{1}{2i\omega}\right]\right].$$

Damit erhalten wir schließlich die eindeutige Lösung unseres Anfangswertproblems (vgl. (10.12)):

$$y(x) = \frac{e^{i\omega x} - e^{-i\omega x}}{2i\omega} = \frac{\sin(\omega x)}{\omega} \qquad (x \in \mathbb{R}).$$

Die komplexen Zahlen waren also nur ein *Hilfsmittel* auf dem Weg zur Lösung: Diese ist, wie vom Existenz- und Eindeutigkeitssatz garantiert, zweifellos reell. (Wenn Sie an der komplexen Methode zweifeln, sollten Sie das reelle Ergebnis zur Überprüfung einfach in die Differentialgleichung einsetzen.)

Maple beherrscht die vorgestellte Methodik für lineare Differentialgleichungen mit konstanten Koeffizienten natürlich auch direkt:

```
> infolevel[dsolve]:=3:
> dsolve({(D@@2)(y)(x)+omega^2*y(x)=0,y(0)=0,D(y)(0)=1},y(x));

Methods for second order ODEs:
--- Trying classification methods ---
trying a quadrature
checking if the LODE has constant coefficients
<- constant coefficients successful
```

$$y(x) = \frac{\sin(\omega x)}{\omega}.$$

12.4 Computergestützte Lösung: numerisch/symbolisch

Das erste Beispiel in Abschnitt 12.1 hat uns gezeigt, dass das Lösen von Anfangswertproblemen

$$y'(x) = f(x, y(x)), \qquad y(x_0) = y_0,$$

die Berechnung von Stammfunktionen verallgemeinert. Und tatsächlich befinden wir uns strukturell in der gleichen Position wie nach der Formulierung des Hauptsatzes: Zum einen garantiert der Existenz- und Eindeutigkeitssatz zwar unter recht allgemeinen Bedingungen die eindeutige Lösbarkeit eines Anfangswertproblems, besagt aber nichts darüber, wie wir diese Lösung *berechnen* können. Zum anderen stehen wir wieder grundsätzlich vor der Frage, in welcher Form wir die Lösungsfunktion $y(x)$ benötigen:

- *Numerisch:* Hier reicht uns ein Computerprogramm, dass für gegebene *Zahlen* x den Wert $y(x)$ innerhalb einer gewissen Genauigkeit berechnet. Die Möglichkeit einer solchen Lösung besteht prinzipiell immer, stellt aber in der Praxis hohe methodische Anforderungen: So gilt es die in Abschnitt 12.2 diskutierten Phänomene des Blow-Up und des Kollaps genau zu kontrollieren, mit hohen Systemdimensionen d zurechtzukommen, und weitere Phänomene wie das der sogenannten „steifen" Anfangswertprobleme zu beherrschen. Heutzutage stehen ausgefeilte Methoden und Implementierungen zur Verfügung, wobei die Auswahl problemangepasster Verfahren doch einiges Wissen erfordert. Ich verweise hier auf mein Lehrbuch [DB08] zu diesem Thema. (Maple bietet übrigens eine Schnittstelle zu einigen dieser Verfahren, die für kleine Systemdimensionen $d = 1, 2, 3$ oder 4 recht brauchbar ist.)

- *Symbolisch:* Hier verlangen wir einen *geschlossenen Funktionsausdruck*, in der x als *Variable* auftaucht. Da dies schon für Stammfunktionen nicht immer möglich ist (in dem Sinne, dass sich Lösungen nicht durch bereits bekannte Funktionen ausdrücken lassen), dürfen wir hier nicht zuviel erwarten. Versuche lohnen eigentlich nur für die Systemdimension $d = 1$ und eine niedrige Ordnung $n = 1, 2$ oder 3 der Differentialgleichung.

Beide Möglichkeiten haben ihre Bedeutung und wichtige Anwendungen. So sind Sie bei der Computersimulation der Ausbreitung einer Viruserkrankung nur an Zahlen interessiert und werden daher über eine symbolische Lösung des Anfangswertproblems gar nicht erst nachdenken.[53] Auf der

---

[53] Meine erste Aufgabe als studentische Hilfskraft am Berliner *Konrad-Zuse-Zentrum* bestand 1987 darin, die als Zahlenkolonnen abgelieferten Simulationsszenarien zur Ausbreitung von AIDS in Deutschland als Funktionsverläufe graphisch darzustellen (u.a. für eine Enquête-Kommission des Bundestags). Das Differentialgleichungsmodell hatte eine Systemdimension von $d \approx 1200$ und erforderte damals die modernsten numerischen Verfahren und einen Supercomputer.

anderen Seite hätte uns in Abschnitt 11.2 die numerische Lösung des Anfangswertproblems

$$y'(x) = 1 + y(x)^2, \qquad y(0) = 0,$$

wenig geholfen, etwas über die Asymptotik der Anzahl alternierender Permutation zu lernen.[54] Das präzise asymptotische Wissen (11.5) wurde erst
durch die symbolische Lösung $y(x) = \tan x$ ermöglicht.

Bemerkungen zur symbolischen Lösung gewöhnlicher Differentialgleichungen

Erinnern wir uns an den von Liouville eingeführten Begriff der *elementaren
Funktion* aus Abschnitt 8.3. Können wir algorithmisch entscheiden, ob eine
skalare Differentialgleichung n-ter Ordnung

$$y^{(n)}(x) = f(x, y(x), y'(x), y''(x), \dots, y^{(n-1)}(x)) \qquad (12.5)$$

für eine elementare rechte Seite f eine elementare Lösung $y(x)$ besitzt
oder nicht? Für die Berechnung von Stammfunkionen, also die Lösung von
$y'(x) = f(x)$, hatte die Antwort „ja" gelautet: Der Risch'sche Algorithmus
trifft diese Entscheidung und kann im positiven Fall eine elementare Lösung
auch berechnen.

Für die allgemeine Gleichung (12.5) ist das Problem hingegen völlig
offen. Es gibt eine Fülle von Klassen spezieller f, für die (partielle) Resultate unterschiedlicher Komplexität vorliegen.[55] Oft haben die Lösungen
besonders wichtiger Gleichungen nur einen Namen bekommen, wurden in
den illustren Kreis der *speziellen Funktionen* aufgenommen und eingehend
untersucht. Computeralgebra-Systeme wie Maple gehen all dieses Wissen
im Sinne eines Expertensystems in einer festgelegten Reihenfolge durch. Sie
versuchen auch, die vorgelegte Gleichung in systematischer Weise durch
Anwendung gewisser Symmetrien auf bekannte Klassen zu transformieren.
In jedem Fall gilt das gleiche wie bei der Berechnung von Stammfunktionen:
Wenn sich eine Gleichung mit dem heutigen Wissen überhaupt symbolisch
lösen lässt, dann bestehen recht gute Chancen, dass Maple diese Lösung
auch findet. In sehr schwierigen Fällen wird man zusätzlich noch Hand
anlegen müssen, aber ganz ohne ein Computeralgebra-System dürfte es
dann kaum gehen.

Beispiel. Angenommen, wir möchten die spezielle Abel'sche Differentialgleichung

$$y'(x) = x^3 + y(x)^3$$

---

[54] Ein *wenig* wäre aber doch möglich gewesen, siehe dazu Abschnitt 13.1.
[55] Diese Klassen tragen oft die Namen von Mathematikern: Bernoulli, Abel, Riccati,
  Chini, Weierstrass, Jacobi, Bessel, Weber, Airy, Painlevé, etc.

symbolisch lösen. (Wenn wir auf die Angabe eines Anfangswerts $y(x_0)$ verzichten, so wird die Lösung einen unbestimmten Parameter enthalten, der dann an den Anfangswert angepasst werden müsste.) Maple liefert hierfür ...

```
> infolevel[dsolve]:=3:
> dsolve({D(y)(x)=x^3+y(x)^3},y(x));

Methods for first order ODEs:
--- Trying classification methods ---
trying a quadrature
trying 1st order linear
trying Bernoulli
trying separable
trying inverse linear
trying homogeneous types:
trying Chini
differential order: 1; looking for linear symmetries
trying exact
trying Abel
trying inverse_Riccati
--- Trying Lie symmetry methods, 1st order ---
     -> Computing symmetries using: way = 3
     -> Computing symmetries using: way = 4
     -> Computing symmetries using: way = 2
trying symmetry patterns for 1st order ODEs
-> trying a symmetry pattern of the form [F(x)*G(y), 0]
-> trying a symmetry pattern of the form [0, F(x)*G(y)]
-> trying symmetry patterns of the forms [F(x),G(y)] and [G(y),F(x)]
-> trying a symmetry pattern of the form [F(x),G(x)]
-> trying a symmetry pattern of the form [F(y),G(y)]
-> trying a symmetry pattern of the form [F(x)+G(y), 0]
-> trying a symmetry pattern of the form [0, F(x)+G(y)]
-> trying a symmetry pattern of the form [F(x),G(x)*y+H(x)]
-> trying a symmetry pattern of conformal type
```

... zwar kein Ergebnis $y(x)$, aber dank infolevel[dsolve]:=3 eine Fülle von Hinweisen[56] darauf, welche Methoden man nicht mehr zu probieren braucht. Darunter all jene Methoden, die sich in den gängigen Lehrbüchern finden und viele weitere, die auch gut ausgebildete Mathematiker nicht unbedingt kennen. Ich weiß *wirklich* nicht, ob diese Gleichung eine Lösung besitzt, die sich mit Hilfe des bekannten Kanons elementarer und spezieller Funktionen symbolisch ausdrücken lässt.

Der Algorithmus von Kovacic

Jerry Kovacic hat 1980 für die extrem wichtige Klasse

$$y''(x) = r(x) \cdot y'(x) + q(x) \cdot y(x)$$

linearer Differentialgleichungen zweiter Ordnung mit *rationalen* Koeffizientenfunktionen $r, q \in \mathbb{C}(x)$ das Analogon zum Risch'schen Algorithmus

---

[56] Wem diese nicht reichen, bekommt mit infolevel[dsolve]:=6 ganze 160 Zeilen voll detailreicher, aber oft kryptischer Hinweise: Da bleibt kein Auge trocken.

gefunden [Kov01]: Es ist möglich, die Existenz elementarer Lösungen $y(x)$ algorithmisch zu entscheiden und solche Lösungen ggf. dann auch zu berechnen. Diese Klasse von Differentialgleichungen ist deswegen so bedeutsam, weil ihre Lösungen die elementaren transzendenten Funktionen – siehe etwa die Gleichung (12.4) für $y(x) = \sin x$ – sowie einen erheblichen Teil der kanonisierten speziellen Funktionen[57] erzeugen.

Beispiel. Maple liefert die Lösung der Airy'schen Differentialgleichung

$$y''(x) = x \cdot y(x)$$

```
> infolevel[dsolve]:=3:
> dsolve((D@@2)(y)(x)=x*y(x),y(x));

Methods for second order ODEs:
--- Trying classification methods ---
trying a quadrature
checking if the LODE has constant coefficients
checking if the LODE is of Euler type
trying a symmetry of the form [xi=0, eta=F(x)]
checking if the LODE is missing 'y'
-> Trying a Liouvillian solution using Kovacic's algorithm
<- No Liouvillian solutions exists
-> Trying a solution in terms of special functions:
   -> Bessel
   <- Bessel successful
<- special function solution successful
```

$$y(x) = c_1 \cdot \mathrm{Ai}(x) + c_2 \cdot \mathrm{Bi}(x)$$

in der Form einer allgemeinen Linearkombination[58] der Airy-Funktionen $\mathrm{Ai}(x)$ und $\mathrm{Bi}(x)$. Das ist zunächst nicht weiter bemerkenswert, da diese Funktionen genau als Lösungen jener Differentialgleichung *definiert* sind. Das Interessante teilt uns Maple dank `infolevel[dsolve]:=3` mit: Es wendet *zuvor* den Algorithmus von Kovacic an (der seit 1984 in Maple implementiert ist) und erhält, dass die Differentialgleichung *keine* elementare Lösung besitzt („no Liouvillian solutions exists"). Die Airy-Funktionen (Spezialfälle der von Maple nach Abschluss des Algorithmus von Kovacic an erster Stelle getesteten Bessel-Funktionen) sind also tatsächlich nicht elementar.

---

[57] So etwa die nach Airy, Bessel, Kummer, Legendre und Whittaker benannten Funktionen, die Coulomb'schen Wellenfunktionen, die Gauß'sche hypergeometrische Funktion und die parabolischen Zylinderfunktionen. All diese Funktionen füllen zusammen mit den elementaren Funktionen über 40% des 1000-seitigen Klassikers [AS64] über mathematische Funktionen. Der Algorithmus von Kovacic erlaubt daher festzustellen, ob eine solche spezielle Funktion für eine konkrete Instanz ihrer Parameter elementar ist oder nicht: Man setzt dazu wie in den folgenden beiden Beispielen den Algorithmus auf die zugehörige Differentialgleichung an.

[58] Die zwei freien Parameter c_1 und c_2 spiegeln wider, dass die Lösung erst durch die Vorgabe von Anfangswerten $y(x_0)$ und $y'(x_0)$ eindeutig festgelegt wird. Wie immer bei linearen Differentialgleichungen führt die Vorgabe von Anfangswerten auf ein lineares Gleichungssystem für c_1 und c_2.

Beispiel. Andererseits findet Maple als Lösung des Anfangswertproblems

$$y''(x) = \left(\frac{x^2}{4} - \frac{3}{2} \right) y(x), \qquad y(0) = 0,\ y'(0) = 1,$$

– eines Spezialfalls der Weber'schen Differentialgleichung – durch Anwendung des Algorithmus von Kovacic die *elementare* Lösung

```
> infolevel[dsolve]:=3:
> dsolve({(D@@2)(y)(x)=(x^2/4-3/2)*y(x),y(0)=0,D(y)(0)=1},y(x));

Methods for second order ODEs:
--- Trying classification methods ---
trying a quadrature
checking if the LODE has constant coefficients
checking if the LODE is of Euler type
trying a symmetry of the form [xi=0, eta=F(x)]
checking if the LODE is missing 'y'
-> Trying a Liouvillian solution using Kovacic's algorithm
   A Liouvillian solution exists
   Reducible group (found an exponential solution)
   Group is reducible, not completely reducible
<- Kovacic's algorithm successful
```

$$y(x) = x\, e^{-x^2/4}. \tag{12.6}$$

Dieses Ergebnis ist keineswegs so selbstverständlich, wie es zunächst aussieht: Das Computeralgebra-System Mathematica 6.0 liefert hier stattdessen die „parabolische Zylinderfunktion" $y(x) = D_1(x)$ und nur ein Experte für spezielle Funktionen könnte auf den ersten Blick erkennen, dass es sich bei dieser tatsächlich um genau jene elementare Funktion aus (12.6) handelt.[59] Und jetzt stellen Sie sich bitte vor, $y(x)$ wäre die erzeugende Funktion eines kombinatorischen Problems.

13 Anwendungen von Differentialgleichungen

13.1 Koeffizientenabschätzung für „arme Leute"

In Abschnitt 12.4 hatte ich bereits darauf hingewiesen, dass uns die numerische Lösung der Differentialgleichung (11.3) für die erzeugende Funktion des Abschnitts 11.2 nicht erlaubt hätte, eine Approximation ihrer Koeffizienten herzuleiten, welche von ähnlicher Präzision wie die Asymptotik (11.5) wäre. Ich möchte jetzt aber darlegen, dass numerische Lösungen auch für

---

[59] Aus diesem Beispiel können wir schließen, dass Mathematica die Liste spezieller Funktionen durchgeht, *bevor* es den Algorithmus von Kovacic aufruft. (Anders als bei Maple sind die Details des Differentialgleichungslösers bei Mathematica nicht öffentlich dokumentiert.) Dieses Vorgehen ist zwar vermutlich oft *schneller*, birgt aber offenbar die Gefahr, eine elementare Lösung zu übersehen.

solche Aufgabenstellungen keineswegs völlig wertlos sind. Die folgende
Betrachtung – die mir Gelegenheit gibt, verschiedene Fäden der Vorlesung
zusammenzuknüpfen, und Ihnen Mut zu groben Abschätzungen machen
soll – ist immer dann von Bedeutung, wenn sich die Differentialgleichung
nicht symbolisch lösen lässt und man sie auch ansonsten nicht eingehender
analysieren möchte (oder kann).

Nehmen wir also an, wir kennen eine Differentialgleichung und den
Anfangswert $y(0) = a_0$ für die erzeugende Funktion

$$y(x) = \sum_{k=0}^{\infty} a_k x^k$$

einer uns interessierenden Folge *nichtnegativer* Zahlen $a_k \geqslant 0$. Wenn wir nun
das zugehörige Anfangswertproblem numerisch lösen und das gewählte
(exzellente) Verfahren uns dabei vor einem Blow-up der Lösung an der
Stelle $x \approx r_{\text{num}} > 0$ warnt, so sind wir im Geschäft: Für Potenzreihen mit
nichtnegativen Koeffizienten $a_k \geqslant 0$ und einem *endlichem* Konvergenzradius
$r > 0$ gilt nämlich, dass auf der reellen Achse bei $x = r$ die erste Singularität
liegen *muss*. (Anderenfalls würde wegen $a_k \geqslant 0$ die Potenzreihe für *alle*
$|z| \leqslant r$ absolut konvergieren und r könnte nicht der Konvergenzradius
sein.) Also gilt tatsächlich $r \approx r_{\text{num}}$. Können wir aus dieser Kenntnis des
Konvergenzradius etwas über das Wachstum der Koeffizienten a_k herleiten?

Die Cauchy-Hadamard'sche Formel (10.10) für den Konvergenzradius r
besagt, dass

$$\limsup_{k \to \infty} \sqrt[k]{|a_k|} = r^{-1}.$$

Wenn nun der Limes superior im wesentlichen der Grenzwert über die
Teilfolge der von Null verschiedenen Koeffizienten ist, so gilt für diese
demnach die Approximation

$$\sqrt[k]{|a_k|} \approx r_{\text{num}}^{-1} \qquad \text{(für große } k\text{)}.$$

Leider reicht sie nicht aus, um auch $|a_k|$ so richtig gut zu approximieren –
die k-te Wurzel vernichtet zu viel Information. So macht sie beispielsweise
aus $|a_k| \simeq M \cdot r^{-k}$ die Asymptotik $\sqrt[k]{|a_k|} \simeq r^{-1}$, in welcher die Konstante
M verloren gegangen ist. Tatsächlich folgt aus der Cauchy-Hadamard'schen
Formel (10.10) „nur" die durchaus nützliche Abschätzung (Cauchy 1831)

$$a_k = O(\rho^{-k}) \qquad (k \to \infty),$$

mit beliebig, aber fest gewähltem $0 < \rho < r$. Dementsprechend schließen
wir aus der Approximation $r \approx r_{\text{num}}$ auf die folgende „Abschätzung für
arme Leute"

$$|a_k| \approx O(r_{\text{num}}^{-k}) \qquad (k \to \infty), \qquad (13.1)$$

Sie erlaubt es zwar, die Größenordnung der Zahlen a_k sehr einfach und grob („quick 'n' dirty") abzuschätzen, ist jedoch wegen ihrer inhärenten Unfähigkeit, Vorfaktoren zu ermitteln, sicherlich nie das letzte Wort.

Beispiel. Zuerst möchte ich die grobe Abschätzung (13.1) an der Anzahl A_n alternierender Permutation aus Abschnitt 11.2 ausprobieren. Da wir für dieses Beispiel bereits „alles" wissen, lässt sich die Leistungsfähigkeit des numerischen Zugangs etwas besser beurteilen als anderenfalls. Beginnen wir also mit der numerischen Lösung des Anfangswertproblems

$$y'(x) = 1 + y(x)^2, \qquad y(0) = 0,$$

für die exponentiell erzeugende Funktion

$$y(x) = \sum_{k=1}^{\infty} \frac{A_{2k-1}}{(2k-1)!} x^{2k-1}.$$

Maple liefert auf die Vorgabe, das Anfangswertproblem bis $x = 10$ zu lösen:

```
> sol:=dsolve({D(y)(x)=1+y(x)^2,y(0)=0},y(x),numeric,range=0..10,
  relerr=1e-10);
```

Warning, cannot evaluate the solution further right of 1.5707959, probably a
singularity

$$sol := \mathbf{proc}(x\_rkf45) \ldots \mathbf{end\ proc}$$

Wir erhalten somit zwei Dinge: Zum einen die Information, dass das numerische Verfahren bei $r_{\mathrm{num}} = 1.5707959$ eine Singularität gefunden hat. (Die Singularität von $y(x) = \tan x$ liegt ja tatsächlich bei $r = \pi/2 = 1.5707963\cdots$) Zum anderen ist in der Variablen sol jetzt ein Programm abgespeichert, welches die Weiterverarbeitung der numerischen Lösung gestattet. Da die rechte Seite der Differentialgleichung überall definiert ist, muss die Singularität nach dem Existenz- und Eindeutigkeitssatz ein Blow-up sein. Wir überprüfen das, indem wir die Lösung plotten:

```
> with(plots):
> odeplot(sol,[x,y(x)],refine=2,view=[0..1.57,0..100]);
```

Das Ergebnis in Abb. 24a zeigt ganz klar den erwarteten Blow-up. Unsere Abschätzung (13.1) „für arme Leute" besagt nun also

$$\frac{A_n}{n!} \approx O((1.5707959)^{-n}) \qquad (n \text{ ungerade und groß}).$$

Der Vergleich mit der präzisen Asymptotik (11.3), nämlich

$$\frac{A_n}{n!} \simeq \frac{4}{\pi} \left(\frac{2}{\pi}\right)^n \qquad (n \text{ ungerade} \to \infty),$$

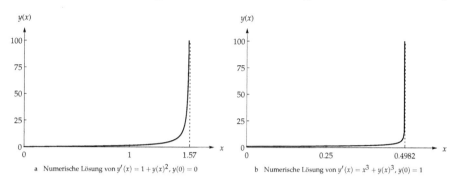

a Numerische Lösung von $y'(x) = 1 + y(x)^2$, $y(0) = 0$ b Numerische Lösung von $y'(x) = x^3 + y(x)^3$, $y(0) = 1$

Abb. 24. Numerische Lösung zweier Anfangswertprobleme mit Blow-up

zeigt, dass das „Groß-Oh" unserer groben Abschätzung im wesentlichen nur einen Faktor $4/\pi \approx 1.3$ versteckt, der Ausdruck im Innern des „Groß-Oh" also nur um etwa 30% zu klein ausfällt und damit die Größenordnung in jedem Fall perfekt trifft; z.B.:

$$0.008863235\cdots = \frac{A_{11}}{11!} \approx (1.5707959)^{-11} = 0.00696176\cdots.$$

Das ist für eine so primitive Methode doch äußerst respektabel.

Beispiel. Die exponentiell erzeugende Funktion $y(x)$ der berüchtigten Bornemann'schen Zahlenfolge $(a_k) = 1, 1, 3, 15, 111, 963, 10629, \ldots$ erfüllt das Anfangswertproblem

$$y'(x) = x^3 + y(x)^3, \qquad y(0) = 1,$$

zu jener Abel'schen Differentialgleichung, von der Sie in Abschnitt 12.4 gelernt haben, dass mir keine symbolische Lösung bekannt ist. Also greifen wir mutig zur Abschätzung „für arme Leute" und lösen das Anfangswertproblem numerisch:

```
> sol:=dsolve({D(y)(x)=x^3+y(x)^3,y(0)=1},y(x),numeric,range=0..10,
  relerr=1e-10):
```

```
Warning, cannot evaluate the solution further right of .49829040, probably a
singularity
```

Das Verfahren hat demnach bei $r_{\mathrm{num}} = 0.49829040$ eine Singularität gefunden – einen Blow-up, wie der Plot der numerischen Lösung in Abb. 24b zeigt. Unsere Abschätzung (13.1) „für arme Leute" liefert schließlich (beachten Sie, dass wir auch hier die *exponentiell* erzeugende Funktion betrachten)

$$\frac{a_k}{k!} \approx O((0.4982904)^{-k}) \qquad (k \text{ groß}).$$

Wie gut ist jetzt diese Abschätzung? Eine Rekursionsformel[60] für die a_k liefert

$$a_{100} = 94053\,40392\cdots\text{«167 Ziffern weglassen»}\cdots 86706\,09375$$

$$= 9.40\cdots\times 10^{186}$$

$$\approx \frac{100!}{(0.4982904)^{100}} = 1.66\cdots\times 10^{188},$$

d.h. der Ausdruck im Innern des „Groß-Oh" überschätzt die Koeffizienten nur etwa um den Faktor 18 – ein immer noch sehr respektables Ergebnis.

13.2 Funktionalgleichungen des Typs $f(x+y) = F(f(x), f(y))$

Beginnen wir mit einem klassischen Beispiel als Aufwärmübung.

Cauchy'sche Funktionalgleichung

Wir suchen (wie Cauchy 1821) alle *differenzierbaren* Lösungen $f : \mathbb{R} \to \mathbb{R}$ der Funktionalgleichung

$$f(x+y) = f(x) + f(y) \qquad (x, y \in \mathbb{R}). \tag{13.2}$$

Derartige Funktionalgleichungen lassen sich oft dadurch lösen, dass man sie in eine Differentialgleichung überführt. Ein nützlicher Start besteht darin, der Funktionalgleichung den Wert von $f(x)$ für wenigstens eine Stelle x zu entlocken. Im vorliegenden Fall bietet sich $x = 0$ an:

$$f(0) = f(0+0) = f(0) + f(0) = 2f(0), \text{ also} \qquad f(0) = 0.$$

Differentiation der Gleichung (13.2) nach x liefert

$$f'(x+y) = f'(x) \qquad (x, y \in \mathbb{R}).$$

Wenn wir hier die Variable y durch $y = -x$ spezifizieren und die Abkürzung $f'(0) = \alpha$ verwenden, so erhalten wir das sehr einfache Anfangswertproblem

$$f'(x) = \alpha, \qquad f(0) = 0.$$

---

[60] Eine solche ergibt sich mit dem Kalkül für Potenzreihen auch direkt aus der Differentialgleichung. Maple kann alle hierfür notwendigen Rechnungen in einem Aufwasch erledigen:

```
> dsolve({D(y)(x)=x^3+y(x)^3,y(0)=1},y(x),series,order=8);
```

$$y(x) = 1 + x + \frac{3}{2}x^2 + \frac{5}{2}x^3 + \frac{37}{8}x^4 + \frac{321}{40}x^5 + \frac{1181}{80}x^6 + \frac{3081}{112}x^7 + O(x^8).$$

(Achtung: Die gesuchte Funktion heißt jetzt $f(x)$ und nicht $y(x)$. Wir müssen beginnen, nicht zu sehr an einer Notation zu kleben.) Es handelt sich also um die Stammfunktion der Konstanten α und wir erhalten daher durch Integration sofort die eindeutige Lösung

$$f(x) = f(0) + \int_0^x \alpha \, dt = \alpha \cdot x \qquad (x \in \mathbb{R}).$$

Der Parameter $\alpha = f'(0) \in \mathbb{R}$ kann natürlich frei gewählt werden. Fazit: Die Cauchy'sche Funktionalgleichung besitzt außer den offensichtlichen Lösungen $f(x) = \alpha \cdot x$ keine weiteren differenzierbaren Lösungen. Es gibt hier also keine Überraschungen.[61]

Eine eigentümliche Gruppe

Jetzt wird es spannender. Die Zahlen des Intervalls $(-1, 1)$ bilden unter der Verküpfung[62]

$$a \circ b = \frac{a + b}{1 + a \cdot b}$$

eine abelsche Gruppe. Warum? Nun, wir könnten durch langweilige und längliche algebraische Umformungen die Gruppenaxiome im Einzelnen nachrechnen.[63] Aber haben wir dann wirklich *verstanden*, warum diese Verknüpfung eine Gruppe bildet?

Eleganter ist der folgende Zugang: Wir fassen $a \circ b$ als eine „Verzerrung" der Addition $x + y$ reeller Zahlen auf. D.h., wir suchen eine *bijektive* Abbildung $f : \mathbb{R} \to (-1, 1)$, so dass die Funktionalgleichung

$$f(x + y) = f(x) \circ f(y) = \frac{f(x) + f(y)}{1 + f(x) \cdot f(y)} \qquad (x, y \in \mathbb{R}) \qquad (13.3)$$

erfüllt ist.[64] Um ein solches f konkret ausrechnen zu können, verlangen wir zusätzlich noch die Differenzierbarkeit und gehen dann analog zur Lösung der Cauchy'schen Funktionalgleichung vor.

1. Schritt. Für $y = 0$ erhalten wir

$$f(x) = \frac{f(x) + f(0)}{1 + f(0) \cdot f(x)}$$

---

[61] Allerdings hat Hamel 1905 gezeigt, dass es des weiteren noch unendlich viele *unstetige* Lösungen der Cauchy'schen Funktionalgleichung gibt.

[62] Diese Verknüpfung $a \circ b$ ist übrigens das berühmte „Additionstheorem" kollinearer Geschwindigkeiten a und b in der speziellen Relativitätstheorie (wenn man die Lichtgeschwindigkeit auf $c = 1$ normiert).

[63] Diese Zähigkeitsübung hatte ich als eine Aufgabe eines „Online-Ferien-Vorkurses" für zukünftige Mathematikstudenten gefunden.

[64] Nach einem Satz [Acz61, §2.2] über *stetige* Gruppen reeller Zahlen muss es in jedem Fall eine *stetige* bijektive Abbildung f mit $f(x + y) = f(x) \circ f(y)$ geben.

und daher, nachdem wir alles auf einen Nenner gebracht haben:

$$f(0)(f(x)^2 - 1) = 0 \qquad (x \in \mathbb{R}).$$

Da $|f(x)| < 1$ sein sollte, muss $f(0) = 0$ gelten. (Aber offenbar sind die Konstanten $f(x) = 1$ und $f(x) = -1$ auch Lösung der Funktionalgleichung.)

2. *Schritt.* Setzen wir $y = -x$ in die Funktionalgleichung (13.3) ein, so erhalten wir

$$0 = f(0) = f(x - x) = \frac{f(x) + f(-x)}{1 + f(x) \cdot f(-x)}$$

und daher $f(-x) = -f(x)$. Lösungsfunktionen müssen demnach stets *ungerade* sein.

3. *Schritt.* Schließlich differenzieren wir die Funktionalgleichung (13.3) nach x:

$$f'(x + y) = \frac{f'(x)}{1 + f(x)f(y)} - \frac{(f(x) + f(y))f(y)f'(x)}{(1 + f(x)f(y))^2}.$$

Um daraus eine Differentialgleichung für $f(x)$ machen zu können, müssen wir für die unabhängige Variable y spezielle Werte einsetzen. Ein erster Versuch mit $y = 0$ scheitert kläglich, da wir wegen $f(0) = 0$ nur die völlig nutzlose Gleichung $f'(x) = f'(x)$ bekommen. Also versuchen wir es mit $y = -x$ und erhalten mit der Abkürzung $\alpha = f'(0)$ das Anfangswertproblem

$$f'(x) = \alpha \cdot (1 - f(x)^2), \qquad f(0) = 0.$$

Maple liefert mit Trennung der Variablen als eindeutige Lösung dieses Anfangswertproblems:

```
> infolevel[dsolve]:=3:
> dsolve({D(f)(x)=alpha*(1-f(x)^2),f(0)=0},f(x));

Methods for first order ODEs:
--- Trying classification methods ---
trying a quadrature
trying 1st order linear
trying Bernoulli
trying separable
<- separable successful
```

$$f(x) = \tanh(\alpha x). \tag{13.4}$$

Im Innern steht hier die Lösungsfamilie $\alpha \cdot x$ der Cauchy'schen Funktionalgleichung (13.2) – was zu erwarten war, da wir zunächst die additive Gruppe der reellen Zahlen in sich selbst transformieren können, bevor wir sie zur Verknüpfung $a \circ b$ „verzerren". Das Ergebnis (13.4) besagt nun, dass der einzig mögliche Kandidat einer solchen „Verzerrung" der Tangens hyperbolicus ist. Und tatsächlich löst diese Funktion die Funktionalgleichung auch (wir müssen also noch „die Probe machen"), denn ihr *Additionstheorem* lautet:

$$\tanh(x + y) = \frac{\tanh(x) + \tanh(y)}{1 + \tanh(x) \cdot \tanh(y)} \qquad (x, y \in \mathbb{R}).$$

Aufgaben

1. Das separable Anfangswertproblem (f und g stetig)

$$y'(x) = f(x) \cdot g(y(x)), \qquad y(x_0) = y_0,$$

kann ja für $g(y_0) \neq 0$ mit Trennung der Variablen gelöst werden. Wie lautet eine Lösung im Fall $g(y_0) = 0$? Unter welchen zusätzlichen Bedingungen an f und g ist diese Lösung dann eindeutig?

2. Verhulst hat die zeitliche Veränderung $y(x)$ der Größe y einer Population unter Berücksichtigung beschränkter Resourcen durch das Modell („logistische Gleichung")

$$y'(x) = (\alpha - \beta y(x)) \cdot y(x), \qquad y(0) = y_0 > 0,$$

mit den Parametern $\alpha, \beta > 0$ beschrieben.

a) Berechnen Sie die Lösung $y(x)$ und begründen Sie, warum diese eindeutig ist.

b) Berechnen Sie $\lim_{x \to \infty} y(x)$. Was bedeutet die Existenz eines solchen Grenzwerts?

c) Diskutieren Sie Monotonie und Extremstellen von $y(x)$ für $x \geq 0$.

3. Das Anfangswertproblem

$$y'(x) = 2\sqrt{|y(x)|}, \qquad y(0) = 0,$$

besitzt die einparametrige Lösungsschar

$$y_\alpha(x) = \max(x - \alpha, 0)^2 \qquad (\alpha \geq 0).$$

Warum widerspricht dies *nicht* dem Existenz- und Eindeutigkeitssatz?

4. Betrachten Sie das Anfangswertproblem

$$\begin{pmatrix} y_1(x) \\ y_2(x) \end{pmatrix}' = \begin{pmatrix} 0 & \cos x \\ 1 & 0 \end{pmatrix} \cdot \begin{pmatrix} y_1(x) \\ y_2(x) \end{pmatrix} + \begin{pmatrix} 0 \\ f(x) \end{pmatrix}, \qquad \begin{pmatrix} y_1(0) \\ y_2(0) \end{pmatrix} = \begin{pmatrix} 0 \\ 1 \end{pmatrix}$$

für jeden der Fälle

$$f(x) = 0, \qquad f(x) = \frac{1}{\cos x}, \qquad f(x) = \frac{1}{1-x}.$$

Ermitteln Sie durch eine kurze Überlegung – und nicht durch eine lange Rechnung – das jeweils größtmögliche offene Intervall I mit $0 \in I$, für das eine eindeutige Lösung $y: I \to \mathbb{R}^2$ existiert.

5. Lösen Sie das Angangswertproblem

$$y''(x) = \omega^2 \cdot y(x), \qquad y(0) = 0, \ y'(0) = 1.$$

Falls Sie Maple benutzen, sollten Sie genau erklären können, was das Computeralgebra-System im Einzelnen tut.

6. Finden Sie alle Anfangswertprobleme der Gestalt

$$y''(x) + a \cdot y'(x) + b \cdot y(x) = 0, \qquad y(0) = c, \ y'(0) = d,$$

mit der eindeutigen Lösung $y(x) = e^x$.

7. Man kann nachrechnen, dass jede Lösung des „Räuber-Beute-Modells"

$$y_1'(x) = y_1(x)(y_2(x) - 1), \qquad y_1(0) = e,$$
$$y_2'(x) = y_2(x)(1 - y_1(x)), \qquad y_2(0) = 1/e,$$

die Gleichung

$$y_1 + y_2 - \ln(y_1 \cdot y_2) = e + \frac{1}{e}$$

erfüllt. Begründen Sie, warum hieraus folgt, dass für $x > 0$ und für $x < 0$ die eindeutige Lösung „bis zum Schluss" existiert, also $y : \mathbb{R} \to \mathbb{R}^2$ gilt.

Hinweis. Lassen Sie sich von Maple die durch die Gleichung gegebene Kurve plotten. Sind Blow-up oder Kollaps überhaupt möglich?

8. Riccati'sche Gleichung.

a) Lösen Sie das Anfangswertproblem

$$y'(x) = x^2 + y(x)^2, \qquad y(0) = 1$$

indem Sie für die Koeffizienten a_k des Potenzreihenansatzes

$$y(x) = \sum_{k=0}^{\infty} \frac{a_k}{k!} x^k$$

eine Rekursionsformel herleiten. Bestimmen Sie die ersten 10 Koeffizienten und vergleichen Sie mit dem Ergebnis der `series`-Option im Maple-Befehl `dsolve`.

b) Zeigen Sie, dass alle $a_k \in \mathbb{N}$.

c) Benutzen Sie die (geeignet abgebrochene) Potenzreihe, um $y(1/2)$ auf zwei Dezimalstellen genau zu approximieren. Vergleichen Sie das Ergebnis mit dem aus einer symbolischen bzw. numerischen Lösung in Maple.

d) Geben Sie eine grobe Asymptotik von a_k für $k \to \infty$ an und vergleichen Sie diese für a_{100} mit dem tatsächlichen Wert.

9. Bestimmen Sie *alle* differenzierbaren Lösungen $f : \mathbb{R} \to \mathbb{R}$ der Funktionalgleichung

$$f(x + y) = f(x) + f(y) + f(x)f(y) \qquad (x, y \in \mathbb{R}).$$

Hinweis. Bestimmen Sie $f(0)$ und drücken Sie $f(-x)$ sowie $f'(x)$ durch $f(x)$ aus.

10. Bestimmen Sie *alle* differenzierbaren Lösungen $f : \mathbb{R} \to \mathbb{R}$ der Parallelogrammgleichung

$$f(x + y) + f(x - y) = 2f(x)f(y) \qquad (x, y \in \mathbb{R}).$$

Hinweis. Bestimmen Sie zunächst die Werte $f(0)$ und $f'(0)$. Finden Sie dann eine Differentialgleichung *zweiter* Ordnung für $f(x)$.

VII

Asymptotik

Jetzt geht es darum, asymptotische Beschreibungen „komplizierter" Zahlenfolgen a_n für $n \to \infty$ konkret zu berechnen. D.h. wir suchen nach einer „einfachen" Zahlenfolge b_n, so dass zumindest die asymptotische Gleichheit

$$a_n \simeq b_n \qquad (n \to \infty)$$

gilt oder, wenn möglich, eine präzise asymptotische Abschätzung der Form

$$a_n = b_n + O(\phi(n)) \qquad (n \to \infty),$$

wobei wir Einfluss auf die Genauigkeit des Fehlerterms $O(\phi(n))$ der asymptotischen Beschreibung nehmen wollen. (Je genauer die Beschreibung, desto aufwendiger wird allerdings meist das b_n.) Hierbei kann a_n beispielsweise die Anzahl der Operationen eines Algorithmus für Eingaben der Größe n bedeuten; ihre asymptotische Vereinfachung b_n erlaubt dann die Klassifikation und den Vergleich mit anderen Verfahren.

Leider gibt es zur Berechnung einer Asymptotik keine universelle Methode, dazu hängen die Ergebnisse zu stark von der tatsächlichen „Natur" der Folge a_n ab. Man muss sich hier durch Übung Kompetenzen in der Auswahl und dem Einsatz bewährter Methoden erwerben und wird dann dennoch häufig noch die Literatur zu Rate ziehen müssen. Ich beschränke mich auf ein paar grundlegende Techniken, die zum einen sehr nützlich sind, mir aber zum anderen auch erlauben, die Werkzeuge der vorangehenden Kapitel im konkreten Einsatz zu zeigen. Zur weiteren Vertiefung und zum Nachschlagen empfehle ich die Bücher [GKP94, Kap. 9] und [FS08], zu deren Autoren auch theoretische Informatiker gehören.

Eine grundlegende Technik haben wir bereits im Kapitel V mit den Werkzeugen der Taylor'schen Entwicklung und des Potenzreihenkalküls kennengelernt. Ist nämlich

$$a_n = f(1/n)$$

für eine in $x = 0$ beliebig häufig differenzierbare Funktion $f(x)$, so erhalten wir (für beliebiges, aber festes $k \in \mathbb{N}$) die asymptotische Entwicklung

$$a_n = f(0) + \frac{f'(0)}{n} + \frac{f''(0)}{2! \cdot n^2} + \cdots + \frac{f^{(k)}(0)}{k! \cdot n^k} + O(n^{-k-1}) \qquad (n \to \infty).$$

Ich erinnere daran, dass wir diese Entwicklung meist nicht wirklich über die Ableitungen von f berechnen, sondern mit dem Kalkül aus Abschnitt 10.3 (also etwa mit dem `series`-Befehl von Maple). Auf diese Weise hatten wir beispielsweise die asymptotische Entwicklung (10.5), nämlich

$$\left(1 + \frac{1}{n}\right)^n = e - \frac{e}{2n} + \frac{11e}{24n^2} - \frac{7e}{16n^3} + O(n^{-4}) \qquad (n \to \infty),$$

aus der Betrachtung von $f(x) = \exp(\ln(1+x)/x)$ gewonnen.[65]

In vorliegenden Kapitel werden wir nun einige Situationen näher studieren, in denen eine solche Funktion $f(x)$ entweder in $x = 0$ eine *echte* Singularität besitzt (Abschnitt 14.1) oder gar nicht erst sinnvoll angegeben werden kann (Abschnitt 14.2). Letzteres ist beispielsweise für jene Summen

$$a_n = \sum_{k=1}^{n} g(k)$$

der Fall, für die sich keine einfache geschlossene Formel der Form $a_n = f(n)$ finden lässt. (Das ist genauso möglich, wie es keine geschlossene elementare Formel für eine Stammfunktion zu geben braucht.)

14 Zwei asymptotische Tricks

In diesem Abschnitt werde ich Sie anhand von *Fallstudien* konkreter Probleme mit zwei wichtigen Grundtechniken der Asymptotik vertraut machen. Diese Fallstudien sind bewusst als „Entdeckungsreisen" angelegt, um Ihnen zu zeigen, wie man sich solchen Problemen schrittweise und – im eigentlichen Sinne des Wortes – *analytisch* nähern kann.

14.1 Bootstrapping

Ich möchte die Lösung x_n der transzendenten Gleichung (für eine Motivation im Zusammenhang mit der Asymptotik von Primzahlen siehe S. 176)

$$n = \frac{x_n}{\ln x_n} \tag{14.1}$$

---

[65] Die Stelle $x = 0$ ist dabei *keine* Singularität von $f(x)$, da sich $\ln(1+x)/x$ für $x = 0$ durch den Wert 1 analytisch fortsetzen lässt, siehe Abschnitt 10.3.

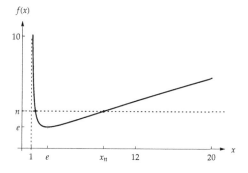

Abb. 25. Der Verlauf von $f(x) = x / \ln x$.

für $n \to \infty$ studieren. Nun, zunächst sollte ich genauer sagen, was ich unter „der" Lösung x_n verstehe. Ein Blick auf Abb. 25 oder die Techniken der Kurvendiskussion sowie der Zwischenwertsatz lehren uns nämlich, dass es für $n > e$ genau *zwei* Lösungen $x_n' < e$ und $x_n'' > e$ gibt mit

$$x_n' \to 1, \text{ bzw. } x_n'' \to \infty \qquad (n \to \infty).$$

Mich interessiert die Asymptotik der ins Unendliche wachsenden, größeren der beiden Lösungen: $x_n = x_n''$.

Wir schreiben jetzt die Gleichung (14.1) in der Form einer *Fixpunktgleichung* $x = F(x)$:

$$x_n = n \cdot \ln x_n. \qquad (14.2)$$

Wichtig ist hierbei, dass die linke Seite in x_n *schneller* wächst als die rechte Seite. Dann kann man nämlich die Idee des asymptotischen „Bootstrappings"[66] anwenden:

> Beginnend mit einer ganz einfachen Wachstumsabschätzung für x_n erhält man schrittweise bessere Abschätzungen, indem man die jeweils letzte Abschätzung für x_n in die rechte Seite der Fixpunktgleichung (14.2) einsetzt.

Damit steht unser Arbeitsprogramm fest; lassen Sie es uns mit Leben füllen.

Der Startschritt: Die einfache Abschätzung. Wir benötigen eine Asymptotik des Wachstums von $\ln x_n$. Dafür logarithmieren wir die Fixpunktgleichung (14.2), also

---

[66] „Bootstraps" bezeichnen im Englischen eigentlich die Stiefelschlaufen. Die Redewendung „Pulling oneself up by one's own bootstraps" heißt soviel wie „sich aus eigener Kraft hocharbeiten". In einem Aufsatz in den *Communications of the Association of Computing Machinery* aus dem Jahre 1958 wurde daraus dann das Verb „to bootstrap", mit dem man heute in der Informatik und Mathematik Methoden bezeichnet, die aus „wenig" sukzessive „viel" machen. Das „Booten" eines Computers hieß übrigens zunächst „to bootstrap the system from disk".

$$\ln x_n = \ln n + \ln \ln x_n, \tag{14.3}$$

und sortieren danach x_n und n auf verschiedene Seiten:

$$\ln x_n \left(1 - \frac{\ln \ln x_n}{\ln x_n} \right) = \ln n,$$

Wegen $x_n \to \infty$ gilt

$$\frac{\ln \ln x_n}{\ln x_n} \to 0 \qquad (n \to \infty),$$

also

$$\ln x_n = \frac{\ln n}{1 - o(1)} = \ln n \cdot (1 + o(1)) \qquad (n \to \infty). \tag{14.4}$$

In der letzten Gleichheit haben wir stillschweigend die Stetigkeit der Funktion $f(h) = 1/(1-h)$ verwendet, nämlich in der Form

$$\frac{1}{1-h} = 1 + o(1) \qquad (h \to 0).$$

Übrigens reicht (14.4), also $\ln x_n \simeq \ln n$, noch nicht aus, um durch *Exponentiation* eine entsprechende Asymptotik der Form „$x_n \simeq ?$" zu erhalten: Man gelangt so nur zu

$$x_n = e^{\ln n \cdot (1 + o(1))} = n^{1 + o(1)} \qquad (n \to \infty).$$

1. Einsetzungsschritt. Setzen wir (14.4) jedoch in die rechte Seite von (14.2) ein, so erhalten wir

$$x_n = n \ln n + o(n \ln n) \qquad (n \to \infty), \tag{14.5}$$

oder – völlig äquivalent – die asymptotische Gleichheit

$$x_n \simeq n \ln n \qquad (n \to \infty).$$

2. Einsetzungsschritt. Da es gerade so gut läuft, setzen wir (14.5) in die rechte Seite von (14.2) ein und erhalten so mit den Rechenregeln des Logarithmus und wegen der Stetigkeit $\ln(1 + o(1)) = o(1)$

$$\begin{aligned}
x_n &= n \ln \left(n \ln n \cdot (1 + o(1)) \right) \\
&= n \ln n + n \ln \ln n + n \ln(1 + o(1)) = n \ln n + n \ln \ln n + o(n). \tag{14.6}
\end{aligned}$$

3. Einsetzungsschritt. Einen letzten Schritt gönnen wir uns und setzen auch noch (14.6) in die rechte Seite von (14.2) ein. Jetzt erhalten wir, indem wir den Ausdruck im Logarithmus wieder in ein Produkt umformen, für $n \to \infty$

$$x_n = n \ln \left(n \ln n + n \ln \ln n + o(n) \right)$$

$$= n \ln \left(n \ln n \left(1 + \frac{\ln \ln n}{\ln n} + o \left(\frac{1}{\ln n} \right) \right) \right)$$

$$= n \ln n + n \ln \ln n + n \ln \left(1 + \frac{\ln \ln n}{\ln n} + o \left(\frac{1}{\ln n} \right) \right)$$

$$= n \ln n + n \ln \ln n + n \frac{\ln \ln n}{\ln n} + o \left(\frac{n}{\ln n} \right). \tag{14.7}$$

Dabei haben wir in der letzten Gleichheit die Taylor'sche Entwicklung

$$\ln(1 + h) = h + O(h^2) \qquad (h \to 0)$$

und die asymptotische Beziehung

$$\left(\frac{\ln \ln n}{\ln n} \right)^2 = o \left(\frac{1}{\ln n} \right) \qquad (n \to \infty)$$

benutzt.

Beispiel. Sehen wir uns einmal eine konkrete Zahl an, etwa $n = 10^{10}$. Ein numerisches Verfahren zur Nullstellenbestimmung liefert im Vergleich zu den asymptotischen Abschätzungen (14.5), (14.6) und (14.7):

$$x_n = 2.62952 \cdots \times 10^{11},$$

$$n \ln n = 2.30258 \cdots \times 10^{11},$$

$$n \ln n + n \ln \ln n = 2.61624 \cdots \times 10^{11},$$

$$n \ln n + n \ln \ln n + n \frac{\ln \ln n}{\ln n} = 2.62986 \cdots \times 10^{11}.$$

Beachten Sie aber bitte, dass die verschiedenen asymptotischen Abschätzungen zunächst nur in dem Sinne besser werden, dass der relative Fehler für *wachsendes* n jeweils *schneller* klein wird. Falls ein konkrete *feste* Zahl n zu klein ausfällt, braucht diese Verbesserung unter Umständen gar nicht sichtbar zu sein.

Ausblick: Asymptotik der n-ten Primzahl

Sie dürfen die Fallstudie der Gleichung (14.2) nicht dahingehend missverstehen, dass wir für konkrete n die Lösung x_n mit den ermittelten asymptotischen Formeln approximieren würden. Das überlässt man schneller und genauer einem numerischen Verfahren. Der Zweck dieses Beispiels war, Ihnen das „Bootstrapping" an einem Fall vorzuführen, der nahe genug an einem wirklich sehr interessanten Problem liegt: der asymptotischen Beschreibung der n-ten Primzahl[67] p_n.

Eine Verfeinerung des Primzahlsatzes besagt nämlich [GKP94, (9.31)], dass p_n für $n \to \infty$ die asymptotische Entwicklung

$$n = \frac{p_n}{\ln p_n} + \frac{p_n}{(\ln p_n)^2} + \frac{2! \cdot p_n}{(\ln p_n)^3} + \cdots + \frac{(k-1)! \cdot p_n}{(\ln p_n)^k} + O\left(\frac{p_n}{(\ln p_n)^{k+1}}\right)$$

erfüllt, die sich als *Störung* der transzendenten Gleichung (14.2) auffassen lässt. Wir erwarten daher $p_n \approx x_n$ und tatsächlich liefert die „Bootstrapping"-Methode im wesentlichen mit den gleichen Schritten (aber etwas mehr Rechenaufwand) statt des Ergebnisses (14.7) die Asymptotik [GKP94, (9.48)]

$$p_n = n \ln n + n \ln \ln n - n + n \frac{\ln \ln n}{\ln n} + O\left(\frac{n}{\ln n}\right). \tag{14.8}$$

(Der Unterschied zu (14.7) besteht nur im zusätzlichen Term „$-n$" und einem Groß-Oh statt eines Klein-Oh für den Approximationsfehler.) Was kann man mit einem solchen Resultat so alles anfangen? So lehrt uns etwa ein Vergleich mit der Asymptotik (9.11) von $\ln(n!)$, d.h. $\ln(n!) = n \ln n - n + O(\ln n)$, sofort, dass zum einen zwar $p_n \simeq \ln(n!)$ für $n \to \infty$, zum anderen aber

$$p_n > \ln(n!) \qquad \text{(für fast alle } n \in \mathbb{N}\text{)}.$$

Und für die konkrete Zahl $n = 10^{10}$ hilft einem beispielsweise jetzt auch kein numerisches Verfahren (sondern nur sehr tiefliegende *approximative* Methoden der analytischen Zahlentheorie, siehe [CP05]) mehr, um

$$p_{10\,000\,000\,000} = 252\,097\,800\,623$$

auf einem Computer exakt zu bestimmen; Maples ithprime-Befehl ist hier übrigens völlig hilflos. Die Asymptotik (14.8) liefert jedoch für $n = 10^{10}$ mit

$$n \ln n + n \ln \ln n - n + n \frac{\ln \ln n}{\ln n} = 2.52986 \cdots \times 10^{11}$$

die korrekte Größenordnung und sogar die ersten 3 Dezimalziffern von p_n; und das bereits auf jedem Taschenrechner mit einer ln-Taste.

14.2 Trading Tails

Jetzt sind wir endlich soweit, die Asymptotik der Summe

$$A_n = \sum_{k=0}^{n} \binom{3n}{k}$$

aus dem Beispiel in Abschnitt 1.1 in Angriff nehmen zu können.

---

[67] Wie Sie vielleicht wissen, spielen Primzahlen eine prominente Rolle im RSA-Verfahren der „Public-Key-Kryptographie".

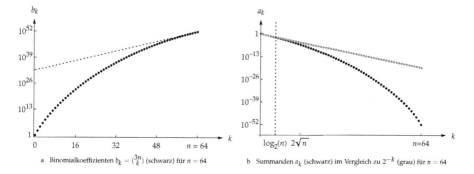

a Binomialkoeffizienten $b_k = \binom{3n}{k}$ (schwarz) für $n = 64$ · · · · · · · · · · · · · · b Summanden a_k (schwarz) im Vergleich zu 2^{-k} (grau) für $n = 64$

Abb. 26. (Logarithmisches) Wachstumsverhalten der Summanden $\binom{3n}{k}$ bzw. a_k

1. Schritt: Exploration und eine erste Vermutung

Für festes n wachsen die Binomialkoeffizienten $\binom{3n}{k}$ monoton, wenn k von 0 bis n läuft.[68] Wir können die Summe A_n ganz einfach durch den größten ihrer Summanden nach unten abschätzen, nämlich

$$A_n \geqslant \binom{3n}{n} \qquad (n \in \mathbb{N}).$$

Aber sehen wir uns die Summanden in Abb. 26a (in logarithmischer Skala) für $n = 64$ genauer an: Der Vergleich mit der gestrichelten Geraden zeigt, dass es ein $\theta \approx 2$ gibt mit

$$\binom{3n}{k} \leqslant \theta^{k-n} \binom{3n}{n} \qquad (k = 0, \ldots, n).$$

(Machen Sie sich bitte wirklich klar, dass es genau diese Ungleichung ist, die Sie in der Abbildung „sehen".) Also lässt sich A_n durch eine geometrische Reihe nach oben abschätzen:

$$A_n \leqslant \binom{3n}{n} \sum_{k=0}^{n} \theta^{k-n} = \binom{3n}{n} \sum_{k=0}^{n} \theta^{-k} \leqslant \binom{3n}{n} \sum_{k=0}^{\infty} \theta^{-k} = \frac{\theta}{\theta - 1} \binom{3n}{n}.$$

Wenn wir die graphische Darstellung für verschiedene n wiederholen würden, so würden wir erkennen, dass diese Konstante $\theta \approx 2$ sehr wahrscheinlich von n unabhängig gewählt werden kann. Also gilt vermutlich für alle n

$$\binom{3n}{n} \leqslant A_n \leqslant \frac{\theta}{\theta - 1} \binom{3n}{n} \approx 2 \binom{3n}{n}. \qquad (14.9)$$

---

[68] Ganz allgemein wächst $\binom{n}{k}$ für $k = 0, \ldots, \lfloor n/2 \rfloor$ monoton, um dann für $k = \lceil n/2 \rceil, \ldots, n$ wieder monoton zu fallen.

Die Summe läge demnach in der gleichen Größenordnung wie ihr größter Term. Mit etwas Glück müsste sich also eine Asymptotik der Form

$$A_n \simeq \sigma \cdot \binom{3n}{n} \qquad (n \to \infty) \tag{14.10}$$

für eine gewisse Konstante $1 \leqslant \sigma \lesssim 2$ herleiten lassen.

2. Schritt: Skalierung und Umordnung der Summe

An dieser Stelle empfehle ich, den n-abhängigen Teil der vermuteten Asymptotik abzudividieren und die Summe so anzuordnen, dass die Summanden mit wachsendem k kleiner werden:

$$
\begin{aligned}
s_n = \frac{A_n}{\binom{3n}{n}} &= \sum_{k=0}^{n} \frac{\binom{3n}{n-k}}{\binom{3n}{n}} \\
&= \sum_{k=0}^{n} \frac{n!(2n)!}{(n-k)!(2n+k)!} \\
&= \sum_{k=0}^{n} \frac{n \cdot (n-1) \cdots (n-k+1)}{(2n+1) \cdot (2n+2) \cdots (2n+k)} \\
&= \sum_{k=0}^{n} \frac{n^{\underline{k}}}{(2n+1)^{\overline{k}}} = \sum_{k=0}^{n} a_k.
\end{aligned}
$$

Hierbei benutzen wir die Schreibweise der auf- und absteigenden Faktoriellen [GKP94, (2.43/44)]. Mit relativ trivialen Abschätzungen für diese Faktoriellen, nämlich

$$n^{\underline{k}} = n \cdot (n-1) \cdots (n-k+1) \leqslant n^k \tag{14.11}$$

und

$$(2n+1)^{\overline{k}} = (2n+1) \cdot (2n+2) \cdots (2n+k) \geqslant (2n+1)^k \geqslant (2n)^k, \tag{14.12}$$

erhalten wir die Abschätzung (vgl. Abb. 26b)

$$a_k = \frac{n^{\underline{k}}}{(2n+1)^{\overline{k}}} \leqslant \frac{n^k}{(2n)^k} = 2^{-k}. \tag{14.13}$$

Damit gilt

$$1 = a_0 \leqslant s_n \leqslant \sum_{k=0}^{n} 2^{-k} \leqslant \sum_{k=0}^{\infty} 2^{-k} = 2,$$

womit bereits der erste Teil (14.9) unserer Vermutungen als richtig nachgewiesen ist.

3. Schritt: Asymptotik der Summanden a_k

Es liegt nahe, die Asymptotik der Summe s_n aus einer Asymptotik der Summanden a_k herleiten zu wollen. Bei letzterer müssen wir dann aber auch sorgfältig die Fehlerterme kontrollieren, da sich diese ja zum Approximationsfehler der Summe *aufaddieren*.

Die Asymptotik von a_k setzen wir aus derjenigen von Zähler und Nenner zusammen. Da wir mit (14.11) und (14.12) bereits über Abschätzungen in einer Richtung verfügen, deren Quotient zumindest für kleine k den Summanden a_k exzellent approximieren (vgl. Abb. 26b), versuchen wir Abschätzungen der gleichen Größenordnung in der anderen Richtung zu gewinnen: In naheliegender Verallgemeinerung der Bernoulli'schen Ungleichung erhalten wir (vgl. Aufgabe 5 auf S. 19)

$$n^{\underline{k}} = n^k \cdot \left(1 - \frac{1}{n}\right) \cdots \left(1 - \frac{k-1}{n}\right)$$

$$\geqslant n^k \left(1 - \frac{1}{n} - \cdots - \frac{k-1}{n}\right) = n^k \left(1 - \frac{k(k-1)}{2n}\right).$$

Mit der Ungleichung (3.8) erhalten wir andererseits

$$(2n+1)^{\overline{k}} = (2n)^k \cdot \left(1 + \frac{1}{2n}\right) \cdots \left(1 + \frac{k}{2n}\right)$$

$$\leqslant (2n)^k \cdot \exp\left(\frac{1}{2n} + \cdots + \frac{k}{2n}\right) = (2n)^k \cdot \exp\left(\frac{k(k+1)}{4n}\right).$$

Da uns $n \to \infty$ interessiert, reicht es, die quadratischen Terme in k asymptotisch zu

$$\frac{k(k \pm 1)}{n} = O(k^2 n^{-1}) \qquad (k^2 n^{-1} \to 0)$$

zu vereinfachen.[69] Mit der Taylor'schen Entwicklung $\exp(h) = 1 + O(h)$ für $h \to 0$ erhalten wir insgesamt

$$n^{\underline{k}} \geqslant n^k (1 + O(k^2 n^{-1})), \qquad (2n+1)^{\overline{k}} \leqslant (2n)^k (1 + O(k^2 n^{-1})),$$

d.h. mit (14.11) und (14.12)

$$n^{\underline{k}} = n^k (1 + O(k^2 n^{-1})), \qquad (2n+1)^{\overline{k}} = (2n)^k (1 + O(k^2 n^{-1})),$$

und daher schließlich die gewünschte Asymptotik der Summanden a_k:

$$a_k = 2^{-k}(1 + O(k^2 n^{-1})) \qquad (k^2 n^{-1} \to 0). \tag{14.14}$$

---

[69] Wobei $k^2 n^{-1} \to 0$ bedeutet, dass mit $n \to \infty$ zwar auch $k \to \infty$ erlaubt ist, aber nur so langsam wie $k = o(n^{1/2})$.

Im letzten Schritt haben wir übrigens zum wiederholten Male die Taylor'sche Entwicklung $1/(1 + h) = 1 + O(h)$ für $h \to 0$ verwendet.

Was bedeutet (14.14) nun konkret? Der Summand a_k verhält sich für große n (und für im Vergleich zu $\sqrt{n}$ sehr viel kleinere k) wie 2^{-k}. Genau das sehen wir in Abb. 26b – wobei wir zusätzlich noch erkennen können, dass 2^{-k} keine gute Approximation mehr an a_k darstellt, sobald k in die Größenordnung von $\sqrt{n}$ gelangt.

4. Schritt: Summation über den Gültigkeitsbereich der Asymptotik

Die Bedingung $k = o(n^{1/2})$ ist beispielsweise für $k \leqslant k_n = \lceil \log_2 n \rceil$ erfüllt (vgl. Abb. 26b). Wenn wir nur über diese k summieren, gilt für $n \to \infty$

$$\sum_{k=0}^{k_n} a_k = \sum_{k=0}^{k_n} 2^{-k}(1 + O(k^2 n^{-1})) = (\sum_{k=0}^{k_n} 2^{-k}) \cdot (1 + O((\ln n)^2 n^{-1})). \quad (14.15)$$

Was machen wir aber mit dem Rest (engl. „tail")

$$\sum_{k=k_n+1}^{n} a_k$$

der Summe s_n? Hier kommt der Titel des Abschnitts ins Spiel: Der Rest ist so unwichtig, dass wir ihn schadlos durch den ebenfalls bedeutungslosen Rest der Summe über die 2^{-k} austauschen (engl. „to trade") können. Diese wichtige asymptotische Technik geht auf Laplace (1782) zurück.

5. Schritt: Trading Tails

Wegen (14.13) gilt nämlich

$$0 \leqslant \sum_{k=k_n+1}^{n} a_k \leqslant \sum_{k=k_n+1}^{n} 2^{-k} \leqslant \sum_{k=k_n+1}^{\infty} 2^{-k} = 2^{-k_n} \leqslant 2^{-\log_2 n} = n^{-1},$$

d.h. die Reste der beiden Summen sind asymptotisch kleiner als der Approximationsfehler des Summenanfangs in (14.15). Es ist also einerlei, welchen Summenrest wir verwenden. Auf diese Weise erhalten wir für $n \to \infty$

$$s_n = \sum_{k=0}^{n} a_k = \sum_{k=0}^{k_n} a_k + \sum_{k=k_n+1}^{n} a_k$$

$$= \sum_{k=0}^{k_n} 2^{-k} + \sum_{k=k_n+1}^{n} a_k + O((\ln n)^2 n^{-1})$$

$$= \sum_{k=0}^{k_n} 2^{-k} + \sum_{k=k_n+1}^{\infty} 2^{-k} + O(n^{-1}) + O((\ln n)^2 n^{-1})$$

$$= \sum_{k=0}^{\infty} 2^{-k} + O((\ln n)^2 n^{-1}) = 2 + O((\ln n)^2 n^{-1}). \quad (14.16)$$

Beachten Sie bitte, dass ich k_n innerhalb der durch $k_n = o(n^{1/2})$ gegebenen Freiheit gerade so gewählt habe, dass der zugehörige Fehler $O(n^{-1})$ des Austauschs der Summenreste mit dem zugehörigen Approximationsfehler $O((\ln n)^2 n^{-1})$ des Summenanfangs asymptotisch *in etwa* ausbalanciert ist.

Zusammenfassung

Die Asymptotik (14.16) besagt kurz $s_n \simeq 2$ und demnach

$$A_n = \sum_{k=0}^{n} \binom{3n}{k} \simeq 2\binom{3n}{n} \qquad (n \to \infty) \tag{14.17}$$

– womit sich auch unsere Vermutung (14.10) als richtig erwiesen hat. Diese Formel stellt zwar schon eine wesentliche asymptotische Vereinfachung der Summe dar, ist aber noch nicht jenes übersichtliche Ergebnis (1.1), welches ich zu Beginn der Vorlesung angekündigt und benutzt habe.

Hierzu benötigt man noch die Stirling'sche Formel, nämlich

$$n! \simeq \sqrt{2\pi n}\left(\frac{n}{e}\right)^n \qquad (\text{für } n \to \infty),$$

mit deren Hilfe wir unmittelbar folgende einfache Asymptotik des Binomialkoeffizienten erhalten:

$$\binom{3n}{n} = \frac{(3n)!}{n! \cdot (2n)!} \simeq \frac{1}{2}\sqrt{\frac{3}{\pi n}}\left(\frac{27}{4}\right)^n \qquad (n \to \infty).$$

Also gilt tatsächlich wie versprochen (1.1), d.h.

$$A_n \simeq \sqrt{\frac{3}{\pi n}}\left(\frac{27}{4}\right)^n = O(6.75^n) \qquad (n \to \infty).$$

Die Methodik zur Herleitung der Stirling'schen Formel wird uns im anschließenden Abschnitt 15 ausführlich beschäftigen.

Bemerkung. Der Vollständigkeit halber möchte ich noch kurz erklären, wie die wesentlich einfachere, zweite asymptotische Formel in (1.1) zustande kommt, namentlich

$$f_{4n} \simeq \frac{1}{\sqrt{5}}(6.85410\cdots)^n = O((6.85410\cdots)^n) \qquad (n \to \infty)$$

mit den Fibonacci-Zahlen f_n. Sie ist eine unmittelbare Konsequenz der expliziten Formel

$$f_n = \frac{1}{\sqrt{5}}\left(\phi^n - (1-\phi)^n\right), \qquad \phi = \frac{1+\sqrt{5}}{2},$$

die Sie beim Lösen linearer Rekursionsgleichungen (etwa in einer Vorlesung „Diskrete Strukturen") kennengelernt haben: $\phi^4 = 6.85410\cdots$.

15 Euler–Maclaurin'sche Summenformel

In Abschnitt 9.2 hatten wir für *monotone* Funktionen f gelernt, dass sich Summe und Integral wechselseitig abschätzen lassen; so etwa für monoton *wachsende* f in der Form

$$\sum_{k=a}^{b-1} f(k) \leqslant \int_a^b f(x)\,dx \leqslant \sum_{k=a+1}^{b} f(k) \qquad (a, b \in \mathbb{Z}, a \leqslant b).$$

Daraus hatten wir bereits so einfache asymptotische Formeln wie (9.9), (9.11), (9.15) und (9.17) gewonnen. Diese Technik soll jetzt wesentlich verfeinert werden, indem wir die Abweichung

$$\sum_{k=a}^{b} f(k) - \int_a^b f(x)\,dx$$

zwischen Summe und Integral sehr viel eingehender studieren.

15.1 Der Operatorkalkül von Lagrange

Wir beginnen mit *Polynomen* $f \in \mathbb{C}[x]$, da sich hier jene Abweichung zwischen Summe und Integral sogar *exakt* beschreiben lässt. Das gelingt besonders elegant mit dem kühnen Operatorkalkül, den Lagrange 1772 für seinen algebraischen Zugang zur Analysis entwickelt hat. Wir betrachten auf dem Polynomring $\mathbb{C}[x]$ den *Ableitungsoperator* D und den *Differenzenoperator* Δ,

$$Df(x) = f'(x), \qquad \Delta f(x) = f(x+1) - f(x),$$

sowie den *Integraloperator* $\int$ und den *Summenoperator*[70] $\sum$, definiert durch

$$\int f(x) = \int_a^x f(t)\,dt, \qquad \sum f(x) = \sum_{k=a}^{x-1} f(k) \quad (x \in \mathbb{Z}, x \geqslant a).$$

Beachten Sie, dass leere Summen stets als Null definiert sind: $\sum f(a) = 0$. Wegen des Hauptsatzes ist der Integraloperator in folgendem Sinne der *inverse Operator* des Ableitungsoperators:[71]

$$D \int f(x) = f(x), \qquad \int Df(x) = f\big|_a^x; \tag{15.1}$$

wohingegen man das analoge Resultat für Summe und Differenz unmittelbar ausrechnen kann:

---

[70] Dieser ist zunächst nur für $x \in \mathbb{Z}$ mit $x \geqslant a$ definiert, liefert dort aber ein Polynom, das sich dann natürlich auch für alle $x \in \mathbb{R}$ auswerten lässt.

[71] Zur Erinnerung: $f\big|_a^x = f(x) - f(a)$.

$$\Delta \sum f(x) = f(x), \qquad \sum \Delta f(x) = f \big|_a^x.$$

Wir müssen also zwischen dem links- und dem rechtsseitig inversen Operator unterscheiden und vereinbaren, dass die Schreibweisen D^{-1} und Δ^{-1} den *rechtsseitig* inversen Operatoren vorbehalten bleiben:

$$D^{-1} = \int, \qquad \Delta^{-1} = \sum.$$

Operatorinterpretation der Taylor'schen Formel

Für ein Polynom f vom Grad m gilt nach dem Satz über das Restglied in der Taylor'schen Formel (10.2) wegen $D^k f(x) = 0$ für $k > m$, dass

$$f(x+1) = f(x) + f'(x) + \frac{f''(x)}{2!} + \cdots + \frac{f^{(m)}(x)}{m!} + \frac{f^{(m+1)}(\xi_x)}{(m+1)!}$$

$$= f(x) + f'(x) + \frac{f''(x)}{2!} + \cdots + \frac{f^{(m)}(x)}{m!}$$

$$= \sum_{k=0}^{m} \frac{D^k}{k!} f(x) = \sum_{k=0}^{\infty} \frac{D^k}{k!} f(x).$$

Die letzte Summe ist dabei nur *formal* eine unendliche Reihe: Tatsächlich ist sie eine *endliche* Summe, für die wir uns nur ersparen, den oberen Summationsindex genauer zu spezifizieren. Indem wir diese Reihe wegen der Potenzreihe (10.7) als Exponentialfunktion abkürzen,

$$f(x+1) = e^D f(x) \qquad (f \in \mathbb{C}[x]),$$

gelangen wir nach Subtraktion von $f(x)$ zu folgender Darstellung des Differenzenoperators durch den Ableitungsoperator

$$\Delta f(x) = (e^D - 1) f(x) \qquad (f \in \mathbb{C}[x]). \tag{15.2}$$

Ganz allgemein vereinbaren wir für eine durch die Potenzreihe

$$F(z) = \sum_{k=0}^{\infty} a_k z^k$$

gegebene Funktion F, dass der Operator $F(D)$ auf einem Polynom f vom Grad m durch

$$F(D) f(x) = \sum_{k=0}^{m} a_k D^k f(x) = \sum_{k=0}^{m} a_k f^{(k)}(x)$$

definiert ist. Da es sich hierbei stets um eine endliche Summe handelt, spielt der Konvergenzradius der Potenzreihe keine Rolle.

Darstellung des Summenoperators

Bilden wir nun auf beiden Seiten von (15.2) die rechtsseitige Inverse und wenden dann den Ableitungsoperator D von links an, so ergibt sich

$$D\Delta^{-1}f(x) = D(e^D - 1)^{-1}f(x) = \sum_{k=0}^{\infty} \frac{B_k}{k!} D^k f(x) \qquad (f \in \mathbb{C}[x]),$$

wobei wir uns an die exponentiell erzeugende Funktion (10.18) der Bernoulli'schen Zahlen erinnern. Wichtig ist auch hierbei die Einsicht, dass die „Operatorpotenzreihe" auf dem Polynom f nur eine *endliche* Summe darstellt und die im Potenzreihenkalkül manifestierte *algebraische* Beziehung von (10.18) zur Exponentialfunktion (10.7) völlig ausreicht, um diese Gleichung zu rechtfertigen. Unter Beachtung der Struktur (10.20) der Bernoulli'schen Zahlen erhalten wir demnach

$$D\Delta^{-1}f(x) = \left(1 - \frac{1}{2}D + \sum_{k=1}^{\infty} \frac{B_{2k}}{(2k)!} D^{2k}\right) f(x) \qquad (f \in \mathbb{C}[x]).$$

Nun wenden wir noch den Integraloperator $\int$ von links an und gelangen so unter Beachtung der Invertierungsregeln (15.1) – für Polynome $f \in \mathbb{C}[x]$ – wegen $\Delta^{-1} = \sum$ zur Formel

$$\sum_{k=a}^{x-1} f(k) = \int_a^x f(t)\,dt - \frac{1}{2}f\Big|_a^x + \sum_{k=1}^{\infty} \frac{B_{2k}}{(2k)!} f^{(2k-1)}\Big|_a^x \qquad (x \in \mathbb{Z}, x \geqslant a).$$

Schließlich sorgen wir noch durch Addition von $f(x)$ dafür, dass Summe und Integral die gleichen Grenzen besitzen, nämlich a und x. Setzen wir sodann ein konkretes $x = b \in \mathbb{Z}$ $(b \geqslant a)$ ein, so haben wir für Polynome $f \in \mathbb{C}[x]$ vom Grad m – auf dem gleichen Weg wie Lagrange – die Euler–Maclaurin'sche Summenformel

$$\sum_{k=a}^{b} f(k) = \int_a^b f(t)\,dt + \frac{f(a) + f(b)}{2} + \sum_{k=1}^{\lfloor m/2 \rfloor} \frac{B_{2k}}{(2k)!} f^{(2k-1)}\Big|_a^b \qquad (15.3)$$

hergeleitet (Euler 1738, Maclaurin 1737).[72] Wem das Lagrange'sche „Operator-Voodoo"[73] nicht ganz geheuer war, dem wird vielleicht das folgende Beispiel helfen, wieder Vertrauen zu fassen:

---

[72] Da für Polynome f vom Grad m gilt, dass $f^{(j)}\Big|_a^b = 0$ für $j \geqslant m$ (warum?), läuft die Summe nur über jene k, für die $2k - 1 \leqslant m - 1$ ist, also $k \leqslant \lfloor m/2 \rfloor$.

[73] Der Operatorkalkül ist – ich betone es nochmals – auf dem Polynomring $\mathbb{C}[x]$ deswegen völlig korrekt, weil die beteiligten Operatorpotenzreihen tatsächlich nur *endliche* Summen sind. Sie brauchen kein weiteres Wissen, nur Mut.

Beispiel. Wenn wir die Euler–Maclaurin'sche Summenformel (15.3) auf das spezielle Polynom $f(x) = x^m$ ($m \in \mathbb{N}$) anwenden, so erhalten wir mit $a = 0$ und $b = n$, sowie wegen

$$f^{(2k-1)}(n) = m(m-1)\cdots(m-2k+2)n^{m-2k+1} \qquad (k \leqslant \lfloor m/2 \rfloor)$$

und wegen $f(0) = f'(0) = \cdots = f^{(m-1)}(0) = 0$ als Verfeinerung der Asymptotik (9.9)

$$\sum_{k=1}^{n} k^m = \int_0^n t^m \, dt + \frac{n^m}{2} + \sum_{k=1}^{\lfloor m/2 \rfloor} \frac{B_{2k}}{(2k)!} m(m-1)\cdots(m-2k+2) \cdot n^{m-2k+1}$$

$$= \frac{n^{m+1}}{m+1} + \frac{n^m}{2} + \frac{1}{m+1} \sum_{k=1}^{\lfloor m/2 \rfloor} \binom{m+1}{2k} B_{2k} \cdot n^{m+1-2k}. \tag{15.4}$$

Dies ist gerade die berühmten Formel aus Jakob Bernoullis 1713 posthum publizierter Schrift *Ars Conjectandi* über mathematische Gewinnstrategien für beliebige Glücksspiele des Barocks. Ihretwegen tragen die Zahlen B_k heute Bernoullis Namen. Sie lässt sich auch ohne die Euler–Maclaurin'sche Formel induktiv mit Hilfe der Rekursionsformel (10.19) beweisen [GKP94, S. 283f.].[74] Für $m = 1, 2, 3, 4$ und $m = 12$ gelangen wir beispielsweise zu den bekannten konkreten Formeln

$$\sum_{k=1}^{n} k = \frac{n^2}{2} + \frac{n}{2} = \frac{n(n+1)}{2},$$

$$\sum_{k=1}^{n} k^2 = \frac{n^3}{3} + \frac{n^2}{2} + \frac{n}{6} = \frac{n(n+1)(2n+1)}{6}$$

$$\sum_{k=1}^{n} k^3 = \frac{n^4}{4} + \frac{n^3}{2} + \frac{n^2}{4} = \frac{n^2(n+1)^2}{4},$$

$$\sum_{k=1}^{n} k^4 = \frac{n^5}{5} + \frac{n^4}{2} + \frac{n^3}{3} - \frac{n}{30} = \frac{n(n+1)(2n+1)(3n^2+3n-1)}{30},$$

bzw. (vielleicht weniger bekannt)

$$\sum_{k=1}^{n} k^{12} = \frac{n^{13}}{13} + \frac{n^{12}}{2} + n^{11} - \frac{11n^9}{6} + \frac{22n^7}{7} - \frac{33n^5}{10} + \frac{5n^3}{3} - \frac{691n}{2730}.$$

Wesentlich ist hier wie bei der Euler–Maclaurin'schen Summenformel (15.3) selbst, dass die Anzahl der Summanden auf der rechten Seite *unabhängig* ist von der Anzhl n der Summanden auf der linken Seite. Stattdessen ist die rechte Seite eine feste *Funktion* der Summationsgrenze n.

---

[74] Da die Monome $f(x) = x^m$ eine *Basis* des Polynomrings $\mathbb{C}[x]$ bilden, folgt aus der Gültigkeit der Bernoulli'schen Formel (15.4) übrigens durch Linearkombination auch umgekehrt sofort die Gültigkeit der Euler–Maclaurin'schen Formel (15.3).

15.2 Die Summenformel mit Restglied

Für allgemeine, hinreichend häufig differenzierbare Funktionen f ist die Summenformel (15.3) selbst dann nicht mehr richtig, wenn wir die Summe auf der rechten Seite zu einer unendlichen Reihe machen: Es ist im allgemeinen

$$\sum_{k=a}^{b} f(k) \neq \int_a^b f(t)\,dt + \frac{f(a) + f(b)}{2} + \sum_{k=1}^{\infty} \frac{B_{2k}}{(2k)!} f^{(2k-1)}\Big|_a^b$$

schon allein aus dem schlichten Grund, dass die rechts stehende unendliche Reihe so gut wie *nie* konvergiert. Nichtsdestotrotz kann für geeignet gewähltes m die Approximation

$$\sum_{k=a}^{b} f(k) \approx \int_a^b f(t)\,dt + \frac{f(a) + f(b)}{2} + \sum_{k=1}^{m} \frac{B_{2k}}{(2k)!} f^{(2k-1)}\Big|_a^b$$

von exzellenter Qualität sein – ein Umstand, dessen tieferes Verständnis die Mathematiker einige Zeit gekostet hat. Seit Poisson (1827) und Jacobi (1834) betrachtet man die Differenz der beiden Seiten, das sogenannte Restglied $R_{2m}(a, b)$, und schätzt es soweit grob ab, dass die Summenformel noch nützlich bleibt. Dieses Restglied wird später für die Fehlerterme „$O(\cdots)$" jener asymptotischen Entwicklungen verantwortlich sein, welche wir als Anwendung der Summenformel erhalten. Genauer gilt folgender

Satz. *Für das Restglied $R_{2m}(a, b)$ der Euler–Maclaurin'schen Summenformel*

$$\sum_{k=a}^{b} f(k) = \int_a^b f(t)\,dt + \frac{f(a) + f(b)}{2} + \sum_{k=1}^{m} \frac{B_{2k}}{(2k)!} f^{(2k-1)}\Big|_a^b + R_{2m}(a, b)$$

$$(15.5)$$

gilt:

(a) *Falls $f : [a, b] \to \mathbb{R}$ eine 2m-fach stetig differenzierbare Funktion ist, so gilt*

$$|R_{2m}(a, b)| \leqslant \frac{|B_{2m}|}{(2m)!} \int_a^b |f^{(2m)}(t)|\,dt.$$

(b) *Falls $f : [a, \infty) \to \mathbb{R}$ eine vollmonotone[75] höhere Ableitung $f^{(k_0)}$ besitzt, so gilt ab dieser Ableitungsstufe die „Leibniz-Eigenschaft alternierender Reihen": Das*

---

[75] Eine beliebig häufig differenzierbare Funktion $g : [a, \infty) \to \mathbb{R}$ heißt *vollmonoton fallend*, falls

$$(-1)^n g^{(n)}(x) \geqslant 0 \qquad (n \in \mathbb{N}, x \geqslant a).$$

Sie heißt *vollmonoton wachsend*, falls $-g$ vollmonoton fällt. Diese Definition kommt recht natürlich ins Spiel, wenn man Ableitungen $g^{(k)}(x)$ mit *festem*, also von x unabhängigem Vorzeichen braucht. Aufgabe 8 auf S. 86 zeigt nämlich, dass dieses Vorzeichen mit wachsender Differentiationsstufe k *alternieren* muss, sobald – wie im folgenden Korollar vorausgesetzt – $g^{(k)}(x) \to 0$ für $k \to \infty$ gilt.

Restglied ist betragsmäßig nicht größer als das erste weggelassene Reihenglied und besitzt das gleiche Vorzeichen wie dieses. D.h., für $2m + 1 \geqslant k_0$ gilt

$$R_{2m}(a,b) = \theta \, \frac{B_{2m+2}}{(2m+2)!} \, f^{(2m+1)}\Big|_a^b \qquad \textit{für ein gewisses } 0 \leqslant \theta \leqslant 1. \quad (15.6)$$

Bemerkung. Da für ein vollmonotones f die Ausdrücke $f^{(2k-1)}\big|_a^b$ also stets das *gleiche* Vorzeichen besitzen, erben in diesem Fall die Terme der Summe

$$\sum_{k=1}^{m} \frac{B_{2k}}{(2k)!} \, f^{(2k-1)}\Big|_a^b$$

die alternierenden Vorzeichen (10.21) der Bernoulli'schen Zahlen B_{2k}.

In der konkreten Auswertung der Summenformel (15.5) können die Terme, welche die untere Summationsgrenze a enthalten, sehr lästig werden. Die Summenformel wird daher meist in der Form des folgenden Korollars verwendet.

Korollar. *Wenn die höhere Ableitung $f^{(k_0)}$ der Funktion $f : [1, \infty) \to \mathbb{R}$ eingeschränkt auf $[n_0, \infty)$ vollmonoton ist und zusätzlich*

$$\lim_{x \to \infty} f^{(k)}(x) = 0 \qquad (k \geqslant k_0)$$

gilt, so gibt es eine Konstante C (die Euler–Maclaurin'sche Konstante von f),[76] für welche mit beliebig gewähltem $n \geqslant n_0$ und $2m + 1 \geqslant k_0$ die Summenformel in der Form

$$\sum_{k=1}^{n} f(k) = C + \int_1^n f(t)\,dt + \frac{f(n)}{2}$$

$$+ \sum_{k=1}^{m} \frac{B_{2k}}{(2k)!} \, f^{(2k-1)}(n) + \theta_{n,m} \frac{B_{2m+2}}{(2m+2)!} \, f^{(2m+1)}(n) \quad (15.7)$$

mit einem gewissen $0 \leqslant \theta_{n,m} \leqslant 1$ gilt.

---

[76] Für $k_0 = 0$ zeigt der Beweis, dass wegen $f(n) \to 0$ für $n \to 0$

$$C = \lim_{n \to \infty} \left(\sum_{k=1}^{n} f(k) - \int_1^n f(t)\,dt \right) = \lim_{n \to \infty} \left(\sum_{k=1}^{n-1} f(k) - \int_1^n f(t)\,dt \right)$$

gilt und C daher genau die in (9.13) eingeführte Konstante ist. Konvergiert nun die Reihe $\sum_{k=1}^{\infty} f(k)$, oder äquivalent – wegen des Integralkriteriums – das uneigentliche Integral $\int_1^{\infty} f(t)\,dt$, so ist insbesondere

$$C = \sum_{k=1}^{\infty} f(k) - \int_1^{\infty} f(t)\,dt.$$

Beweis. Ich betrachte der Einfachheit halber nur den Fall $k_0 = 0$. Die Voraussetzungen an f haben zur Folge, dass für $b \to \infty$ und $k \in \mathbb{N}_0$ gilt [GKP94, S. 479f.]

$$f^{(k)}(b) \to 0, \qquad R_{2m}(n, b) \to R_{2m}(n, \infty).$$

Weiter folgt aus Grenzwertbildung in den beiden Ungleichungen in (15.6), dass es ein $0 \leqslant \theta_{n,m} \leqslant 1$ gibt mit

$$R_{2m}(n, \infty) = -\theta_{n,m} \frac{B_{2m+2}}{(2m+2)!} f^{(2m+1)}(n). \tag{15.8}$$

Die Euler–Maclaurin'sche Summenformel (15.5) liefert daher für $a = n \geqslant n_0$ und $b \to \infty$

$$\lim_{b \to \infty} \left(\sum_{k=n}^{b} f(k) - \int_n^b f(t)\, dt \right) = \frac{f(n)}{2} - \sum_{k=1}^{m} \frac{B_{2k}}{(2k)!} f^{(2k-1)}(n) + R_{2m}(n, \infty).$$

Da der Grenzwert auf der linken Seite somit existiert, existiert auch

$$C = \lim_{b \to \infty} \left(\sum_{k=n}^{b} f(k) - \int_n^b f(t)\, dt \right) + \sum_{k=1}^{n-1} f(k) - \int_1^n f(t)\, dt.$$

Lösen wir die letzten beiden Gleichungen nach der Summe $\sum_{k=1}^{n-1} f(k)$ auf, so erhalten wir schließlich

$$\sum_{k=1}^{n-1} f(k) = C + \int_1^n f(t)\, dt - \frac{f(n)}{2} + \sum_{k=1}^{m} \frac{B_{2k}}{(2k)!} f^{(2k-1)}(n) - R_{2m}(n, \infty),$$

und damit wegen (15.8) die Behauptung, sobald wir auf beiden Seiten noch $f(n)$ hinzuaddiert haben. $\qquad\square$

15.3 Strategien zur Anwendung der Summenformel

Unter den Voraussetzungen des letzten Korollars lässt sich die Summenformel (15.5) in zweierlei Hinsicht anwenden (Beispiele folgen in den Abschnitten 15.4 und 15.5):

Berechnung der Euler–Maclaurin'schen Konstanten

Mit dem Ausdruck

$$\mathrm{CEM}(n, m) = \sum_{k=1}^{n} f(k) - \int_1^n f(t)\, dt - \frac{f(n)}{2} - \sum_{k=1}^{m} \frac{B_{2k}}{(2k)!} f^{(2k-1)}(n)$$

besagt das Korollar nämlich

$$\text{CEM}(n, m) \leqslant \text{CEM}(n, m \pm 1) \quad \Rightarrow \quad \text{CEM}(n, m) \leqslant C \leqslant \text{CEM}(n, m \pm 1).$$
$$\tag{15.9}$$

Für verhältnismäßig *kleines* n und m stimmen die Grenzen dieser Einschließung oft bereits auf sehr viele Dezimalstellen überein, so dass man auf diese Weise die entsprechenden Dezimalstellen der Konstanten C bequem berechnen kann.[77] In jedem Fall erhalten wir sehr brauchbare Grenzen

$$\underline{C} \leqslant C \leqslant \overline{C}.$$

Der Ausdruck CEM lässt sich in Maple ganz einfach realisieren:

```
> CEM := (f,n,m) -> evalf(
>         sum(f(k),k=1..n) - int(f(x),x=1..n) - f(n)/2
>       - sum(bernoulli(2*k)/(2*k)!*(D@@(2*k-1))(f)(n),k=1..m));
```

Abschätzung der Summe $\sum_{k=1}^{n} f(k)$ für großes n

Mit dem Ausdruck

$$\text{EM}(n, m) = \int_{1}^{n} f(t)\, dt + \frac{f(n)}{2} + \sum_{k=1}^{m} \frac{B_{2k}}{(2k)!}\, f^{(2k-1)}(n)$$

gilt nach dem Korollar und mit einer Einschließung $\underline{C} \leqslant C \leqslant \overline{C}$ von C

$$\text{EM}(n, m) \leqslant \text{EM}(n, m \pm 1) \quad \Rightarrow$$

$$\text{EM}(n, m) + \underline{C} \leqslant \sum_{k=1}^{n} f(k) \leqslant \text{EM}(n, m \pm 1) + \overline{C}.$$

Da die Anzahl der Terme in $\text{EM}(n, m)$ nur von m und nicht von n abhängt, lassen sich hiermit gute Abschätzungen für große n gewinnen, meist sogar asymptotische Entwicklungen für $n \to \infty$. Auch der Ausdruck EM lässt sich in Maple ganz einfach realisieren:

```
> EM := (f,n,m) ->
>         int(f(x),x=1..n) + f(n)/2
>       + sum(bernoulli(2*k)/(2*k)!*(D@@(2*k-1))(f)(n),k=1..m);
```

15.4 Harmonische Zahlen und die Euler'sche Konstante

Als erste Anwendung der Euler–Maclaurin'schen Summenformel (15.5) betrachten wir die harmonischen Zahlen aus Abschnitt 3.8, also

$$H_n = \sum_{k=1}^{n} \frac{1}{k},$$

---

[77] Das ist natürlich kein Zufall: Für *festes* m gilt ja stets $\lim_{n \to \infty} \text{CEM}(n, m) = C$ und für wachsendes m wird diese Konvergenz typischerweise signifikant schneller.

die Summe zur Funktion $f(x) = 1/x$. Anhand ihrer höheren Ableitungen

$$f^{(k)}(x) = (-1)^k \frac{k!}{x^{k+1}} \qquad (k = 1, 2, 3, \ldots) \qquad (15.10)$$

sehen wir sofort, dass $f : [1, \infty) \to \mathbb{R}$ vollmonoton fällt und die Voraussetzungen des Korollars in Abschnitt 15.2 mit $k_0 = 0$ erfüllt. Die Konstante C ist dabei gerade die in (9.16) eingeführte Euler–Mascheroni-Konstante γ. Wir folgen nun den Strategien des vorangegangenen Abschnitts 15.3.

Berechnung der Euler–Mascheroni-Konstante

Mit Hilfe der auf S. 189 definierten Maple-Funktion CEM erhalten wir für $n = 6$ und $m = 6$

```
> Digits:=15:
> f := x -> 1/x:
> [CEM(f,6,6),CEM(f,6,7)];
```

$$[.57721566490061, \ .57721566490167]$$

und damit wegen (15.9) bereits ganz schnell die ersten 11 Dezimalziffern von γ:

$$\gamma = 0.57721\,56649\,0 \cdots$$

Mit $n = 25$ und $m = 30$ erhalten wir entsprechend (wenn wir Maple mit Digits:=55 zum Rechnen mit sovielen Dezimalen zwingen) die ersten 51 Dezimalziffern:

$$\gamma = 0.57721\,56649\,01532\,86060\,65120\,90082\,40243\,10421\,59335\,93992\,3 \cdots$$

Wir werden weiter unten eine Situation kennenlernen, in der wir diese Genauigkeit für γ auch tatsächlich benötigen.

Asymptotische Entwicklung der harmonischen Zahlen

Die Euler–Maclaurin'sche Summenformel (15.5) liefert uns wegen (15.10) die Abschätzung

$$H_n = \ln n + \gamma + \frac{1}{2n} - \sum_{k=1}^{m} \frac{B_{2k}}{2k} n^{-2k} - \theta_{n,m} \frac{B_{2m+2}}{2m+2} n^{-2m-2} \qquad (0 \leqslant \theta_{n,m} \leqslant 1)$$

$$(15.11)$$

und damit in weitreichender Verallgemeinerung unseres bisherigen Resultats (9.17) die asymptotische Entwicklung

$$H_n = \ln n + \gamma + \frac{1}{2n} - \sum_{k=1}^{m} \frac{B_{2k}}{2k} n^{-2k} + O(n^{-2m-2}) \qquad (n \to \infty) \qquad (15.12)$$

für beliebiges, aber *fest* gewähltes $m \in \mathbb{N}$. Für $m = 4$ erhalten wir beispielsweise entweder hieraus mit Hilfe der Tabelle 8 oder besser gleich direkt mit der auf S. 189 definierten Maple-Funktion EM:

```
> f := x -> 1/x;
> H[n] = gamma + EM(f,n,6) + O(n^(-10)) assuming n>=1;
```

$$H_n = \ln n + \gamma + \frac{1}{2n} - \frac{1}{12n^2} + \frac{1}{120n^4} - \frac{1}{252n^6} + \frac{1}{240n^8} + O(n^{-10}).$$

Wir erkennen dabei deutlich das für vollmonotone Funktionen notwendig alternierende Vorzeichen der einzelnen Entwicklungsterme.

Die kleinste natürliche Zahl n mit $H_n \geqslant 100$

Ich möchte die Gelegenheit nutzen und Ihnen erklären, wie man mit Hilfe asymptotischer Abschätzungen *ganzzahlige* Lösungen eines Problems *exakt* berechnen kann. Konkret suche ich für $\mu > 1$ nach derjenigen eindeutig definierten Zahl $n_\mu \in \mathbb{N}$, für die (vgl. S. 38)

$$H_{n_\mu - 1} < \mu \leqslant H_{n_\mu} \tag{15.13}$$

ist. Für $m = 1$ spezialisiert sich die Abschätzung (15.11) zu

$$\underline{\phi}(n) = \ln n + \gamma + \frac{1}{2n} - \frac{1}{12n^2} \leqslant H_n \leqslant \ln n + \gamma + \frac{1}{2n}. \tag{15.14}$$

Ziehen wir von der oberen Abschätzung $1/n$ ab, so erhalten wir

$$H_{n-1} \leqslant \ln n + \gamma - \frac{1}{2n} = \overline{\phi}(n). \tag{15.15}$$

Eine einfache Kurvendiskussion zeigt sofort, dass die beiden Hilfsfunktionen $\underline{\phi}(x)$ und $\overline{\phi}(x)$ für $x > 1$ monoton wachsen. Damit gelangen wir zu den Implikationen

$$n \geqslant e^{\mu - \gamma} \quad \Rightarrow \quad H_n \geqslant \underline{\phi}(n) \geqslant \underline{\phi}(e^{\mu - \gamma}) > \mu,$$

$$n \leqslant e^{\mu - \gamma} \quad \Rightarrow \quad H_{n-1} \leqslant \overline{\phi}(n) \leqslant \overline{\phi}(e^{\mu - \gamma}) < \mu.$$

Also muss für n_μ notwendigerweise

$$n_\mu - 1 < e^{\mu - \gamma} < n_\mu + 1$$

und daher

$$\lfloor e^{\mu - \gamma} \rfloor \leqslant n_\mu \leqslant \lceil e^{\mu - \gamma} \rceil$$

gelten. Wir haben die Berechnung der natürlichen Zahl n_μ demnach auf die *Auswahl* aus zwei explizit gegebenen Zahlen eingeschränkt. Betrachten wir nun den konkreten Fall $\mu = 100$. Ich behaupte, dass *hier* die kleinere der beiden Möglichkeiten zum Zuge kommt:

$$n_{100} = \lfloor e^{100 - \gamma} \rfloor = 15\,092\,688\,622\,113\,788\,323\,693\,563\,264\,538\,101\,449\,859\,497.$$

(Für die Auswertung dieser Zahl benötigt man ungefähr 50 Dezimalziffern von γ. Wie gut, dass wir oben bereits erklärt haben, wie das geht.) Es ist für so großes n natürlich völlig unmöglich, H_n erst als Summe auszurechnen und danach die definierende Beziehung (15.13) zu überprüfen. Stattdessen können wir (mit Maple) aber ausrechnen (auch hierfür benötigt man etwa 50 Dezimalziffern von γ), dass

$$\overline{\phi}(n_{100}) < 100, \qquad \underline{\phi}(n_{100}) > 100.$$

Mit den Abschätzungen (15.14) und (15.15) gilt daher wie gewünscht

$$H_{n_{100}-1} \leqslant \overline{\phi}(n_{100}) < 100 < \underline{\phi}(n_{100}) \leqslant H_{n_{100}}.$$

15.5 Die Stirling'sche Formel

Asymptotische Entwicklung von $\ln(n!)$

Als zweite Anwendung der Euler–Maclaurin'schen Summenformel (15.5) greifen wir die Summe

$$\ln(n!) = \sum_{k=1}^{n} \ln k$$

aus Abschnitt 9.2 wieder auf. Auch bei der hier zugrundeliegenden Funktion $f(x) = \ln x$ erkennen wir anhand ihrer höheren Ableitungen

$$f^{(k)}(x) = (-1)^{k-1} \frac{(k-1)!}{x^k} \qquad (k = 1,2,3,\dots)$$

sofort, dass $f : [1,\infty) \to \mathbb{R}$ vollmonoton wächst und die Voraussetzungen des Korollars in Abschnitt 15.2 mit $k_0 = 1$ erfüllt. Die Euler–Maclaurin'sche Summenformel (15.5) liefert damit – für fest gewähltes $m \in \mathbb{N}$ – wegen

$$\int_1^n \ln t \, dt = n \ln n - n + 1 \tag{15.16}$$

für $n \to \infty$ die folgende asymptotische Entwicklung (vgl. das elementare Resultat (9.11):

$$\ln(n!) = n \ln n - n + \frac{1}{2} \ln n + \sigma + \sum_{k=1}^{m} \frac{B_{2k}}{2k(2k-1)n^{2k-1}} + O(n^{-2m-1}),$$

wobei wir in $\sigma = C + 1$ die Euler–Maclaurin'sche Konstante C aus dem Korollar mit der „1" aus dem Integral (15.16) zusammengefasst haben.[78] Für $m = 4$ erhalten wir beispielsweise entweder hieraus mit Hilfe der Tabelle 8 oder besser gleich direkt mit der auf S. 189 definierten Maple-Funktion EM:

---

[78] Wir könnten jetzt genau wie bei der Euler-Mascheroni-Konstanten in Abschnitt 15.4 ganz einfach die ersten Dezimalziffern von σ ausrechnen (machen Sie das bitte zur Übung). Wir verzichten aber darauf, da wir σ in Kürze sogar *exakt* bestimmen werden.

```
> f := x -> ln(x);
> ln(n!) = sigma - 1 + EM(f,n,4) + O(n^(-9)) assuming n>=1;
```

$$\ln(n!) = n\ln n - n + \frac{1}{2}\ln n + \sigma + \frac{1}{12n} - \frac{1}{360n^3} + \frac{1}{1260n^5} - \frac{1}{1680n^7} + O(n^{-9}).$$

Asymptotische Entwicklung von n!

Ist diese Asymptotik von $\ln(n!)$ präzise genug, um auch etwas für $n!$ selbst herleiten zu können? Nun, Exponentiation liefert sofort

$$n! = \exp\left(n\ln n - n + \frac{1}{2}\ln n + \sigma + \frac{1}{12n} - \frac{1}{360n^3} + O(n^{-5})\right)$$

$$= e^{\sigma}\sqrt{n}\left(\frac{n}{e}\right)^n \cdot \exp\left(\frac{1}{12n} - \frac{1}{360n^3} + O(n^{-5})\right)$$

$$= e^{\sigma}\sqrt{n}\left(\frac{n}{e}\right)^n \cdot \left(1 + \frac{1}{12n} + \frac{1}{288n^2} - \frac{139}{51840n^3} + O(n^{-4})\right),$$

wobei wir für die letzte Gleichheit folgende Taylor-Entwicklung benutzt haben:

```
> series(exp(x/12 - x^3/360 + O(x^5)),x=0,5);
```

$$1 + \frac{1}{12}x + \frac{1}{288}x^2 - \frac{139}{51840}x^3 - \frac{571}{2488320}x^4 + O(x^5).$$

Insbesondere gilt demnach

$$n! \simeq e^{\sigma}\sqrt{n}\left(\frac{n}{e}\right)^n \qquad (n \to \infty), \tag{15.17}$$

ein Ergebnis, das – ebenfalls ohne genauere Kenntnis der Konstanten e^{σ} – zuerst de Moivre (1730) gefunden hatte.

Bestimmung der Konstanten σ

Der Beitrag von Stirling zum Thema hatte darin bestanden (auch 1730), die Konstante σ zu bestimmen. Wir folgen im wesentlichen seinem Weg, wenn wir die asymptotische Formel für $n!$ mit unserem alten Bekannten (9.23), also

$$\binom{2n}{n} \simeq \frac{4^n}{\sqrt{\pi n}} \qquad (n \to \infty),$$

vergleichen. Mit (15.17) erhalten wir dann nämlich

$$\binom{2n}{n} = \frac{(2n)!}{(n!)^2} \simeq e^{-\sigma}\frac{\sqrt{2n}}{n}\left(\frac{2n}{e}\right)^{2n}\left(\frac{e}{n}\right)^{2n} = e^{-\sigma}4^n\sqrt{\frac{2}{n}},$$

also

$$e^{\sigma} = \sqrt{2\pi}, \qquad \sigma = \frac{1}{2}\ln(2\pi) = 0.91893\,85332\cdots.$$

Zusammenfassung

Als Höhepunkt – und Abschluss – unserer asymptotischen Bemühungen haben wir damit insgesamt die *Stirling'sche Formel*

$$n! \simeq \sqrt{2\pi n} \left(\frac{n}{e}\right)^n \qquad (n \to \infty)$$

bzw. – ausführlicher und präziser – die asymptotische Entwicklung

$$n! = \sqrt{2\pi n} \left(\frac{n}{e}\right)^n \cdot \left(1 + \frac{1}{12n} + \frac{1}{288n^2} - \frac{139}{51840n^3} + O(n^{-4})\right) \qquad (n \to \infty),$$

systematisch aus der Euler–Maclaurin'schen Summenformel hergeleitet.

Beispiel. Für $n = 100$ ist

$$100! = 93326\,21544\,39441 \cdots \text{«138 Ziffern weggelassen»} \cdots 00000$$
$$= 9.3326\,21544\,39441 \cdots \times 10^{157}$$

Die Stirling'sche Formel liefert die richtige Größenordnung und zwei gültige Dezimalziffern:

$$\sqrt{2\pi n} \left(\frac{n}{e}\right)^n \bigg|_{n=100} = 9.32484 \cdots \times 10^{157} \, ;$$

wohingegen die ersten vier Terme der asymptotischen Entwicklung bereits beeindruckende 10 gültige Dezimalziffern liefern:

$$\sqrt{2\pi n} \left(\frac{n}{e}\right)^n \cdot \left(1 + \frac{1}{12n} + \frac{1}{288n^2} - \frac{139}{51840n^3}\right)\bigg|_{n=100}$$
$$= 9.3326\,21544\,41508 \cdots \times 10^{157} \, .$$

Beispiel. Mit der gleichen Technik wie am Ende von Abschnitt 15.4 lassen sich jetzt auch Fragen nach der *exakten* Berechnung konkreter natürlicher Zahlen beantworten – wie etwa diese hier: Was ist die kleinste natürliche Zahl n, für die $n!$ mindestens eine Milliarde Dezimalziffern hat? Die Antwort lautet

$$n = 130\,202\,809 \, ;$$

rechnen Sie das bitte zur Übung nach (siehe auch Aufgabe 10 auf S. 196).

Bemerkung. Die Euler–Maclaurin'sche Summenformel ist auch jenseits dieser und verwandter asymptotischer Probleme [GKP94, §9.5] ein sehr mächtiges Werkzeug der klassischen Analysis und besitzt vielfältige Querbezüge zu anderen Techniken wie den Summenformeln von Poisson, Abel und Plana oder der Mellin-Transformation [FS08, Anhang B]. Sie wirkt auch in der numerischen Mathematik, beispielsweise als Motor der Romberg-Integration oder in einem kürzlich entwickelten, äußerst leistungsfähigen Verfahren zur schnellen numerischen Approximation unendlicher Reihen [BLWW06, §3.5].

Aufgaben

1. Füllen Sie die Fragezeichen in den asymptotischen Abschätzungen für $n \to \infty$:

a) $1 + \dfrac{2}{n} + O(n^{-2}) = \left(1 + \dfrac{2}{n}\right) \cdot (1 + O(?))$

b) $\exp((1 + O(n^{-1}))^2) = e + O(?)$

c) $(n + 2 + O(n^{-1}))^n = ? \cdot (1 + O(n^{-1}))$

2. Bestimmen Sie die ersten beiden Terme der asymptotischen Entwicklung (für $n \to \infty$) von derjenigen Lösung x_n der Gleichung

$$x_n^2 - \ln x_n = n,$$

für welche $x_n \to \infty$ gilt.

3. Bestimmen Sie die ersten beiden Terme der asymptotischen Entwicklung (für $n \to \infty$) von derjenigen Lösung x_n der Gleichung

$$x_n \, e^{1/x_n} = e^n,$$

für welche $x_n \to \infty$ gilt.

4. Zeigen Sie für die absteigende Faktorielle die asymptotische Entwicklung

$$n^{\underline{k}} = n^k \left(1 - \frac{k(k-1)}{2} \cdot n^{-1} + O(k^4 \cdot n^{-2})\right) \qquad (k^2 n^{-1} \to 0).$$

Gewinnen Sie hieraus und aus der analogen Entwicklung für die aufsteigende Faktorielle $n^{\overline{k}}$ die asymptotische Entwicklung

$$\sum_{k=0}^{n} \binom{3n}{k} = \binom{3n}{n} \left(2 - \frac{4}{n} + O(n^{-2})\right) \qquad (n \to \infty).$$

5. Füllen Sie das Fragezeichen in der asymptotischen Entwicklung

$$\sum_{k=0}^{n} \frac{\binom{n}{k}}{n^{\underline{k}}} = ? + O(n^{-1}) \qquad (n \to \infty).$$

6. Es sollen einfache asymptotische Formeln folgender Summen bestimmt werden:

$$s_n = \sum_{k=0}^{n} \binom{2k}{k}, \qquad t_n = \sum_{k=0}^{n} \binom{2n}{k}.$$

a) Begründen Sie anhand einer Graphik, dass sich zwar s_n aber nicht t_n wie in Abschnitt 14.2 behandeln lässt. Bestimmen Sie die Asymptotik von s_n.

b) Bestimmen Sie die Asymptotik von t_n, indem Sie einen Zusammenhang herstellen mit

$$\sum_{k=0}^{2n} \binom{2n}{k} = 4^n.$$

6. Die Euler–Maclaurin'sche Summenformel liefert für die harmonischen Zahlen H_n bei fest gewähltem m die asymptotische Entwicklung (15.12), also

$$H_n = \ln n + \gamma + \frac{1}{2n} - \sum_{k=1}^{m} \frac{B_{2k}}{2k} n^{-2k} + O(n^{-2m-2}) \quad (n \to \infty).$$

Zeigen Sie, dass hingegen für festes n der Grenzübergang $m \to \infty$ *nicht* vollzogen werden darf, da nämlich

$$H_n \neq \ln n + \gamma + \frac{1}{2n} - \sum_{k=1}^{\infty} \frac{B_{2k}}{2k} n^{-2k}.$$

Hinweis. Benutzen Sie die Asymptotik von B_{2k} und die Stirling'sche Formel, um zu zeigen, dass die Reihe auf der rechten Seite für jedes $n \in \mathbb{N}$ tatsächlich sogar *divergiert*.

7. Berechnen Sie mit Hilfe der Euler–Maclaurin'schen Summenformel

$$\zeta(3) = \sum_{k=1}^{\infty} \frac{1}{k^3} \quad \text{und} \quad \lim_{n \to \infty} \left(\sum_{k=2}^{n} \frac{1}{k \cdot \ln k} - \ln \ln n \right)$$

auf wenigstens 10 Dezimalstellen genau.

Hinweis. Stellen Sie jeweils den Zusammenhang mit der Euler–Maclaurin'schen Konstanten C einer geeigneten Funktion her.

8. Bestimmen Sie die asymptotische Entwicklung der Hyperfaktoriellen

$$Q_n = 1^1 \cdot 2^2 \cdot 3^3 \cdots n^n$$

in der Form

$$Q_n = ? \cdot (1 + O(n^{-1})) \quad (n \to \infty).$$

Berechnen Sie die dabei auftretende Konstante auf wenigestens 10 Dezimalstellen genau.

9. Bestimmen Sie die asymptotische Entwicklung der Zahlenfolge

$$\tau_n = 1^{1/1} \cdot 2^{1/2} \cdot 3^{1/3} \cdots n^{1/n}$$

in der Form

$$\tau_n = ? \cdot (1 + O(n^{-1} \cdot \ln n)) \quad (n \to \infty).$$

Berechnen Sie die dabei auftretende Konstante auf wenigstens 10 Dezimalstellen genau.

10. Gibt es eine natürliche Zahl $n \in \mathbb{N}$, für die $n!$ aus *genau* einer Milliarde Dezimalziffern besteht?

11. Der berühmte und enigmatische indische Mathematiker Ramanujan hat in seinem zweiten Notizbuch behauptet, dass die *kleinste* Zahl $n \in \mathbb{N}$, für die

$$\sum_{k=2}^{n} \frac{1}{k \cdot \ln k} \geqslant 5$$

ist, in etwa „13049 Quadrillionen" beträgt. Korrigieren Sie sein Ergebnis (es sind nicht alle fünf Ziffern korrekt), indem Sie n sogar *exakt* ausrechnen.

Literaturverzeichnis

[Acz61]   János Aczél: *Vorlesungen über Funktionalgleichungen und ihre Anwendungen*, Birkhäuser, Basel, 1961. (Zitiert auf S. 167.)

[AH00]   Jörg Arndt und Christoph Haenel: *Pi: Algorithmen, Computer, Arithmetik*, 2. Auflage, Springer, Berlin, 2000. (Zitiert auf S. 13.)

[AS64]   Milton Abramowitz und Irene A. Stegun: *Handbook of Mathematical Functions*, Dover, New York, 1964. (Zitiert auf S. 161.)

[Bar01]   Robert G. Bartle: *A Modern Theory of Integration*, American Mathematical Society, Providence, 2001. (Zitiert auf S. 90.)

[BLWW06]   Folkmar Bornemann, Dirk Laurie, Stan Wagon und Jörg Waldvogel: *Vom Lösen numerischer Probleme*, Springer, Berlin, 2006. (Zitiert auf S. 44, 118 und 194.)

[BM04]   George Boros und Victor Moll: *Irresistible Integrals*, Cambridge University Press, Cambridge, 2004. (Zitiert auf S. 97 und 114.)

[BM07]   Folkmar Bornemann und Tom März: *Fast image inpainting based on coherence transport*, J. Math. Imaging Vis. 28, 2007. (Zitiert auf S. 1.)

[Bro05]   Manuel Bronstein: *Symbolic Integration I. Transcendental Functions*, 2. Auflage, Springer, Berlin, 2005. (Zitiert auf S. 97, 98 und 101.)

[BT04]   Edward B. Burger und Robert Tubbs: *Making Transcendence Transparent*, Springer, New York, 2004. (Zitiert auf S. 12.)

[Cha98]   Gregory J. Chaitin: *The Limits of Mathematics*, Springer, Singapore, 1998. (Zitiert auf S. 14.)

[CP05]   Richard Crandall und Carl Pomerance: *Prime Numbers. A Computational Perspective*, 2. Auflage, Springer, New York, 2005. (Zitiert auf S. 176.)

[DB08]   Peter Deuflhard und Folkmar Bornemann: *Numerische Mathematik II. Gewöhnliche Differentialgleichungen*, 3. Auflage, Walter de Gruyter, Berlin, 2008. (Zitiert auf S. 153 und 158.)

[FS08]   Philippe Flajolet und Robert Sedgewick: *Analytic Combinatorics*, Cambridge University Press, Cambridge, 2008, `algo.inria.fr/flajolet/Publications/books.html`. (Zitiert auf S. 136, 142, 171 und 194.)

[Ger90]   Helmuth Gericke: *Mathematik im Abendland*, Springer, Berlin, 1990. (Zitiert auf S. 37.)

[GKP94]   Ronald L. Graham, Donald E. Knuth und Oren Patashnik: *Concrete Mathematics: A Foundation for Computer Science*, 2. Auflage, Addison-Wesley, Reading, 1994. (Zitiert auf S. VI, 2, 37, 52, 136, 138, 171, 176, 178, 185, 188 und 194.)

[Hav07]   Julian Havil: *Gamma. Eulers Konstante, Primzahlstrände und die Riemann'sche Vermutung*, Springer, Berlin, 2007. (Zitiert auf S. 112.)

[Hec03]   André Heck: *Introduction to Maple*, 3. Auflage, Springer, New York, 2003. (Zitiert auf S. VI.)

[HLP52]   Godfrey H. Hardy, John E. Littlewood und George Pólya: *Inequalities*, 2. Auflage, Cambridge University Press, Cambridge, 1952. (Zitiert auf S. 35.)

[Jef97]   Daniel J. Jeffrey: *Rectifying transformations for the integration of rational trigonometric functions*, J. Symbolic Comput. 24:563–573, 1997. (Zitiert auf S. 102.)

[Kö4a]   Konrad Königsberger: *Analysis 1*, 6. Auflage, Springer, Berlin, 2004. (Zitiert auf S. VI, 90 und 98.)

[Kö4b]   ——— *Analysis 2*, 5. Auflage, Springer, Berlin, 2004. (Zitiert auf S. VI und 90.)

[Kno64]   Konrad Knopp: *Theorie and Anwendung der unendlichen Reihen*, 5. Auflage, Springer, Berlin, 1964. (Zitiert auf S. 31, 44, 46, 47 und 48.)

[Kov01]   Jerald Kovacic: *An algorithm for solving second order linear homogeneous differential equations*, Lecture, City College of New York, 2001, `mysite.verizon.net/jkovacic/lectures/index.html`. (Zitiert auf S. 161.)

[Lor90]   Falko Lorenz: *Einführung in die Algebra. Teil II*, Bibliographisches Institut, Mannheim, 1990. (Zitiert auf S. 6.)

[Lor92]   ——— *Einführung in die Algebra. Teil I*, 2. Auflage, Bibliographisches Institut, Mannheim, 1992. (Zitiert auf S. 12.)

[LV97]   Ming Li und Paul Vitányi: *An Introduction to Kolmogorov Complexity and Its Applications*, 2. Auflage, Springer, New York, 1997. (Zitiert auf S. 14.)

[Mar82]   Oleg I. Marichev: *Handbook of Integral Transforms of Higher Transcendental Functions. Theory and Algorithmic Tables*, Ellis Horwood, Chichester, 1982. (Zitiert auf S. 99.)

[Rau07]   Wolfgang Rautenberg: *Messen und Zählen. Eine einfache Konstruktion der reellen Zahlen*, Heldermann, Berlin, 2007. (Zitiert auf S. 11.)

[Ste04]   J. Michael Steele: *The Cauchy-Schwarz Master Class. An Introduction to the Art of Mathematical Inequalities*, Cambridge University Press, Cambridge, 2004. (Zitiert auf S. 36.)

[vdW71]   Bartel L. van der Waerden: *Algebra. Teil I*, 8. Auflage, Springer, Berlin, 1971. (Zitiert auf S. 6.)

[Wag00]   Stan Wagon: *Mathematica in Action*, 2. Auflage, Springer, New York, 2000. (Zitiert auf S. 47.)

[Wil06]   Herbert S. Wilf: *generatingfunctionology*, 3. Auflage, A K Peters, Wellesley, 2006, `www.math.upenn.edu/~wilf/DownldGF.html`. (Zitiert auf S. 136.)

Stichwortverzeichnis

∞, 6
$\simeq$, 22

$\mathbb{A}$, 12
Abbruchfehler, 44
Abel'sche Differentialgleichung, 159
Abel, N. (1802–1829), 159
Abgeschlossene Menge, 50
Ableitung, 58
  gemischte, 66
  höhere, 66
  logarithmische, 65, 78
  partielle, 59
Ableitungsoperator, 182
Ableitungsregeln, 61
Absolutbetrag, 15, 18
Absolute Konvergenz
  einer Reihe, 46
  eines Integrals, 91
Additionstheorem, 48, 59, 71, 168
AIDS, 158
Airy'sche Differentialgleichung, 161
Airy, G. (1801–1892), 161
Algebraische Zahl, 12
Alternierende harmonische Reihe, 46, 107
Alternierende Permutationen, 139
  Asymptotik, 141, 164
  erzeugende Funktion, 141, 145
Alternierende Reihe, 42
AM, *siehe* Arithmetisches Mittel
AM-GM-Ungleichung, 15

allgemeine, 35, 83
Analytische Fortsetzung, 128
Analytische Funktion, 126, 128, 129
Analytische Kombinatorik, 136
André, D. (1840–1917), 141, 142
Anfangswertproblem, 148
  steifes, 158
Anordnung, 4
Approximationsprozess, 21
Archimedizität, 8
Argand, J. (1768–1822), 52
arg max, 51
arg min, 51
Arithmetik, 4
Arithmetikregeln, 63
Arithmetisch-geometrisches Mittel, 54
Arithmetisches Mittel, 35
Arkussinus, 73
Arkustangens, 73
  Potenzreihe, 107
Asymptotisch
  beschränkt, 52
  gleich, 22
  vernachlässigbar, 52

$\mathbb{B}$, 13
Berechenbare Zahlen, 13
Berechenbarkeit, 13, 97
Bernoulli'sche Differentialgleichung, 151
Bernoulli'sche Summenformel, 185
Bernoulli'sche Ungleichung, 15
  verallgemeinerte, 19, 179

Bernoulli'sche Zahlen, 132, 184
  Asymptotik, 135
  Rekursionsformel, 133
  Tabelle, 133
Bernoulli, Daniel (1700–1782), 32
Bernoulli, Jakob (1655–1705), 15, 32, 132,
    151, 185
Bernoulli, Johann (1667–1748), 96, 100
Beschränkte Folgen, 29
Beschränktheit, 23
Binärbaum, 139
Binomialkoeffizient, 27
  Asymptotik, 181
  zentraler, 27
    Asymptotik, 29, 116
    erzeugende Funktion, 127
Binomialreihe, 127
Binomischer Lehrsatz, 27, 127
Bisektionsverfahren, 49
B_k, siehe Bernoulli'sche Zahlen
Blow-up, 152
Bogenmaß, 70
Bolzano, B. (1781–1848), 30
'Bootstrapping', 173
Bronstein, M. (1963–2005), 97
Bunjakowski, V. (1804–1889), 16

C, 4
C (Programmiersprache), 13
Calculus, 57
Cantor, G. (1845–1918), 11
CAS, siehe Computeralgebra-System
Catalan'sche Zahlen, 146
Catalan, E. (1814–1894), 146
Cauchy'sche Abschätzung, 163
Cauchy'sche Funktionalgleichung, 166
Cauchy, A. (1789–1857), 15, 16, 31, 47,
    122, 127, 163, 166
Cauchy–Schwarz'sche Ungleichung, 16
Cauchy-Integral, 90
Cauchy-Produkt, 47
Chaitin, G. (1947–), 14
Charakteristisches Polynom einer
    linearen Differentialgleichung, 156
Compressed Sensing, 18
Computeralgebra-System, 65
Computersimulation, 147

de Moivre, A. (1667–1754), 193
Deus ex machina, 105
Dezimalzahl, 9, 21
Diagonalargument, 11
Dichotomie, 12
Dichtheit, 8
Differentialgleichung, 147
  höherer Ordnung, 154
  lineare, 151, 153, 155
    mit konstanten Koeffizienten, 156
    zweiter Ordnung, 160
  separierbare, 149
Differentialoperator, 58
Differentialquotient, 58
Differentialrechnung, 57
Differentiation, 58
  unter dem Integralzeichen, 103
  von Potenzreihen, 129
  von Reihen, 69
Differenzenoperator, 182
  Darstellung durch Ableitungsoperator,
    183
Differenzenquotient, 58
Differenzierbar, 58
Divergenz, 22
  bestimmte, 22
Doppelintegral, 103
Doppelreihensatz, 47
Dreiecksungleichung, 15, 18
  umgekehrte, 15

e, siehe Euler'sche Zahl
Einschließungsregel, 25
Einstein, A. (1879–1955), 86
Ekloge, 45
Elementare Funktion, 96, 159
Elementare transzendente Funktion, 96
Entscheidbarkeit, 13, 97, 159, 161
Erzeugende Funktion, 121, 136
  exponentiell -, 140
  Singularitäten und Asymptotik, 142
Euklid (365 v. Chr.–300 v.Chr.), 3
Euklidische Norm, 17
Euklidisches Skalarprodukt, 17
Euler'sche Formel, 128
Euler'sche Reihentransformation, 44
Euler'sche Zahl e, 26, 125

Euler'sche Zahlen E_k, 145
Euler, L. (1707–1783), 27, 32, 44, 112, 113,
    116, 125, 128, 135, 136, 184
Euler–Maclaurin'sche Konstante, 187
Euler–Maclaurin'sche Summenformel,
    187
    für Polynome, 184
    mit Restglied, 186
    Strategien zur Anwendung, 188
Euler–Mascheroni-Konstante, 112, 190
Explosion, *siehe* Blow-up
Exponentialfunktion, 32
    als Lösung einer Differentialgleichung,
        149
    elementare Abschätzung, 33, 82
    Potenzreihe, 125
Extremstelle, 50
Extremum, 50
    einer konvexen Funktion, 83
    globales, 73
    lokales, 73

Faktorielle, auf- und absteigende, 178
    Asymptotik, 179
Fakultät, Asymptotik, 111, 194
Fast alle, 21
Fatio, N. (1664–1753), 44
Fehlerfunktion, 97, 117
Feinheit einer Zerlegung, 88
Fermat, P. (1607–1665), 73
Fibonacci-Zahlen, 2
    Asymptotik, 181
    erzeugende Funktion, 146
Fixpunktgleichung, 173
Flächeninhalt, 87
Flajolet, P. (1948–), 136
Folge, 21
    beschränkte, 29
    komplexwertige, 22
    Mittelwerte, 31
    monotone, 25
    vektorwertige, 22
Fundamentalsatz der Algebra, 51
Funktionalgleichung, 35, 48, 146, 166,
    170
    aus Gruppenverknüpfung, 167
Funktionentheorie, 129

Funktionsgrenzwert, 34

Gauß'sche Fehlerfunktion, 97, 117
Gauß'sche hypergeometrische Funktion,
    99, 161
Gauß, C. (1777–1855), 52
Geldwechselproblem, 136
    erzeugende Funktion, 137
Gelfond, A. (1906–1968), 12
Gemischte Ableitung, 66
Genauigkeit, 21
Generatingfunctionology, 136
Geometrische Reihe, 39, 106
Geometrisches Mittel, 35
Gerade Funktion, 131
Gleichung, skalare, 48
Glied
    einer Folge, 21
    einer Reihe, 39
    eines Produkts, 114
Gliedweise Differentiation, 69
GM, *siehe* Geometrisches Mittel
Gradient, 59
Gregory, J. (1638–1675), 45, 107
Grenzfunktion, 68
Grenzwert, 21
    Eindeutigkeit, 25
    einer Funktion, 34
    Monotonie, 25
    uneigentlicher, 22
Groß-Oh, 52
Grundrechenarten, 4

Häufungswert, 30
Höhe eines Polynoms, 12
Höhere Ableitung, 66
Höhere transzendente Funktion, 97
Hölder, O. (1859–1937), 82
Hadamard, J. (1865–1963), 127
Haltewahrscheinlichkeit, 14
Hamel, G. (1877–1954), 167
Harmonische Reihe, 39
Harmonische Zahlen, 36, 112
    Asymptotik, 113, 190
Hauptsatz der Infinitesimalrechnung, 92
Heap, 139
Henstock–Kurzweil-Integral, 90

Hermite, C. (1822–1901), 12
Hoare, C. A. R. (1934–), 37
Hochtechnologie, 147
Homogen, 17
Hyperbelfunktionen, 85
Hyperfaktorielle, 119, 196
Hypergeometrische Funktion, 99, 161

Identity problem, 98
Image Inpainting, 1
Infimum, 7
Infinitesimalrechnung, 57
Integrables System, 148
Integral, 88
　bestimmtes, 88
　Differentiation unter dem, 103
　unbestimmtes, 93
　uneigentliches, 91
Integralkriterium, 111
Integraloperator, 182
Integralrechnung, 57
Integralsinus, 97, 103
Integrand, 88
Integration
　als Differentialgleichung, 148
　durch geschlossene Formel, 95
　'in finite terms', 95
　Kunst vs. Wissenschaft, 95
　numerische, 93
　rationaler Funktionen, 101
　symbolische, 93
　von Reihen, 105
Integration von Potenzreihen, 130
Integrierbar, 88
Intervall, 6
　stetiges Bild, 50
Intervallschachtelung, 9
Inverse Funktion, siehe Umkehrfunktion
Inverse Symbolic Calculator, 45
IOCCC, 13
Irrationale Zahl, 3, 12
Irreflexivität, 8

Jacobi, C. (1804–1851), 186
Jeffrey'scher Algorithmus, 102
Jeffrey, D., 102
Jensen'sche Ungleichung, 82

Jensen, J. (1859–1925), 82

$\mathbb{K}$, 4
Körper, 4
　algebraisch abgeschlossener, 12
　angeordneter, 4
　archimedisch angeordneter, 8
　ordnungsvollständiger, 5
Kalkül, 57
Kettenbruchentwicklung, 116
Kettenregel, 61
Kettenschluss, 23
Klein-Oh, 52
Knuth, D. (1938–), 138
Kollaps einer Lösung, 152
Kolmogoroff, A. (1903–1987), 14
Kommutativgesetz, 46
Kompakte Menge, 50
　stetiges Bild, 50
Kompaktheitskriterium, 50
Komplexe Zahlen, 4
Komplexitätstheorie, 14
Komposition von Potenzreihen, 130
Konkave Funktion, 82
Konkavität, 82
　strenge, 82
Konvergenz, 21
　absolute, 46, 91
　majorisierte, 68
　punktweise, 68
　uneigentliche, 22
Konvergenzbeschleunigung, 44
Konvergenzkreis, 127
Konvergenzradius, 106
　Cauchy–Hadamard'sche Formel, 127
Konvexe Funktion, 82
Konvexität, 82
　strenge, 82
Konvexitätskriterium, 82
Kosinus, 70
　Abschätzung, 109
　Potenzreihe, 109
Kotangens, 70
　Partialbruchzerlegung, 116
　Reihenentwicklung, 134
Kovacic'scher Algorithmus, 160
Kovacic, J., 160

Krümmung, 84
Kraftgesetz, 147
Kreisbogen, 70
Kriterium
  für Extrema, 77, 84
  für Konstanz, 78
  für Monotonie, 77
Kugel, 59

ℓ^1-Norm, 18
Lagrange'sche Identität, 18
Lagrange, J. (1736–1813), 18, 75, 122, 182
Landau'sches O bzw. o, 52
Landau, E. (1877–1938), 52
Landau-Symbole, 52
Laplace, P. (1749–1827), 105, 180
Laplace-Transformation, 105
Lebesgue-Integral, 90
Leibniz'sche Reihe, 42, 107
Leibniz'sches Konvergenzkriterium, 42
Leibniz, G. (1646–1716), 42, 45, 57, 87
Leibniz-Eigenschaft alternierender
      Reihen, 186
de l'Hospital, G. (1661–1704), 78
l'Hospital'sche Regel, 78
Limes, *siehe* Grenzwert
Limes inferior, 29
Limes superior, 29
Lindelöf, E. (1870–1946), 152
Lindemann, F. (1852–1939), 12
Linearisierung, 57
Linkskrümmung, 81, 84
Liouville, J. (1809–1882), 95
LISP, 14
Livaart, R. (1967–), 13
Logarithmische Ableitung, 65
Logarithmus, *siehe* natürlicher
      Logarithmus
Logistische Gleichung, 169
Lösbarkeit
  Kriterium für skalare Gleichungen, 48

Mächtigkeit, 12
Maclaurin, C. (1698–1746), 184
Mādhava (1350–1425), 45
Mahler, K. (1903–1988), 12
Majorante, 40

Majorantenkriterium
  für Integrale, 91
  für Reihen, 40
Marichev, O. (1945–), 99
Mascheroni, L. (1750–1800), 112
Max-Heap, 139
Maximum, 7, 24, 50
  globales, 73
  lokales, 73
Maximumsnorm, 18
Mellin–Barnes Integral, 99
Mengoli, P. (1625–1686), 86
Mercator, N. (1620–1687), 106
Mertens, F. (1840–1927), 48
Minimum, 7, 24, 50
  globales, 73
  lokales, 73
Mittelwertfolge, 31
Mittelwertsatz
  der Differentialrechnung, 75
  der Integralrechnung, 90
Monotone Folge, 25
Monotonie, 76
  -kriterium, 77
  der Grenzwertbildung, 25
  von Integralen, 89
Multiplikation von Reihen, 47, 130

Nachdifferenzieren, 61
Natürlicher Logarithmus, 62
  elementare Abschätzung, 77
  Potenzreihe, 106
Newton, I. (1643–1727), 57, 87, 109, 127,
      147
Nichtkonstruktiv, 8
Norm, 18, 24
  ℓ^1-, 18
  Euklidische, 17
  Maximums-, 18
Normalisierung, 17, 36
Numerische Integration, 93

O, o, 52
Obere Schranke, 5
Offene Menge, 152
Operatorkalkül, 182
Optimierungsaufgabe, 50

Ordnungsvollständigkeit, 5
Oresme, N. (1323–1382), 37
Ostrowski, A. (1893–1986), 95

Parallelogrammgleichung, 170
Parameterabhängige Integrale, 103
Partialbruchzerlegung, 100, 144
    des Kotangens, 116
    des Sekans, 145
Partialprodukt, 114
Partialsumme, 39
Partielle Ableitung, 59
Partielle Integration, 94
Partitionsfunktion, 144
Peano, G. (1858–1932), 152
Periodische Funktion, 70
Phasenraum, 148
Picard, C. (1856–1941), 152
Poisson, S. (1781–1840), 186
Pólya, G. (1887–1985), 35, 136
Polynom, 12, 24, 51
    Vielfachheit von Nullstellen, 143
Polynomring, 12
Potenzreihe, 106
    Cauchy'sche Koeffizientenabschät-
        zung, 163
    Kalkül, 129
    Konvergenzradius, 106, 127
Primzahl, Asymptotik der n-ten -, 176
Primzahlsatz, 176
Produkt, unendliches, 114
Produktregel, 63
Pythagoräische Formel, 70

Q, 4
Quicksort, 37
Quotientenkriterium, 41
Quotientenregel, 63

$\mathbb{R}$, 4, 6
Räuber-Beute-Modell, 170
Ramanujan, S. (1887–1920), 196
Randpunkt, 74
Rationale Funktion, 96
Rationale Zahlen, 4, 12
Rechnender Raum, 1
Rechtecksumme, 87

Rechtskrümmung, 84
Reelle Zahlen, 4, 6
Regelintegral, 90
Reihe, 39
    alternierende, 42
    gliedweise Differentiation, 69
    gliedweise Integration, 105
    Multiplikation, 47
    Umordnung, 45
    unendliche, 39
Rekord, 37
Relativitätstheorie, 167
Restglied, 122
Restklassenkörper, 4
Riccati'sche Gleichung, 170
Riccati, J. (1676–1754), 170
Riemann'sche Summe, 88
Riemann'sche Vermutung, 68
Riemann'sche Zetafunktion, *siehe*
    Zetafunktion
Riemann, B. (1826–1866), 46, 68, 90
Riemann-integrierbar, *siehe* integrierbar
Rioboo'scher Algorithmus, 101
Rioboo, R., 101
Risch'scher Algorithmus, 97
Risch, R., 97
Ritt, J. (1893–1951), 95
Rolle, M. (1652–1719), 75
Rosenlicht, M. (1924–1999), 95
Runge, C. (1856–1927), VI

Satz
    Haupt- der Infinitesimalrechnung, 92
    Doppelreihen-, 47
    Fundamental- der Algebra, 51
    Mittelwert- der Differentialrechnung,
        75
    Mittelwert- der Integralrechnung, 90
    über alternierende Reihen, 43
    über monotone Folgen, 25
    Umordnungs-, 46
    vom Maximum und Minimum, 51
    von Bolzano–Weierstraß, 30, 50
    von der majorisierten Konvergenz, 68
    von Mertens, 48
    von Peano, 152
    von Picard–Lindelöf, 152

von Rolle, 75
von Schwarz, 66
von Tannery, 68
Zwischenwert-, 48
Schneider, T. (1911–1988), 12
Schröder, E. (1841–1902), 146
Schwarz, H. (1843–1921), 16, 66
Sedgewick, R. (1946–), 136
Sekans, 98, 145
    Partialbruchzerlegung, 145
    Potenzreihe, 142, 145
Siegel, C. (1896–1981), 12
Simplex, 51
Sinus, 70
    Abschätzung, 109
    Potenzreihe, 109
    Produktdarstellung, 115
Skalarprodukt, 17
Spezielle Funktion, 159
Stammfunktion, 87, 92
    Vorsicht bei Singularitäten, 99
Stetige Fortsetzung, 35
Stetigkeit, 23
Stirling'sche Formel, 3, 181, 194
Stirling, J. (1692–1770), 193
Streng konkave Funktion, 82
Streng konvexe Funktion, 82
Strenge Monotonie, 76
Substitutionsregel, 94
Summe einer Reihe, 39
Summenoperator, 182
Summenregel, 63
Supremum, 5
    Rechenregeln, 7
Supremumsaxiom, 5
Symbolische Integration, 93

Tangens, 70
    als erzeugende Funktion alternieren-
        der Permutationen, 141
    als Lösung einer Differentialgleichung,
        150
    Potenzreihe, 134
Tangens hyperbolicus, 85, 168
    als Lösung einer Funktionalgleichung,
        168
Tangente, 57

Tannery, J. (1848–1910), 68
Taylor'sche Formel, 122
    Operatorschreibweise, 183
    Restglied, 122
Taylor, B. (1685–1731), 122
Taylorpolynom, 122
Taylorreihe, 126
Teilfolge, 30
Teleskopreihe, 39
Top500-Liste der Supercomputer, 147
Totalordnung, 4
'Trading Tails', 180
Transzendente Zahl, 12
Trennung der Variablen, 149
Treppenfläche, 87
Trigonometrische Funktionen, 69

Überabzählbarkeit, 11
Umgebung, 73
Umkehrfunktion, 62
Umkehrregel, 62
Umordnung von Reihen, 45
Umordnungssatz, 46
Unbestimmtes Integral, 93
Uneigentliches Integral, 91
Unendliche Reihe, *siehe* Reihe
Ungerade Funktion, 131
Ungleichung, 15
    Bernoulli'sche, 15
    Cauchy–Schwarz'sche, 16
    Effektivität, 36
    geometrische Summen, 15
    Jensen'sche, 82
    'verkehrte' Richtung, 36
    vom mittleren Verhältnis, 15
    zwischen AM und GM, 15, 35, 83

Variation der Konstanten, 151
Vergil (70 v.Chr.–19 v. Chr.), 45
Vergleichskriterien, 40
Verhulst, P. (1804–1849), 169
Vertauschung
    der Integrationsreihenfolge, 103
    der Summationsreihenfolge, 47
    partieller Ableitungen, 66
    von Differentiation und Integration,
        103

von Grenzwerten, 67
von Limes und Summe, 68
Verzinsung, kontinuierliche, 32
Viète, F. (1540–1603), 106
Vollmonotone Funktion, 186
Vollständigkeit, 5

Wachstumsbeziehung, 79
Wagon, S. (1950–), 47
Wallis'sches Produkt, 115
Wallis, J. (1616–1703), 29, 115
Weber'sche Differentialgleichung, 162
Weber, H. (1842–1913), 162
Weierstraß, K. (1815–1897), 30
Wendepunkt, 84
Wert
    einer Reihe, 39

eines unendlichen Produkts, 114
Wilf, H. (1931–), 136
Winkelfunktionen, 69
Wurzelkriterium, 42

Zerlegung, 88
Zetafunktion, 68, 112
    Wert an geradem ganzzahligen
    Argument, 135
'Zickzack'-Permutationen, 139
Zinseszinsrechnung, 32
$\mathbb{Z}_p$, 4
Zufallszahl, 14
Zustand, 147
Zwischenwertsatz, 48
Zyklometrische Funktionen, 72